Cahiers de Logique et d'Épistémologie
Volume 16

Approche dialogique de la dynamique épistémique et de la condition juridique

Volume 9
Logique Dynamique de la Fiction. Pour une approche dialogique
Juan Redmond. Préface de John Woods

Volume 10
Fiction et Métaphysique
Amie L. Thomasson. Traduit de l'américain par Claudio Majolino et Julie Ruelle

Volume 11
Normes et Fiction
Shahid Rahman et Juliele Maria Sievers, eds.

Volume 12
Conception et analyse des programmes purement fonctionnels
Christian Rinderknecht

Volume 13
La Périodisation en Histoire des Sciences et de la Philosophie. La Fin d'un Mythe. Edition et introduction par Hassan Tahiri

Volume 14
Langage C++ et calcul scientifique
Pierre Saramito

Volume 15
Logique de l'argumentation dans les traditions orales africaines
Gildas Nzokou

Volume 16
Approche dialogique de la dynamique épistémique et de la condition juridique
Sébastien Magnier

Cahiers de Logique et d'Épistémologie Series Editors
Dov Gabbay   dov.gabbay@kcl.ac.uk
Shahid Rahman   shahid.rahman@univ-lille3.fr

Assistance Technique
Juan Redmond   juanredmond@yahoo.fr

Comité Scientifique: Daniel Andler (Paris – ENS); Diderik Baetens (Gent); Jean Paul van Bendegem (Vrije Universiteit Brussel); Johan van Benthem (Amsterdam/Stanford); Walter Carnielli (Campinas-Brésil); Pierre Cassou-Nogues (Lille 3 – UMR 8163-CNRS); Jacques Dubucs (Paris 1); Jean Gayon (Paris 1); François De Gandt (Lille 3 – UMR 8163-CNRS); Paul Gochet (Liège); Gerhard Heinzmann (Nancy 2); Andreas Herzig (Université de Toulouse – IRIT: UMR 5505-NRS); Bernard Joly (Lille 3 – UMR 8163-CNRS); Claudio Majolino (Lille 3 – UMR 8163-CNRS); David Makinson (London School of Economics); Tero Tulenheimo (Helsinki); Hassan Tahiri (Lille 3 – UMR 8163-CNRS).

Approche dialogique de la dynamique épistémique et de la condition juridique

Sébastien Magnier

© Individual author and College Publications 2013.
All rights reserved.

ISBN 978-1-84890-111-7

College Publications
Scientific Director: Dov Gabbay
Managing Director: Jane Spurr
King's College London, Strand, London WC2R 2LS, UK

http://www.collegepublications.co.uk

Original cover design by orchid creative   www.orchidcreative.co.uk
Printed by Lightning Source, Milton Keynes, UK

All rights reserved. No part of this publication may be reproduced, stored in a retrieval system or transmitted in any form, or by any means, electronic, mechanical, photocopying, recording or otherwise without prior permission, in writing, from the publisher.

The study of dialogue should be the context within which we consider any logical question.
J. Mackenzie

Remerciements

Les résultats publiés dans cet ouvrage sont le fruit de réflexions menées dans le cadre du projet JuriLog (ANR11 FRAL 003 01) hébergé à la Maison Européenne des Sciences de l'Homme et de la Société (MESHS – USR 3185). Ces résultats s'insèrent également dans le programme Argumenter, Décider, Agir (ADA).

Je tiens à exprimer ma gratitude envers les professeurs Jorge Roetti, Sonja Smets, Gerhard Heinzmann, Juliette Sénéchal et Shahid Rahman pour leurs nombreuses remarques et précieux commentaires sur les versions préliminaires de ce livre. Je remercie également mes compagnons de recherches Tiago de Lima, Nicolas Clerbout, Juliele Sievers, Cristina Barés Gómez, Matthieu Fontaine et Virginie Fiutek pour leur aide et leur soutien dans l'achèvement de ce travail.

Je remercie également mes amis et proches, ceux qui ne s'en vont jamais ou qui reviennent toujours tout comme ceux que l'on croise et qu'on ne revoit plus – mais qu'on n'oublie pas. De près ou de loin, ils ont toujours veillé sur moi.

.ioıeM

Table des matières

1 Introduction 1

I Le tournant dynamique de la logique épistémique 9

2 De la logique épistémique aux annonces publiques 11
  2.1 Logique épistémique : présentation générale 12
  2.2 Logique épistémique statique : **EL** 13
      2.2.1 La syntaxe et son interprétation 14
      2.2.2 Sémantique modèle théorique de **EL** 14
      2.2.3 Axiomatique de **EL** 16
  2.3 L'annonce d'un tournant dynamique 16
      2.3.1 La naissance des annonces ou l'annonce des naissances 16
      2.3.2 Les logiques d'annonces publiques 18
      2.3.3 Les logiques épistémiques dynamiques : **DEL** . . . 19
  2.4 La logique des annonces publiques **PA** 21
      2.4.1 La syntaxe et son interprétation 21
      2.4.2 Sémantique modèle théorique de **PA** 22
      2.4.3 Axiomatique de **PA** 23
  2.5 La logique des annonces publiques et savoir commun **PAC** 23
      2.5.1 La syntaxe et l'interprétation 24
      2.5.2 Sémantique modèle théorique de **PAC** 24
      2.5.3 Axiomatique de **PAC** 25

3 De quelques spécificités des logiques PAL 29
  3.1 Résistance, mise à jour et vérité 30
      3.1.1 Résistance des propositions annoncées 31
      3.1.2 Mise à jour des propositions annoncées 33
      3.1.3 La vérité des annonces de **PAL** 37
  3.2 Quelques propriétés remarquables 37
      3.2.1 Annonce et connaissance partagée 38

	3.2.2	Annonce et connaissance commune	39
	3.2.3	Annonce et fonction partielle	40

II Logiques épistémiques dynamiques et dynamisme dialogique   43

4 La dialogique DEMAL   45
4.1 De la logique des dialogues à la dialogique 46
    4.1.1 Présentation de différents types de dialogue 47
    4.1.2 Bilan critique 50
    4.1.3 La dialogique 52
4.2 Caractérisation du système **DEMAL** 54
    4.2.1 Définition du cadre de **DEMAL** 56
    4.2.2 Les règles de **DEMAL** 57
    4.2.3 Jouer avec **DEMAL** 73
4.3 Correction et complétude de **DEMAL** 80
    4.3.1 Correction 81
    4.3.2 Complétude 86
4.4 Règles de particule alternatives 95
    4.4.1 Le conditionnel matériel 95
    4.4.2 L'opérateur de connaissance commune 96
    4.4.3 Règles de l'opérateur d'annonce publique 98

5 De quelques spécificités de DEMAL   103
5.1 Avec ou sans annonce ? 104
    5.1.1 Les algorithmes de traduction 104
    5.1.2 Exercices de traduction 105
5.2 La confrontation par le dialogue 106
    5.2.1 De "simples" annonces 107
    5.2.2 Des annonces plus complexes... 110
    5.2.3 Partie et stratégie 113
5.3 La règle **SR-A** revisitée 115
    5.3.1 Charge des formules annoncées au niveau stratégique 116
    5.3.2 Existe-t-il un ordre nécessaire d'exécution de **SR-A** ? 118
    5.3.3 Quel impact sur la règle **SR-2** ? 120
5.4 Liste et dynamisme 121
    5.4.1 Un dynamisme localisé 122
    5.4.2 Un dynamisme globalisé 123
    5.4.3 La liste comme histoire des engagements 124
5.5 Annonce et engagement 126

            5.5.1   Différents types d'engagements 126
            5.5.2   Engagement et contexte 128
            5.5.3   Engagement sur la partie et itération locale 129
    5.6   Des usages possibles des engagements globaux 129
            5.6.1   Engagement sur la partie et usage local 130
            5.6.2   Engagement sur la partie et usage global 132
            5.6.3   Engagement sur la partie et postcondition épisté-
                    mique 133
    5.7   Annonce et savoir : des propriétés communes ? 135
            5.7.1   La piste de la postcondition 136
            5.7.2   Des propriétés structurelles partagées ? 136

III Le dynamisme des conditions juridiques en dialogue   141

6 Condition suspensive et la dynamique de DEMAL   143
    6.1   Condition juridique et dynamisme épistémique 144
            6.1.1   Certification et annonce publique 146
            6.1.2   Condition suspensive : une définition logique 147
            6.1.3   Condition : définition logique et Code civil 148
    6.2   Quelques conditionnalités décevantes... 151
            6.2.1   Le conditionnel matériel 152
            6.2.2   Le bi-conditionnel 153
            6.2.3   La convertibilité 155
            6.2.4   Le conditionnel connexe 156
    6.3   L'annonce publique 158
            6.3.1   Annonce publique, pourquoi ? 158
            6.3.2   Structure conditionnelle de l'annonce 159
            6.3.3   Annonce et dynamique épistémique 161
    6.4   Annonce et conditionnalité suspensive 162
            6.4.1   Nature de la relation conditionnelle 162
            6.4.2   Conditions de satisfaction de la relation condition-
                    nelle 163
            6.4.3   Nature de l'antécédent 164
            6.4.4   Nature du conséquent 165
    6.5   Interprétation de la modalité 166
            6.5.1   Conditionnalité suspensive et interprétation déon-
                    tique 167
            6.5.2   Opérateur épistémique et conditionnalité suspensive 169
            6.5.3   Quelle(s) différence(s) ? 171
    6.6   PAL, pertinence et usage limité des ressources 172

		6.6.1	La linéarité au secours de la pertinence 172
		6.6.2	Engagement sur la partie et usage limité des ressources 174
	6.7	Retour sur la notion de bénéfice 177
		6.7.1	Position logique 179
		6.7.2	Position philosophique 182
		6.7.3	Quelle position adopter ? 183
	6.8	Vers une dialogique des conditions juridiques 184
		6.8.1	Entre sémantique et pragmatique 184
		6.8.2	Une nouvelle règle structurelle 185
		6.8.3	Exemples 186
		6.8.4	**DLLC** 187

7 Dialogues autour de l'imputabilité juridique   **191**
   7.1   **DLLC**$_1$ dans le contexte kelsenien 192
        7.1.1   Normes et propositions juridiques 193
        7.1.2   Nature de la conditionnalité 195
   7.2   La conditionnalité juridique de H. Kelsen 201
        7.2.1   Le conséquent déontique 201
        7.2.2   Critères de vérité de la conditionnalité juridique kelsenienne 202
   7.3   Dialogues juridiques kelseniens : faits, ordre juridique et annonces 204
        7.3.1   Le droit et la science du droit en dialogue 205
        7.3.2   L'ensemble des faits – $\mathcal{F}$ 206
        7.3.3   L'ordre juridique – $\mathcal{N}$ et la liste – $\mathcal{A}$ 215
   7.4   Du mariage au voleur 222
        7.4.1   Le mariage 222
        7.4.2   Le voleur 226
        7.4.3   **DLLC**$_2$ 232

8 DLLC, limites et perspectives   **235**
   8.1   Condition suspensive et condition résolutoire 236
        8.1.1   Condition résolutoire et *recovery* 236
        8.1.2   Condition résolutoire ou suspensive : une question de perspective ? 238
   8.2   La formalisation *des* conditions suspensive et résolutoire . 240
        8.2.1   La dualité comme point de rencontre 240
        8.2.2   Condition résolutoire et structure conditionnelle . . 242
        8.2.3   Le droit doit être supposé avant sa révocation possible 243
   8.3   Conditions et charge de preuve 244

	8.3.1	Distribution de la charge 244
	8.3.2	Esquisse d'une interprétation 245
	8.3.3	Une propriété remarquable ? 246
	8.3.4	La redistribution de la charge de la preuve 250
8.4	Problèmes et perspectives 252	
	8.4.1	$\mathbf{DLLC}_2$ et le *"comme si"* : une présomption ? . . . 252
	8.4.2	Présomption et *"comme si"*, des différences 253
	8.4.3	Cahier des charges pour $\mathbf{DLLC}_3$ 254

9 Conclusion   257

Annexe A   Annonce publique et autres conditionnelles   261

A.1 Introduction 262
A.2 Brève histoire du conditionnel 263
     A.2.1 Le conditionnel matériel 264
     A.2.2 Le conditionnel strict 267
     A.2.3 Le conditionnel connexe 269
     A.2.4 Pourquoi l'annonce parmi les conditionnels ? 272
A.3 Annonce publique vs. conditionnels 275
     A.3.1 Annonce publique et conditionnel matériel 275
     A.3.2 Annonce publique et conditionnels modaux 281
     A.3.3 Annonce publique et conditionnel connexe 286
A.4 Un conditionnel sous conditions ? 287
     A.4.1 Un conditionnel matériel si la postcondition est factuelle 288
     A.4.2 Du conditionnel à la relation de conséquence 288
     A.4.3 Un conditionnel strict conditionné si la postcondition est épistémique ? 289
A.5 Conclusion 291

Liste des tables   293

Bibliographie   297

Index   303

Chapitre 1

Introduction

Epistémologie et logique épistémique

Face à l'épistémologie contemporaine force est de constater que cette dernière souffre d'une double acception. Elle est divisée en deux grandes traditions : d'un côté la tradition anglo-saxonne et de l'autre la tradition continentale. La tradition anglo-saxonne comprend l'épistémologie comme une discipline raisonnant et calculant sur les différentes propriétés structurelles accordées au concept de savoir. Cette étude logique des propriétés épistémiques explore la nature et les caractéristiques de la relation qui unie le sujet épistémique à une proposition prise pour objet de savoir. Par cet aspect la logique renoue avec des problèmes et questionnements liés à l'épistémologie. Mais l'approche logique des problèmes épistémiques n'est pas tant concernée par la question de la justification du savoir que par les inférences qui peuvent être faites à partir des propriétés accordées au concept de savoir. D'un autre côté, le versant continental de l'épistémologie s'est principalement intéressé à la science dans son histoire, mettant en évidence les processus dynamiques de changement, de révision, de modification et d'invention. Il y est d'avantage question de la justification du savoir que des inférences valides que l'on peut produire à partir du savoir.

Ces deux approches de l'épistémologie se sont pour ainsi dire autonomisées en deux disciplines distinctes partageant un objet commun : le savoir, mais en l'appréhendant via des pratiques différentes. Il existe néanmoins des tentatives de dialogue entre ces deux approches. Dans *Where's the bridge ? Epistemology and epistemologic*[1], V. Hendricks et J. Symons discutent quelques unes de ces tentatives de conciliation en présentant différents dialogues entre épistémologie et logiques épistémiques.

---

1. Cf. Hendricks et Symons (2010).

Ils montrent comment les développements récents des logiques épistémiques peuvent être éclairant et/ou fournir des éléments de réflexions pour nourrir les réflexions de l'épistémologie non-formalisée. Ils pointent notamment des rapprochements possibles et féconds entre les concepts de *savoir*, de *croyance* et de *doute* de l'épistémologie d'une part avec ceux d'*apprentissage*, d'*information* et de *stratégie* des traitements formels d'autre part.

Logique et dynamisme

Le concept d'information a, dans les années quatre-vingt, joué un rôle important dans les développements des logiques épistémiques dynamiques. L'introduction du concept de savoir dans la logique a permis d'ouvrir des recherches logiques sur des problématiques et questionnements récurrents dans l'épistémologie tels que la distinction entre *savoir* et *croyance* ou encore la modification de la connaissance par l'acquisition de nouvelles informations. Par le flux qu'elle draine avec elle, ainsi que les modifications que ce flux peut imposer, la notion d'information a forcé un tournant dynamique des langages logiques [2]. C'est en grande partie à ce tournant dynamique des langages logiques qu'est due la fécondité de la redécouverte de problématiques inhérentes à l'épistémologie à travers les logiques épistémiques.

Mais même si dans les années quatre-vingt un tournant dynamique s'est amorcé dans la logique, J. Mackenzie critique à la même époque le caractère statique de la logique à travers son article *No Logic Before Friday*[3]. Il y note que « bien que Robinson Crusoé [dans la solitude de son île] peut avoir construit des dérivations ou des preuves pour sa propre édification, il ne pouvait pas [les] engager dans une argumentation avant que Vendredi l'ait rejoint ». Autrement dit lorsque l'on considère que Robinson est seul sur son île, les opérations logiques qu'il peut pratiquer se cantonnent à des raisonnements, des calculs à partir d'un ensemble de règles appliquées à un ensemble de propositions. En revanche lorsque Vendredi vient rompre la solitude des calculs de Robinson, ce dernier se retrouve engagé dans un processus d'argumentation. Selon J. Mackenzie, c'est précisément de ce contexte argumentatif que la dynamique de la logique émerge ou doit émerger. C'est pourquoi il clame que tout problème logique ne devrait être étudié qu'au sein de contextes argumentatifs.

---

2. Nous revenons plus en détails dans le Chapitre 2, Section 2.3 sur ce tournant dynamique de la logique.
3. Cf. Mackenzie (1985).

Deux niveaux de dynamisme

La dynamique que pointe J. Mackenzie se situe au niveau de la pratique de la logique. C'est par son immersion dans un contexte argumentatif que la logique devient dynamique alors que les logiques dynamiques sont devenues dynamiques par leur langage objet. C'est l'introduction de certaines opérations dans le langage logique qui force leur caractère dynamique. Nous avons pour ainsi dire d'un côté *une pratique dynamique de la logique* et *un langage logique dynamique* de l'autre. Ces deux aspects du dynamisme peuvent respectivement se comprendre comme une *dynamique externe* et une *dynamique interne*. La pratique argumentative de la logique est dynamique de façon externe, c'est avant tout la pratique en elle même qui est dynamique et non nécessairement le langage de la logique utilisée au sein de cette pratique. Cette dynamique externe peut être rapprochée du dynamisme que met en évidence l'épistémologie à travers l'histoire. Les domaines du savoir se nourrissent de leur pratique pour se développer tout en s'enrichissant de leurs interactions respectives. Par ailleurs les échanges d'arguments peuvent être rapprochés du flux d'information capturé par les logiques épistémiques dynamiques. Mais si une pratique argumentative est dynamique par le processus qu'elle implique, le dynamisme des logiques dynamiques est internalisé dans le langage de la logique. C'est directement dans le langage que la dynamique est introduite. Toutefois si les langages de ces dernières leur offrent un caractère dynamique, il est possible de les traduire dans des langages statiques du moins pour certaines des logiques dynamiques normales [4]. Or il semble difficilement envisageable de réduire le caractère dynamique des échanges dans un contexte argumentatif. La pratique argumentative s'enracine dans une forme de dynamisme irréductible.

L'argumentation comme notion commune

Dans un processus argumentatif des informations sont échangées et ces informations peuvent amener les protagonistes à modifier leurs choix et les stratégies qu'ils peuvent suivre – registre des logiques épistémiques. Mais à travers ces échanges d'informations ils peuvent également soumettre un argument à la question, le mettre en doute ou encore demander des justifications vis-à-vis des arguments avancés par leurs adversaires – registre de l'épistémologie. Par conséquent s'il s'avère que les recherches à la confluence des concepts de savoir, de croyance, de doute, d'apprentissage, d'information et de stratégie se sont avérées prolifiques, il apparaît

---

[4]. C'est le cas pour les logiques épistémiques dynamiques de **PAL**, cf. Chapitre 2 pour une présentation de ces logiques.

que le concept d'*argumentation* ouvre également des pistes de réflexions communes à l'épistémologie et à la logique.

Il est vrai que depuis l'Antiquité et les influences décisives de Platon et d'Aristote, l'argumentation a tenu et tient toujours une place prépondérante dans la compréhension et l'acceptation de la science et de ses concepts. Aujourd'hui encore, dans la tradition occidentale, les arguments et la pratique argumentative jouent un rôle majeur dans le processus d'acquisition du savoir – qu'il s'agisse d'un savoir issu d'une pratique scientifique ou bien d'un savoir usité dans la vie quotidienne.

Argumentation et savoir

La proximité entre argumentation et acquisition du savoir s'explique aisément par l'intime connexion entre le concept d'argumentation et le concept de raisonnement. Argumenter c'est avant tout raisonner. Mais comme le met en exergue J. Mackenzie, argumenter c'est raisonner en se préparant à défendre vis-à-vis d'un interlocuteur, à lui fournir des justifications. Or raisonner et calculer sur les propriétés du savoir en tant que relation propositionnelle est le propre des logiques épistémiques. Argumenter sur le savoir c'est donc être prêt à défendre les propriétés accordées au concept de savoir face à un tiers.

Les logiques épistémiques dynamiques s'attardent plus particulièrement à raisonner sur les conséquences de l'acquisition et/ou l'échange de nouvelles informations sur le savoir. Par conséquent une pratique argumentative à partir des raisonnements sur les impacts que des informations ont sur le savoir revient à étudier dans une structure dynamique (soit via une dynamique externe) la dynamique (interne) de ces logiques. Autrement dit il s'agit de profiter de la dynamique du processus argumentatif pour étudier la dynamique des logiques épistémiques.

Argumenter sur le savoir, sous quelles conditions ?

Le problème est qu'une étude du savoir dans un contexte argumentatif risque de nous plonger au milieu d'un champ d'investigation pluridisciplinaire étant donné les différentes formes d'argumentations possibles ainsi que les divers contextes au sein desquels ces formes d'argumentations peuvent s'insérer. Néanmoins comme le souligne A. Wellmer[5], une distinction entre une pratique argumentative « pervertie » par nos origines socio-culturelles et une pratique argumentative « non pervertie » par ces mêmes origines est possible.

---

5. Cf. Wellmer (1974), p. 47.

Cette pratique est possible à condition de déterminer un ensemble de critères permettant de circonscrire un type de pratique argumentative qui ne soit ni un simple échange d'énoncés sans rapport les uns avec les autres ni dépendante d'un contexte socio-culturel. Pour se faire, il faut supposer que cette pratique comporte à la fois un antagonisme mais aussi une forme de coopération. Elle doit également uniquement porter sur les arguments avancés durant les échanges et non sur les participants. C'est exclusivement les arguments qui doivent être attaqués et/ou questionnés. Cette condition doit être imperméable car elle garantit l'impossibilité d'importer des considérations d'ordre personnel dans les échanges – attaque *ad hominem* par exemple. Ce type de pratique argumentative doit aussi nous permettre de parvenir à une conclusion sûre et non plausible. Si nous voulons que la conclusion puisse nous permettre de décider de la validité d'un argument, la procédure argumentative doit être finie et permettre de déterminer un vainqueur de l'échange. Afin de décider de la valeur d'un argument en toute impartialité les échanges doivent être normés par des règles. Il est important que ces règles soient à la fois symétriques et communes aux participants car ce caractère symétrique et commun garantit des règles d'inférences identiques aussi bien pour celui qui défend un argument que pour celui qui le met en question. Ce dernier point nous assure que les participants possèdent les mêmes armes argumentatives.

Concepts épistémiques et usage argumentatif

L'immersion du savoir dans un contexte argumentatif impose, via un processus d'attaques et donc également de défenses des arguments, des justifications fournies à partir des propriétés définissant le concept de savoir – c'est-à-dire les propriétés qui lui sont attribuées. Cette particularité permet de caractériser et d'étudier différentes formes (ou concepts) de savoir à partir de différentes manières d'attaquer et de défendre un argument épistémique. Par conséquent au sein d'une pratique argumentative il est possible de caractériser différents types d'argument épistémique aux travers de variations sur les règles d'attaque et de défense de ces arguments. Définir différents concepts de savoir par des règles d'attaque et de défense offre une sémantique de ces concepts en termes d'usage. Et même si les règles d'usage des arguments épistémiques sont construites à partir des propriétés formelles qui leur sont accordées, ce sont ces règles d'usage qui déterminent comment utiliser ces propriétés dans un contexte argumentatif. C'est ainsi la signification de ces concepts qui se voit attribuer une définition dynamique.

Dynamisme épistémique et le point de vue juridique

L'originalité de ce travail consiste donc à explorer au sein d'une pratique argumentative la relation entre épistémologie et logiques épistémiques en étudiant le savoir ainsi que les mécanismes et les conséquences que des échanges d'informations peuvent avoir sur ce dernier. L'étude de ces concepts dans un contexte argumentatif ainsi que la signification en terme d'usage qui en découle nous offre des pistes de réflexions nous invitant à revisiter, voire même à visiter sous un jour nouveau, la problématique des conditions dans le droit.

Le droit français considère la mise sous condition d'une obligation par « un événement futur et incertain, soit en la suspendant jusqu'à ce que l'événement arrive, soit en la résiliant, selon que l'événement arrivera ou n'arrivera pas [6] ». Une condition juridique de ce type – l'événement – implique donc premièrement une dépendance entre la condition et ses conséquences (elles sont suspendues ou résiliées en fonction de la satisfaction ou non de la condition) et deuxièmement un caractère dynamique de l'acquisition d'une nouvelle information (détermination de la valeur de vérité de la condition : l'événement est arrivé ou n'arrivera jamais). Or ce caractère dynamique de l'acquisition d'une nouvelle information et les conséquences de son impact sont précisément au cœur des considérations épistémo-logiques que nous développons dans le but de réconcilier l'épistémologie et les logiques épistémiques. De plus, le caractère normatif de la régulation des échanges peut, dans un contexte juridique, être rapproché à un travail de reconstruction a posteriori des arguments des deux parties – travail de reconstruction opéré par le juge. Le dialogue se présente alors comme l'exploration logique d'une conclusion récapitulative suivie ou déterminée par le juge [7]. Dans ce contexte particulier, la symétrie des règles de régulations des échanges peut être interprétée comme une forme d'impartialité du juge.

La visée argumentative de ce projet d'étude se montre donc des plus pertinente car en plus de concilier épistémologie et logique épistémique, elle ouvre la voie à une exploration logique de certaines pratiques et considérations d'ordre juridique.

$$*$$
$$*\quad*$$

Ce travail de recherche se décompose en trois parties : Le tournant dynamique de la logique épistémique, Logiques épistémiques dynamiques

---

6. Cf. Code civil français (1804), Article 1168.
7. Je remercie Juliette Sénéchal pour avoir mis ce point en lumière.

et dynamisme dialogique et Le dynamisme des conditions juridiques en dialogue. La première partie retrace le contexte dans lequel s'est opéré le tournant dynamique de la logique épistémique tout en précisant et présentant la logique qui sert de base à notre travail. Dans la deuxième partie c'est le type de dialogue que nous retenons qui est motivé, défini et discuté. Enfin la dernière partie porte sur les réflexions juridiques que l'étude argumentative de la dynamique du savoir nous offre pour appréhender la notion de condition suspensive. Sur la base de ces réflexions c'est en direction des formes conditionnelles des normes et plus généralement sur la notion de condition dans le droit que notre intérêt se porte.

Première partie
Le tournant dynamique de la logique épistémique

Chapitre 2

De la logique épistémique aux annonces publiques

Résumé du chapitre : A travers ce chapitre les logiques épistémiques sur lesquelles nous travaillons sont formellement présentées. Nous commençons avec la logique épistémique statique pour finir avec une logique épistémique dynamique : la logique des annonces publiques.

Les principaux points portent sur :
- Présentation générale de la logique épistémique statique. La logique épistémique repose sur une partition entre des situations considérées par un agent comme étant compatibles et celles considérées comme incompatibles par rapport aux informations qu'il détient. Dans les premières logiques épistémiques, cette distinction est statique.
- L'introduction du dynamisme dans la logique. Des travaux en logique modale et des considérations de la linguistique ont mené aux développements de sémantiques modales dynamiques.
- La logique épistémique dynamique. L'introduction d'opérateurs dynamiques dans la logique modale rend possible l'étude de l'évolution de la partition des situations épistémiques considérées.

2.1 Logique épistémique : présentation générale

Par *logique épistémique* est généralement entendue une logique portant sur le savoir et/ou sur la croyance[8]. Ces logiques permettent une exploration systématisée de la signification du concept de savoir et de croyance. La logique épistémique statique, en opposition à la logique épistémique dynamique, a originellement émergé à partir du constat suivant : *savoir que* et *croire que* possèdent des propriétés pouvant faire l'objet d'une étude formelle. Parmi les nombreux articles parus sur le sujet dans les années cinquante, les réflexions et travaux de von Wright[9] sont aujourd'hui reconnus comme étant fondateurs de la logique épistémique. Ils furent ensuite repris et systématisés par J. Hintikka qui a offert la première sémantique propre aux concepts de *savoir* et de *croyance*[10].

Les logiques épistémiques se concentrent essentiellement sur le savoir propositionnel, c'est-à-dire qu'est considérée l'attitude propositionnelle particulière – désignée par le terme savoir et/ou croyance – dont un agent est le porteur[11]. Cette attitude propositionnelle correspond à une relation particulière entre un agent et une proposition. Dire que l'agent a sait et/ou croit que p revient à dire que l'agent a entretient une relation de connaissance envers la proposition p. Cette relation entre agent et proposition peut être caractérisée formellement. Les propriétés logiques accordées à cette relation manifestent les caractéristiques ou définitions consenties pour les concepts de savoir et/ou de croyance d'un agent arbitraire et dans une certaine mesure idéalisé[12].

L'exploration des propriétés des concepts de savoir et/ou de croyance repose sur une hypothèse : toute attitude propositionnelle de savoir ou de croyance permet de diviser un ensemble de situations en deux parties. Il y a d'une part les situations *compatibles* avec l'attitude propositionnelle en question, et d'autre part les situations *incompatibles* avec cette attitude. Nous verrons lors de la présentation des logiques épistémiques dynamiques que leur dynamisme fonctionne également sur ce principe de division entre compatibilité et incompatibilité épistémique, mais cette

---

8. La logique traitant spécifiquement des croyances est aussi parfois appelée *logique doxastique*.
9. Cf. von Wright (1951).
10. Cf. Hintikka (1962).
11. Dans van Ditmarsch *et al.* (2007), page 12, un *agent* est défini comme pouvant tout aussi bien être un être humain, un acteur dans un jeu, un robot, une machine ou simplement un "processus".
12. Dans notre propos, nous ne considérons que des agents idéalisés car dans les logiques que nous allons aborder, les agents sont avant tout de parfaits logiciens puisqu'ils sont capables de tirer toutes les conséquences logiques de leur propre savoir.

fois non pas de manière rigide – statique – mais de manière dynamique, après un événement.

Si les logiciens comme les philosophes ne sont pas d'accord sur les propriétés à accorder au savoir et/ou à la croyance, la plupart s'accordent sur la distinction entre savoir et croyance. Une proposition ne peut être dite connue d'un agent que si cette proposition est vraie (ou justifiable) dans toutes les situations qu'il considère possible, y compris celle dans laquelle cet agent se situe. C'est dans l'accès à la vérité ou dans la capacité à justifier la proposition dans la situation dans laquelle le sujet épistémique se trouve que la différence entre savoir et croyance s'enracine[13]. Cette propriété est communément désignée par le terme *facticité*. Dans notre propos nous nous basons uniquement sur des logiques possédant cette propriété de facticité. A partir de maintenant nous ne parlerons donc plus de croyance, mais uniquement de savoir.

Dans ce chapitre nous présentons les logiques sur lesquelles nous prenons appui pour notre travail de recherche. Les systèmes formels sont introduits par ordre de complexification en commençant par la logique épistémique statique. Nous référons à cette logique via l'acronyme **EL** (*Epistemic Logic*). C'est sur la base de cette logique que sont construites les logiques épistémiques dynamiques avec annonces **PAL** (*Public Annoucement Logic*). Ces systèmes sont ensuite généralisés dans **DEL** (*Dynamique Epistemic Logic*). Nous nous contenterons de formellement présenter deux logiques épistémiques dynamiques : la logique des annonces publiques et la logique des annonces publiques avec connaissance commune. La première de ces logiques est désignée par l'acronyme **PA** (*Public Annoucement*), alors que nous référons à la seconde par l'acronyme **PAC** (*Public Annoucement & Common knowledge*). L'acronyme **PAL** est parfois utilisé dans la littérature pour désigner indifféremment l'une ou l'autre de ces logiques. Avant la présentation formelle de ces deux logiques, nous retraçons brièvement le tournant dynamique qui s'est opéré entre **EL** et **DEL**.

2.2 Logique épistémique statique : EL

La logique épistémique **EL** est une logique modale propositionnelle fondée sur une structure $S5$. Sont présentées ci-dessous : syntaxe, sémantique puis axiomatique de **EL**.

---

[13]. La différence entre *savoir* et *croire* est uniquement une question de propriétés consenties pour la relation entre agent et proposition.

2.2.1 La syntaxe et son interprétation

Définition 1 (Langage logique $\mathcal{L}_{\mathbf{EL}}(Ag, \mathcal{P})$). A partir d'un ensemble fini d'agents Ag et d'un ensemble dénombrable d'atomes $\mathcal{P}$, le langage $\mathcal{L}_{\mathbf{EL}}(Ag, \mathcal{P})$ est récursivement défini comme suit :

$$\varphi := p \mid \neg \varphi \mid \varphi \wedge \varphi \mid \varphi \vee \varphi \mid K_a \varphi$$

où $a \in Ag$ et $p \in \mathcal{P}$. Bien que le langage $\mathcal{L}_{\mathbf{EL}}$ est toujours défini par rapport à un ensemble $\mathcal{P}$ de propositions et Ag d'agents, nous abrégeons parfois $\mathcal{L}_{\mathbf{EL}}(Ag, \mathcal{P})$ par $\mathcal{L}_{\mathbf{EL}}$ [14].

Cette définition récursive fait des atomes des formules à partir desquelles peuvent être construites des formules complexes en utilisant la négation $\neg$, la conjonction $\wedge$ [15] et un opérateur épistémique K_a pour chaque agent a. Une formule $K_a\varphi$ signifie : "l'agent a sait que φ". Le dual de $K_a\varphi$ est défini par $\hat{K}_a\varphi$ qui est une abréviation de $\neg K_a \neg \varphi$. Pour tout agent appartenant à un groupe G d'agents tel que G est un sous-ensemble de Ag, il est possible de définir la conjonction de tous les opérateurs de connaissance individuelle afin d'exprimer le fait que "tout le monde dans le groupe G sait que φ". Soit :

$$E_G\varphi = \bigwedge_{a \in G} K_a\varphi$$

Similairement à $\hat{K}_a\varphi$, $\hat{E}_G\varphi$ est une abréviation de $\neg E_G \neg \varphi$. Cet opérateur peut être défini à partir de la définition de E_G. Soit :

$$\hat{E}_G\varphi = \bigvee_{a \in G} \hat{K}_a\varphi$$

$\hat{E}_G\varphi$ signifie alors : "au moins un agent dans le groupe G considère φ possible".

2.2.2 Sémantique modèle théorique de EL

La sémantique de la logique **EL** est fondée sur une logique modale de type kripkéenne. Par conséquent, deux notions sont fondamentales :

1. la notion de situation, et
2. la notion de relation d'accessibilité.

---

14. Cette remarque vaut également pour les autres langages définis par rapport à un ensemble de propositions et d'agents : $\mathcal{L}_{\mathbf{PA}}$ et $\mathcal{L}_{\mathbf{PAC}}$.

15. A partir de la négation $\neg$ et de la disjonction $\vee$, le conditionnel matériel $\rightarrow$ peut être classiquement défini comme abréviation de $\neg \varphi \vee \psi$.

La première, nous l'avons évoquée précédemment, correspond aux situations possibles qu'un agent considère. Dans la logique épistémique ces situations sont usuellement désignées par le terme *alternative épistémique*. La seconde vient préciser les moyens d'accès d'une situation à une autre situation. Autrement dit, elle détermine la nature du rapport qu'entretient un agent avec les alternatives épistémiques en fonction des propriétés accordées à la relation d'accessibilité.

Définition 2 (Modèle de Kripke). A partir d'un ensemble nombrable de propositions atomiques $\mathcal{P}$ et un ensemble fini d'agents Ag, un modèle de Kripke est un tuple $\mathcal{M} = \langle \mathcal{W}, \mathcal{R}, \mathcal{V} \rangle$ tel que :
- $\mathcal{W}$ est un ensemble non vide de situations w,
- $\mathcal{R}_a$ est une fonction qui pour chaque agent $a \in Ag$ fournit une relation d'accessibilité $\mathcal{R}_a \subseteq \mathcal{W} \times \mathcal{W}$,
- $\mathcal{V}$ est une fonction de valuation qui pour chaque atome $p \in \mathcal{P}$ fournit un ensemble $\mathcal{V}_p \subseteq \mathcal{W}$ d'alternatives épistémiques dans lesquelles p est vraie.

Le modèle $\mathcal{M}$ est dit être un *modèle épistémique* si les relations $\mathcal{R}_a$ sont des relations d'équivalence (cf. Définition 3).

Une relation d'équivalence exprime le fait qu'un agent épistémique se trouve dans l'incapacité de discerner une alternative épistémique d'une autre alternative épistémique. On parle alors d'*indiscernatibilité épistémique*.

Définition 3 (Relation d'équivalence). $\mathcal{R}_a$ est une relation d'équivalence si et seulement si $\mathcal{R}_a$ est réflexive, transitive et symétrique. La classe de modèles de Kripke définie par la relation d'équivalence est désignée par $\mathbb{S}5$.

Définition 4 (Sémantique de la logique $\mathcal{L}_{\mathbf{EL}}(Ag, \mathcal{P})$). A partir d'un modèle épistémique $\mathcal{M} = \langle \mathcal{W}, \mathcal{R}, \mathcal{V} \rangle$ pour un ensemble fini d'agents Ag et un ensemble d'atomes $\mathcal{P}$, la sémantique de **EL** est définie comme il suit :

$$\begin{array}{lll}
\mathcal{M}, w \vDash p & \text{ssi} & w \in \mathcal{V}_p \\
\mathcal{M}, w \vDash \neg \varphi & \text{ssi} & \mathcal{M}, w \nvDash \varphi \\
\mathcal{M}, w \vDash \varphi \wedge \psi & \text{ssi} & \mathcal{M}, w \vDash \varphi \text{ et } \mathcal{M}, w \vDash \psi \\
\mathcal{M}, w \vDash K_a \varphi & \text{ssi} & \mathcal{M}, w' \vDash \varphi \text{ pour tout } w' \in \mathcal{W} \text{ tq } w\mathcal{R}_a w' \\
& & \text{où } \mathcal{R}_a \text{ est une relation d'équivalence.} \\
\mathcal{M}, w \vDash \hat{K}_a \varphi & \text{ssi} & \mathcal{M}, w' \vDash \varphi \text{ pour au moins un } w' \in \mathcal{W} \text{ tq } w\mathcal{R}_a w' \\
& & \text{où } \mathcal{R}_a \text{ est une relation d'équivalence.}
\end{array}$$

2.2.3 Axiomatique de EL

Définition 5 (Axiomatique de **EL**). A partir d'un ensemble fini d'agents Ag et d'un ensemble dénombrable d'atomes $\mathcal{P}$, la Table 2.1 représente l'axiomatisation du langage $\mathcal{L}_{\mathbf{EL}}(Ag, \mathcal{P})$ pour $a \in Ag$ et $p \in \mathcal{P}$.

Toutes les instanciations des tautologies propositionnelles	
$K_a(\varphi \to \psi) \to (K_a\varphi \to K_a\psi)$	distributivité de K_a sur $\to$
$K_a\varphi \to \varphi$	facticité
$K_a\varphi \to K_a\,K_a\,\varphi$	introspection positive
$\neg K_a\varphi \to K_a\neg K_a\varphi$	introspection négative
De φ et $\varphi \to \psi$, ψ suit	modus ponens
De φ, $K_a\varphi$ suit	nécessitation de K_a

TABLE 2.1 – Axiomatisation de **EL**

L'opérateur épistémique K_a est un opérateur modal normal. La facticité permet d'exprimer la véracité de la connaissance alors que les axiomes d'introspections permettent d'exprimer que si un agent sait alors il sait qu'il sait et que s'il ne sait pas alors il sait qu'il ne sait pas.

2.3 L'annonce d'un tournant dynamique

A travers cette section, nous retraçons les origines et les contours du tournant dynamique de la logique dû à l'introduction du dynamisme dans le langage de la logique épistémique – notamment grâce à l'émergence des sémantiques dynamiques. Ce tournant donna naissance aux logiques épistémiques dynamiques de **DEL** [16]. Dans la Table 2.4 située à la fin de ce chapitre, p. 27, nous représentons de façon schématique les différentes étapes de ce tournant.

2.3.1 La naissance des annonces ou l'annonce des naissances

Dans les logiques épistémiques statiques, le savoir est "figé", il n'évolue pas ; seules les propriétés intrinsèques de ce concept peuvent être explorées. Mais pour que ce savoir se constitue, il faut bien à un moment

---
16. Pour une présentation succincte de **DEL**, cf. Kooi (2011), et van Ditmarsch *et al.* (2007) pour une présentation plus détaillée.

donné que des informations circulent, soient communiquées. C'est précisément sur ce point que les logiques épistémiques dynamiques portent leur intérêt : comment le savoir se construit, se modifie à partir d'informations échangées – que ce soit par une communication entre agents ou encore par des événements auxquels ces agents assistent et/ou participent. Ce champ d'investigation est né en prenant appui d'une part sur des développements des sciences de la computation et d'autre part sur des réflexions issues de la linguistique [17] et de la philosophie du langage

Les années quatre-vingt furent prospèrent sur le plan des logiques modales dynamiques. Ces logiques furent développées pour vérifier le fonctionnement de programmes informatiques et étudier leurs propriétés. L'idée majeure fut d'associer à chaque programme informatique π, une modalité π achevant l'état φ. Ces logiques dynamiques (**DL**) contiennent donc dans leur langage des formules de la forme $[\pi]\varphi$ signifiant "après l'exécution correcte du programme π, l'état φ est obtenu"[18]. C'est cette formule qui deviendra par suite la forme de l'annonce publique. Par ailleurs, R. Muskens, J. van Benthem et A. Visser ont proposé de concevoir une conversation entre agents comme étant un processus dans lequel la signification des énoncés peut s'interpréter comme un "programme cognitif"[19]. Ce programme cognitif modifie les informations dont disposent les agents prenant part à la discussion. Les sémantiques dynamiques de la linguistique appréhendent alors la signification des énoncés du discours non plus en termes de vérité mais par les conditions de mise à jour d'informations, autrement dit la signification des énoncés est définie par les conditions d'usage de l'information reçue.

C'est à J. van Benthem que nous devons l'idée originale de combiner ces deux approches – logique modale dynamique et sémantique linguistique. En interprétant le programme π non plus comme une variable numérique mais en tant que variable propositionnelle, il devient possible de considérer des changements factuels [20]. Il ne restait plus qu'à enrichir le langage avec un opérateur épistémique afin de pouvoir décrire et raisonner sur l'impact que ces changements factuels peuvent avoir sur le savoir des agents. L'impact épistémique correspond dans ce cas à l'état achevé par la mise à jour d'un changement factuel. C'est à J. Plaza[21] que nous devons ce premier pas vers la logique épistémique dynamique. Mais étant donné la fertilité de cette idée, il est plus raisonnable de parler de logiques épistémiques dynamiques au pluriel, de naissances de nouvelles

---

17. Cf. Groenendijk et Stokhof (1991).
18. Cf. les travaux de Harel *et al.* (1984) ainsi que ceux de Pratt (1976).
19. Cf. Muskens *et al.* (1997), p. 607.
20. Cf. van Benthem (1989).
21. Cf. Plaza (1989).

logiques dans un même champ de recherche, que d'une unique logique épistémique dynamique.

2.3.2 Les logiques d'annonces publiques

C'est dans *Logics of Public Communications* (Plaza (1989)) que se trouve l'esquisse de ce qui donna naissance aux logiques d'annonces publiques et par suite aux logiques épistémiques dynamiques. Cet article fait figure à la fois de point de départ et de référence dans le domaine. Comme le fait par ailleurs remarquer H. van Ditmarsch dans *Comments to 'Logics of Public Communications'*[22], il est très difficile de trouver un article portant sur les logiques épistémiques dynamiques sans que ne soit mentionné la référence à Plaza (1989) dans les premiers paragraphes. Néanmoins, rares sont les articles faisant mention du fait que J. Plaza ait nommé sa logique *Logics of Public Communications* et non *Public Announcement Logic*. Le terme *annonce* semble plus impersonnel et général que celui de *communication* puisqu'une annonce peut être reçue par un agent sans aucune référence à la source d'information ou encore être une action non linguistique[23]. A contrario, le terme de *communication* draine avec lui une dimension linguistique et l'idée d'entités actrices de cette communication.

La logique des communications publiques de J. Plaza demeure aujourd'hui la première logique d'annonces publiques. Dans les logiques d'annonces publiques l'acte d'annonce est commun à tous les agents. Non seulement les agents reçoivent tous en même temps l'information mais ce fait est une connaissance commune[24]. Autrement dit, tous les agents savent que tous prennent connaissance de cette information en même temps. C'est pour cette raison que ce type de communication ou d'annonce est qualifiée de *publique*. Une annonce publique permet de modifier un modèle de Kripke en effaçant les situations du modèle incompatibles avec la proposition annoncée. Par conséquent les relations

---

22. Cf. van Ditmarsch (2007).

23. Dans la littérature sur les annonces publiques, *retourner une carte à jouer* est souvent pris comme exemple pour illustrer le concept d'annonce ; cf. par exemple van Ditmarsch *et al.* (2004). Le terme "annonce" – que cette annonce soit qualifiée de publique ou de privée – peut ne pas être réduit à un acte linguistique lorsqu'il est employé dans le contexte des logiques épistémiques dynamiques.

24. Attention ici à ne pas confondre la connaissance commune de la réception de l'information avec la connaissance commune de l'information reçue. Nous verrons dans la Section 3.1 qu'une annonce n'induit pas nécessairement une connaissance commune de la proposition annoncée.

d'accessibilité épistémiques s'en trouvent modifiées. Pour cela une annonce doit nécessairement être vraie [25].

Parallèlement à J. Plaza, J. Gerbrandy et W. Groeneveld [26] ont développé une autre approche des actes de communication. Cette approche se distingue de la tradition issue de J. Plaza sur trois points :

1. elle n'utilise pas une structure de type kripkéenne,
2. elle ne requière pas la condition de véracité des annonces, et
3. elle permet l'exécution d'annonces privées.

(1) L'approche des annonces publiques de J. Gerbrandy et W. Groeneveld est fondée sur des modèles de possibilité définis à partir des hyper-ensembles [27]. Selon cette approche, chaque état possible est lui-même un ensemble de possibilités. Cet ensemble de possibilités représente l'état d'information dans lequel un agent se trouve. Il devient donc possible pour une situation donnée de déterminer différents ensembles de possibilité en fonction des informations dont disposent les agents impliqués dans cette situation possible. (2) J. Gerbrandy et W. Groeneveld considèrent des annonces qui ne sont pas nécessairement véridiques, il est suffisant que les agents les recevant les considèrent comme étant vraies. Le fait que des propositions fausses peuvent être annoncées n'est pas l'unique point faisant de cette forme de logique avec annonces une logique plus proche de l'intuition que nous pouvons avoir du point de vue du sens commun. (3) L'approche de J. Gerbrandy et W. Groeneveld permet également de capturer une notion plus fine d'annonce que celle de **PAL**. Il est possible de produire des annonces privées, c'est-à-dire de restreindre à un groupe d'agents la publicité d'une nouvelle information. Dans ce cas, c'est uniquement les possibilités conçues par les agents recevant la nouvelle information qui changent et non le modèle en lui-même comme avec les annonces de **PAL**.

2.3.3 Les logiques épistémiques dynamiques : DEL

La richesse de la notion d'information et d'échange de cette information permet à **DEL** de modéliser des scénarios impliquant de nombreux agents et des échanges d'informations complexes. W. Groeneveld, dans

---

25. Une annonce fausse peut amener des agents à ne plus considérer la situation dans laquelle ils se trouvent comme étant une situation possible. Cf. Chapitre 3, Section 3.1.3 pour une explication de cette nécessité du caractère véridique des annonces publiques.
26. Cf. Gerbrandy et Groeneveld (1997) et Gerbrandy (1999).
27. Le terme "hyper-ensemble" traduit *non-well-founded sets* qui est une partie de la théorie des ensembles où les axiomes de fondation sont changés. Nous donnons à titre indicatif l'ouvrage de référence Aczel (1988).

sa thèse doctorale[28], caractérise **DEL** en trois points. **DEL** est un ensemble de logiques :

1. dynamiques,
2. multi-agents, et
3. d'ordre supérieur.

(1) Les logiques issues de **DEL** sont dynamiques dans la mesure où elles s'intéressent aux changements d'états épistémiques des agents. (2) Se basant principalement sur des phénomènes et des situations impliquant plus d'un agent ces logiques sont bien évidemment des systèmes multi-agents. (3) Elles peuvent être considérées comme étant des logiques induisant un ordre supérieur dans le sens où leur langage permet à la fois de traiter de fait et de la connaissance de ces faits, mais aussi de traiter la connaissance de certains agents comme des faits. Autrement dit, il est permis de considérer des informations relatives au savoir d'autres agents : de produire des connaissances d'ordre supérieur et de raisonner sur le raisonnement des autres agents[29].

Selon la définition de W. Groeneveld, l'approche qu'il développe avec J. Gerbrandy ainsi que **PAL** font bien partie de la famille de logiques **DEL**. Mais l'approche de J. Gerbrandy et W. Groeneveld permet de proposer une conception plus fine de la notion d'annonce publique que celle jusqu'alors à l'usage dans **PAL**. A. Baltag, L. Moss et S. Solecki ont proposé une sémantique de type kripkéenne supportant les annonces publiques (annonce standard de **PAL**), les annonces faites uniquement à des groupes d'agents (quelques agents reçoivent l'annonce) ainsi que des annonces privées (un seul agent reçoit l'annonce)[30]. L. Moss montre dans Moss (1999) que cette sémantique est équivalente à celle développée par J. Gerbrandy. Les travaux de A. Baltag, L. Moss et S. Solecki ont permis une extension conceptuelle et logique de **PAL** :

– d'une part, le concept d'annonce est plus fin et permet de produire différents types d'annonces (publique, à un groupe et privée) ;
– d'autre part, le pouvoir expressif est étendu par l'introduction dans le langage de l'opérateur de connaissance commune.

Les actes d'annonces proposés dans Baltag *et al.* (1998) peuvent être plus généralement compris comme des événements que comme de 'simples' actes de communication. L'annonce faite à un groupe d'agents peut très bien s'interpréter comme une action impactant uniquement ces

---

28. Cf. Groeneveld (1995).
29. Une connaissance d'ordre supérieur est une connaissance portant sur une connaissance.
30. Cf. Baltag *et al.* (1998).

agents. La *communication publique* devient *annonce publique* et cette annonce devient elle-même un *événement*. Le terme d'*événement* apparaît plus opportun que celui d'annonce puisque ce qui peut être formalisé par un tel opérateur peut ne pas être un acte de communication. Il n'est pas rare que l'on se réfère directement à Baltag *et al.* (1998) directement par **DEL**.

2.4 La logique des annonces publiques PA

A travers cette section nous présentons la logique épistémique dynamique **PA**. Nous commençons par la syntaxe de cette logique, sa sémantique pour finir par son axiomatique.

2.4.1 La syntaxe et son interprétation

Définition 6 (Langage logique $\mathcal{L}_{\mathbf{PA}}(Ag, \mathcal{P})$). A partir d'un ensemble fini d'agents Ag et d'un ensemble dénombrable d'atomes $\mathcal{P}$, le langage $\mathcal{L}_{\mathbf{PA}}(Ag, \mathcal{P})$ est récursivement défini comme suit :

$$\varphi := p \mid \neg\varphi \mid \varphi \wedge \varphi \mid K_a\varphi \mid [\varphi]\varphi$$

où $a \in Ag$ et $p \in \mathcal{P}$. Le dual de $[\varphi]\varphi$ est défini par $\langle\varphi\rangle\varphi$: $\langle\varphi\rangle\varphi$ est une abréviation de $\neg[\varphi]\neg\varphi$.

Remarque : $[\varphi]\varphi$ exprime le type de la formule, c'est pourquoi la formule annoncée est identique à la formule qui lui succède. Pour autant l'écriture usuelle pour désigner cet opérateur utilise deux formules arbitraires φ et ψ, ces deux formules pouvant être différentes, soit : $[\varphi]\psi$.

L'interprétation

Nous listons ci-dessous la signification des opérateurs de **PA**. La signification de l'opérateur K_a demeure la même que celle présentée dans la section précédente (Section 2.2.1).

- $[\varphi]\psi$: Annonce publique
  Une formule $[\varphi]\psi$ signifie : "si φ est annoncée publiquement, après cette annonce ψ est le cas".
- $\langle\varphi\rangle\psi$: Dual d'une annonce publique
  Une formule $\langle\varphi\rangle\psi$ signifie : "φ est annoncée publiquement et après cette annonce ψ est le cas".

Remarque : il est intéressant de noter la différence d'interprétation entre l'opérateur d'annonces publiques et son dual. Le premier s'interprète à partir d'une forme conditionnelle alors que le second l'est à partir d'une forme conjonctive. Pour autant, si l'opérateur d'annonces publiques dissimule une structure conditionnelle, c'est sa sémantique qui en fournit les conditions.

2.4.2 Sémantique modèle théorique de PA

Comme nous l'avons déjà noté, une annonce publique φ restreint le modèle épistémique à un sous-modèle dans lequel toutes les situations satisfont la formule annoncée φ. A cause de la suppression des situations ne satisfaisant pas la formule φ, les relations d'accessibilités se voient à leur tour modifiées. C'est pour cette raison que l'action "annoncer φ" peut être considérée comme un acte modifiant des états épistémiques. Il faut ajouter deux conditions à la sémantique de **EL** (Définition 4) : une pour l'opérateur d'annonce publique et une pour son dual.

Définition 7 (Sémantique de la logique $\mathcal{L}_{\mathbf{PA}}(Ag, \mathcal{P})$). A partir d'un modèle épistémique $\mathcal{M} = \langle \mathcal{W}, \mathcal{R}_a, \mathcal{V} \rangle$ pour un ensemble fini d'agents Ag et un ensemble nombrable d'atomes $\mathcal{P}$, la sémantique de **PA** est définie comme il suit :

$$\begin{aligned}
\mathcal{M}, w &\vDash p & &\text{ssi} & &w \in \mathcal{V}_p \\
\mathcal{M}, w &\vDash \neg\varphi & &\text{ssi} & &\mathcal{M}, w \nvDash \varphi \\
\mathcal{M}, w &\vDash \varphi \wedge \psi & &\text{ssi} & &\mathcal{M}, w \vDash \varphi \text{ et } \mathcal{M}, w \vDash \psi \\
\mathcal{M}, w &\vDash K_a \varphi & &\text{ssi} & &\mathcal{M}, w' \vDash \varphi \text{ pour tout } w' \in \mathcal{W} \text{ tq } w\mathcal{R}_a w' \\
& & & & &\text{où } \mathcal{R}_a \text{ est une relation d'équivalence.} \\
\mathcal{M}, w &\vDash [\varphi]\psi & &\text{ssi} & &\mathcal{M}, w \vDash \varphi \text{ implique } \mathcal{M}^\varphi, w \vDash \psi \\
\mathcal{M}, w &\vDash \langle\varphi\rangle\psi & &\text{ssi} & &\mathcal{M}, w \vDash \varphi \text{ et } \mathcal{M}^\varphi, w \vDash \psi
\end{aligned}$$

où le sous-modèle $\mathcal{M}^\varphi = \langle \mathcal{W}', \mathcal{R}'_a, \mathcal{V}' \rangle$, est défini ci-dessous :

$$\begin{aligned}
\mathcal{W}' &= \{w' \in \mathcal{W} \mid \mathcal{M}, w' \vDash \varphi\} \\
\mathcal{R}'_a &= \mathcal{R}_a \cap (\mathcal{W}' \times \mathcal{W}') \\
\mathcal{V}'_p &= \mathcal{V}_p \cap \mathcal{W}'
\end{aligned}$$

Comme nous en avons déjà fait mention, la logique **PA** (ainsi que la logique **PAC** que nous présenterons dans la section suivante) impose une condition particulière sur les annonces publiques. Une annonce publique doit nécessairement être vraie. Autrement dit, les annonces fausses ne sont pas considérées dans cette logique. Nous verrons dans la Section 3.1.3 plus en détails les motivations sous-jacentes à cette condition.

2.4.3 Axiomatique de PA

Définition 8 (Axiomatique de **PA**). A partir d'un ensemble fini d'agents Ag et d'un ensemble d'atomes $\mathcal{P}$, la Table 2.2 représente l'axiomatisation du langage $\mathcal{L}_{\mathbf{PA}}(Ag, \mathcal{P})$ pour $a \in Ag$ et $p \in \mathcal{P}$.

Toutes les instanciations des tautologies propositionnelles
$K_a(\varphi \to \psi) \to (K_a \varphi \to K_a \psi)$ distributivité de K_a sur $\to$
$K_a \varphi \to \varphi$ facticité
$K_a \varphi \to K_a K_a \varphi$ introspection positive
$\neg K_a \varphi \to K_a \neg K_a \varphi$ introspection négative
$[\varphi] p \to (\varphi \to p)$ permanence atomique
$[\varphi] \neg \psi \leftrightarrow (\varphi \to \neg [\varphi] \psi)$ annonce et négation
$[\varphi](\varphi \wedge \chi) \leftrightarrow ([\varphi]\psi \wedge [\varphi]\chi)$ annonce et conjonction
$[\varphi] K_a \psi \leftrightarrow (\varphi \to K_a [\varphi] \psi)$ annonce et savoir
$[\varphi][\psi]\chi \leftrightarrow [\varphi \wedge [\varphi]\psi]\chi$ annonce et composition
De φ et $\varphi \to \psi$, ψ suit   modus ponens
De φ, $K_a \varphi$ suit   nécessitation de K_a

TABLE 2.2 – Axiomatisation de **PA**

Une preuve de correction et de complétude de l'axiomatisation de **PA** se trouve dans van Ditmarsch *et al.* (2007). Ces axiomes sont aussi souvent appelés *Axiomes de réduction*. Cette dénomination est due au fait qu'ils permettent de réduire la longueur de la formule se trouvant dans la portée de l'opérateur d'annonce.

2.5 La logique des annonces publiques et savoir commun PAC

Dans cette section, c'est une extension de **PA** que nous présentons : la logique épistémique dynamique **PAC**. Cette dernière est obtenue par l'ajout de l'opérateur épistémique C : l'opérateur de connaissance commune. La portée de cet opérateur peut être restreint à un ensemble déterminé d'agents noté G pour *Groupe* d'agents.

Comme précédemment pour **PA**, nous commençons par la syntaxe de cette logique, sa sémantique pour enfin finir par son axiomatique.

2.5.1 La syntaxe et l'interprétation

Définition 9 (Langage logique $\mathcal{L}_{\mathbf{PAC}}(Ag, \mathcal{P})$). A partir d'un ensemble fini d'agents Ag et d'un ensemble dénombrable d'atomes $\mathcal{P}$, le langage $\mathcal{L}_{\mathbf{PAC}}(Ag, \mathcal{P})$ est récursivement défini comme suit :

$$\varphi := p \mid \neg\varphi \mid \varphi \wedge \varphi \mid K_a\varphi \mid C_G\varphi \mid [\varphi]\varphi$$

où $a \in Ag, G \subseteq Ag$ et $p \in \mathcal{P}$.

L'interprétation

Nous nous contentons ici de mentionner l'interprétation de l'opérateur spécifique de **PAC** par rapport à **PA**, l'opérateur de connaissance commune.

- C_G : Connaissance commune
  une formule $C_G\varphi$ signifie : "tous les membres du groupe G savent que tous les membres du groupe G... savent que φ".[31]

2.5.2 Sémantique modèle théorique de PAC

L'opérateur de connaissance commune nécessite l'introduction d'une relation d'accessibilité particulière $\mathcal{R}_G$. L'ensemble $\mathcal{R}$ définit les différentes relations d'accessibilité épistémiques. Soit $\mathcal{R} := \{\mathcal{R}_a; \mathcal{R}_G\}$ tel que :

1. $\mathcal{R}_a$ est la relation d'accessibilité épistémique définie pour chaque agent a de l'ensemble Ag,

2. $\mathcal{R}_G$ est la clôture transitive et réflexive définie sur l'union des relations épistémiques $\mathcal{R}_a$ des agents a appartenant au groupe G.

Définition 10 (Sémantique de la logique $\mathcal{L}_{\mathbf{PAC}}(Ag, \mathcal{P})$). A partir d'un modèle épistémique $\mathcal{M} = \langle \mathcal{W}, \mathcal{R}, \mathcal{V} \rangle$ pour un ensemble fini d'agents Ag et un ensemble dénombrable d'atomes $\mathcal{P}$, la sémantique de **PAC** est définie comme il suit :

$\mathcal{M}, w \vDash p$	ssi	$w \in \mathcal{V}_p$
$\mathcal{M}, w \vDash \neg\varphi$	ssi	$\mathcal{M}, w \nvDash \varphi$
$\mathcal{M}, w \vDash \varphi \wedge \psi$	ssi	$\mathcal{M}, w \vDash \varphi$ et $\mathcal{M}, w \vDash \psi$
$\mathcal{M}, w \vDash K_a\varphi$	ssi	$\mathcal{M}, w' \vDash \varphi$ pour tout $w' \in \mathcal{W}$ tq $w\mathcal{R}_a w'$
$\mathcal{M}, w \vDash C_G\varphi$	ssi	$\mathcal{M}, w' \vDash \varphi$ pour tout $w' \in \mathcal{W}$ tq $w\mathcal{R}_G w'$
$\mathcal{M}, w \vDash [\varphi]\psi$	ssi	$\mathcal{M}, w \vDash \varphi$ implique $\mathcal{M}^\varphi, w \vDash \psi$
$\mathcal{M}, w \vDash \langle\varphi\rangle\psi$	ssi	$\mathcal{M}, w \vDash \varphi$ et $\mathcal{M}^\varphi, w \vDash \psi$

---

[31]. Il existe différentes manières de définir la connaissance commune. Nous renvoyons à Gerbrandy (1999) p. 45–47 pour une présentation de trois approches de la connaissance commune ainsi qu'une démonstration de leur équivalence respective.

la définition de $\mathcal{M}^\varphi = \langle \mathcal{W}', \mathcal{R}', \mathcal{V}' \rangle$, est similaire au sous-modèle de la Définition 7.

2.5.3 Axiomatique de PAC

Définition 11 (Axiomatique de **PAC**). A partir d'un ensemble fini d'a-gents Ag et d'un ensemble dénombrable d'atomes $\mathcal{P}$, la Table 2.3 représente l'axiomatisation du langage $\mathcal{L}_{\textbf{PAC}}(Ag, \mathcal{P})$ pour $a \in Ag$ et $p \in \mathcal{P}$.

L'axiomatique de **PAC** montre que l'opérateur C est un opérateur modal normal. Par contre, il n'existe pas d'axiome de réduction pour cet opérateur.

Toutes les instanciations des tautologies propositionnelles	
$K_a(\varphi \to \psi) \to (K_a\varphi \to K_a\psi)$	distributivité de K_a sur $\to$
$K_a\varphi \to \varphi$	facticité
$K_a\varphi \to K_a K_a \varphi$	introspection positive
$\neg K_a\varphi \to K_a \neg K_a\varphi$	introspection négative
$[\varphi]p \to (\varphi \to p)$	permanence atomique
$[\varphi]\neg\psi \leftrightarrow (\varphi \to \neg[\varphi]\psi)$	annonce et négation
$[\varphi](\psi \land \chi) \leftrightarrow ([\varphi]\psi \land [\varphi]\chi)$	annonce et conjonction
$[\varphi]K_a\psi \leftrightarrow (\varphi \to K_a[\varphi]\psi)$	annonce et savoir
$[\varphi][\psi]\chi \leftrightarrow [\varphi \land [\varphi]\psi]\chi$	annonce et composition
$C_G(\varphi \to \psi) \to (C_G\varphi \to C_G\psi)$	distributivité de C_G sur $\to$
$C_G\varphi \to (\varphi \land E_G C_G\varphi)$	mix
$C_G(\varphi \to E_G\varphi) \to (\varphi \to C_G\varphi)$	induction du savoir commun
De φ et $\varphi \to \psi$, ψ suit	modus ponens
De φ, $K_a\varphi$ suit	nécessitation de K_a
De φ, $C_G\varphi$ suit	nécessitation de C_G
De φ, $[\psi]\varphi$ suit	nécessitation de $[\psi]$
De $\chi \to [\varphi]\psi$ et $(\chi \land \varphi) \to E_G\chi$, $\chi \to [\varphi]C_G\psi$ suit	annonce et connaissance commune

TABLE 2.3 – Axiomatisation de **PAC**

L'axiomatisation de **PAC** fut fournie pour la première fois par A. Baltag, L. Moss et S. Solecki dans Baltag *et al.* (1998). La complétude de cette logique est indirectement obtenue par la complétude d'une logique particulière de **DL**[32]. Une preuve de complétude plus directe pour **PAC** est donnée par B. Kooi[33].

Conclusion

La logique épistémique d'annonces publiques avec connaissance commune (**PAC**) est une extension de la logique épistémique avec annonces publiques sans savoir commun (**PA**). Cette dernière est elle-même une extension de la logique épistémique statique (**EL**). Les logiques de **PAL** permettent d'introduire la question du dynamisme dans l'étude des propriétés du savoir. La dichotomie entre les situations compatibles et les situations non compatibles avec le savoir des agents n'est plus uniquement donnée *a priori* (comme c'est le cas pour **EL**) mais elle peut être modifiée *a posteriori* par des annonces publiques, par des événements. Ces annonces publiques dynamisent la distinction entre situations compatibles et situations incompatibles avec le savoir des agents en raison d'un présupposé : leur caractère véridique.

Dans le chapitre suivant c'est sur ce présupposé et quelques propriétés qui lui sont directement ou indirectement liées que nous concentrons notre intérêt.

---

32. **PDL** *Propositional Dynamic Logic*.
33. Cf. van Ditmarsch *et al.* (2007) Chapitre 7, pp 189-194.

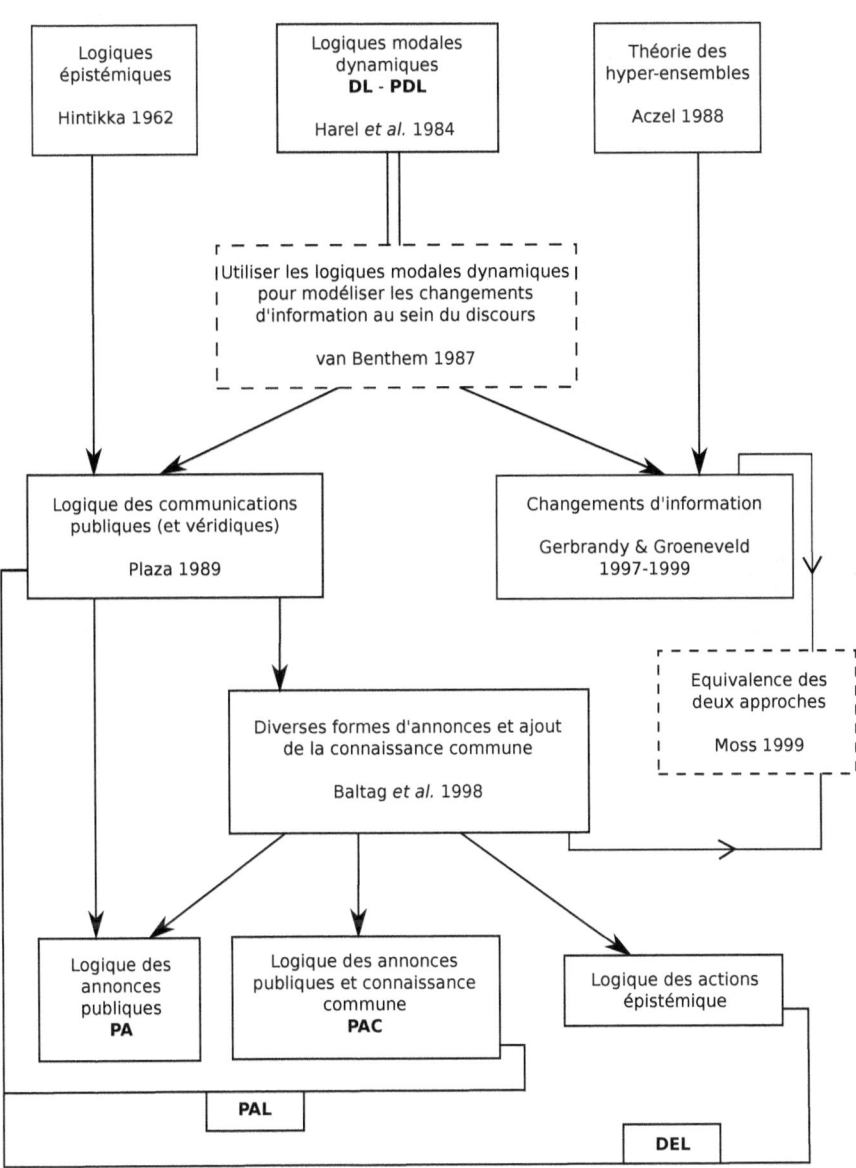

TABLE 2.4 – Le tournant dynamique de la logique épistémique

Chapitre 3

De quelques spécificités des logiques PAL

Résumé du chapitre : Dans ce chapitre nous présentons et discutons quelques propriétés intéressantes des logiques **PA** et **PAC**. Ces propriétés sont plus nombreuses que celles dont nous traitons. Nous limitons notre exposition à celles qui se révèlent être pertinentes pour le propos que nous développons dans les chapitres suivants. Nous restreignons notre attention aux problématiques et questions suivantes :
- Si généralement une annonce publique donne lieu à une connaissance commune, ce n'est pas systématiquement le cas. La valeur de vérité de certaines annonces ne *résiste* pas à leur acte d'annonce. La définition de résistance d'une proposition annoncée est comparée à celle de mise à jour du modèle et à son mécanisme.
- La nécessité du principe de véracité des annonces est justifiée par l'exposition des conséquences que pourrait avoir une annonce fausse dans **PAL**.
- Le caractère véridique des annonces a une incidence sur le rapport entre l'opérateur d'annonce et son dual. Cette incidence est formulée par la propriété dite de fonction partielle des annonces publiques.
- Si une annonce *réussie* produit une connaissance commune, en quoi annoncer quelque chose déjà connu de tout le monde peut avoir un impact sur la connaissance et quel est cet impact ?

3.1 Résistance, mise à jour et vérité

Lorsqu'une proposition est annoncée publiquement, nous pouvons nous attendre, dans un premier temps, à ce que l'auditoire recevant cette annonce non seulement connaisse cette proposition mais également à ce que l'ensemble de ces personnes possède une connaissance sur le savoir de chaque membre concernant cette proposition. Autrement dit, l'annonce publique d'une proposition déterminée semble intuitivement induire une connaissance commune de la proposition rendue publique. Or, si cette intuition s'avère être exacte concernant les propositions factuelles, elle peut être fausse pour certaines propositions épistémiques. Il peut arriver que la valeur de vérité d'une proposition épistémique annoncée soit modifiée par l'acte de sa publicité. Par conséquent, après une annonce, la valeur de vérité de cette proposition peut soit résister à son annonce et demeurer vraie, soit devenir fausse. Ce changement de valeur de vérité dépend de deux choses. Il dépend à la fois de la proposition en elle-même et du contexte épistémique au sein duquel elle est faite. Si la proposition annoncée est une observation à propos d'un état du monde (booléenne), et donc ne contient pas de modalité épistémique, cette dernière demeurera vraie après son annonce. Sans modalité épistémique, seule une information concernant des faits sera intégrée à la connaissance des agents. Produire publiquement une observation sur une proposition factuelle ne peut pas changer la valeur de vérité de cette proposition. En revanche, si l'annonce contient une observation à propos d'un état épistémique, la simple publicité de cette observation sur cet état peut le modifier. Par exemple lorsque l'on rend publique l'ignorance d'un agent concernant un fait, si cet agent reçoit cette annonce, par l'annonce il en vient à connaître ce fait ; ce qui contredit l'annonce [34].

Il faut donc, concernant les annonces publiques, distinguer deux aspects : la résistance des propositions à leur annonce et le mécanisme de mise à jour des propositions annoncées. Une proposition peut résister ou ne pas résister à son annonce, tout comme une mise à jour peut réussir ou échouer. Dans la Définition 12 est défini ce qu'est une formule résistante. Cette définition est exprimée en termes de validité. Les conditions de succès ou d'échec d'une mise à jour d'un modèle par une proposition annoncée sont exprimées en termes de satisfiabilité et sont données dans la Définition 13 [35]. Derrière cette différence entre une définition construite sur la validité (formules résistantes) et une définition fondée sur la satis-

---

34. Cf. p. 34 et suivantes pour un développement concernant l'échec de la mise à jour.

35. Ces définitions sont issues de van Ditmarsch et al. (2007), Définition 4.31, p. 85.

fiabilité (la mise à jour du modèle) se loge un point nodal des annonces publiques : leur impératif de vérité.

3.1.1 Résistance des propositions annoncées

La résistance d'une formule doit être définie en termes de validité car si elle est résistante, elle ne peut être dépendante d'un modèle. Une formule résistante donne toujours lieu à une connaissance commune et cela indépendamment du modèle.

Définition 12 (Formule résistante et formule non-résistante).
Soit une formule $\varphi \in \mathcal{L}_{\mathbf{PAC}}$, pour tout $(\mathcal{M}, s) \in \mathbb{S}5$:
- une formule φ est résistante si et seulement si $[\varphi]\varphi$ est valide,
- une formule φ est non-résistante si et seulement si elle n'est pas résistante.

La définition de formule résistante est construite à partir de la forme '[ ]' de l'opérateur d'annonce car cette forme implique une notion conditionnelle « si φ est publiquement annoncée alors ... ». La conjonction de conditions induite par la forme '⟨ ⟩' de l'opérateur d'annonce serait trop forte car aucune formule de la forme $\langle\varphi\rangle\varphi$ ne peut être valide, exceptée les propositions tautologiques – la valuation de toute autre proposition est directement dépendante du modèle dans lequel elle est évaluée. Dans ce cas, non seulement la définition de formule résistante ne correspondrait pas à l'intuition que nous pouvons en avoir, mais elle ne décrirait que des tautologies.

Définir la résistance d'une proposition par la validité $[\varphi]\varphi$ garantit la validité de *si φ est vraie, alors cette proposition devient une connaissance commune après être annoncée publiquement*, soit $\varphi \rightarrow [\varphi]C_G\varphi$ est un principe valide[36].

Proposition 1. $[\varphi]\varphi$ *est valide si et seulement si* $\varphi \rightarrow [\varphi]C_G\varphi$ *est valide.*

Nous démontrons cette proposition en montrant que :
- (A). $(\varphi \rightarrow [\varphi]C_G\varphi) \rightarrow [\varphi]\varphi$, et
- (B). $[\varphi]\varphi \rightarrow (\varphi \rightarrow [\varphi]C_G\varphi)$.

Démonstration.
(A). Supposons que $\vDash \varphi \rightarrow [\varphi]C_G\varphi$.
$\vDash \varphi \rightarrow [\varphi]C_G\varphi$
$\Leftrightarrow$
$\forall \mathcal{M}$ et $\forall s \in \mathcal{M} : \mathcal{M}, s \vDash \neg\varphi$ ou $\mathcal{M}, s \vDash [\varphi]C_G\varphi$.

---

[36]. Ce principe correspond à la proposition 4.33 de van Ditmarsch *et al.* (2007), cf. p. 86.

Soit : $\exists \mathcal{M}'$ et $s' \in \mathcal{M}'$ tel que :
(1) $\mathcal{M}', s' \vDash \neg \varphi$, ou
(2) $\mathcal{M}', s' \vDash [\varphi]C_G\varphi$.

(1) $\mathcal{M}', s' \vDash \neg \varphi$
$\Leftrightarrow$
$\mathcal{M}', s' \vDash [\varphi]\varphi$ – trivialement par fausseté de φ.

(2) $\mathcal{M}', s' \vDash [\varphi]C_G\varphi$
$\Leftrightarrow$
(2.1) $\mathcal{M}', s' \vDash \neg \varphi$, ou
(2.2) $\mathcal{M}'^{\varphi}, s' \vDash C_G\varphi$.

(2.1) $\mathcal{M}', s' \vDash \neg \varphi$
$\Leftrightarrow$
$\mathcal{M}', s' \vDash [\varphi]\varphi$ – trivialement par fausseté de φ.

(2.2) $\mathcal{M}'^{\varphi}, s' \vDash C_G\varphi$
$\Leftrightarrow$
$\forall t' \in \mathcal{M}'^{\varphi}$ tel que $s'\mathcal{R}_G t' : \mathcal{M}'^{\varphi}, t' \vDash \varphi$.
Par réflexivité, $s'\mathcal{R}_G s' : \mathcal{M}'^{\varphi}, s' \vDash \varphi$
$\Leftrightarrow$
$\mathcal{M}'^{\varphi}, s' \vDash \varphi$ implique $(\mathcal{M}', s' \vDash \varphi \rightarrow \mathcal{M}'^{\varphi}, s' \vDash \varphi)$
$\Leftrightarrow$
$\mathcal{M}', s' \vDash [\varphi]\varphi$ – par Définition 7 de $[\varphi]\psi$.

(B). Supposons que $\vDash [\varphi]\varphi$.
$\vDash [\varphi]\varphi$
$\Leftrightarrow$
$\forall \mathcal{M}$ et $\forall s \in \mathcal{M}$: (B.1) $\mathcal{M}, s \vDash \neg \varphi$ ou (B.2) $\mathcal{M}^{\varphi}, s \vDash \varphi$.

Supposons que $\vDash \neg(\varphi \rightarrow [\varphi]C_G\varphi)$
Soit : $\exists \mathcal{M}'$ et $s' \in \mathcal{M}'$ tel que :
(1) $\mathcal{M}', s' \vDash \neg(\varphi \rightarrow [\varphi]C_G\varphi)$.
$\Leftrightarrow$
(1) $\mathcal{M}', s' \vDash \varphi$, et
(2) $\mathcal{M}', s' \vDash \neg[\varphi]C_G\varphi$.

(1) $\mathcal{M}', s' \vDash \varphi$ contredit (B.1).

(2) $\mathcal{M}', s' \vDash \neg[\varphi]C_G\varphi$.
$\Leftrightarrow$
(2.1) $\mathcal{M}', s' \vDash \varphi$, et
(2.2) $\mathcal{M}'^{\varphi}, s' \vDash \neg C_G\varphi$.

(2.1) $\mathcal{M}', s' \vDash \varphi$ contredit (B.1).

(2.2) $\mathcal{M}'^{\varphi}, s' \vDash \neg C_G \varphi$.
⇔
$\exists t' \in \mathcal{M}'^{\varphi}$ et $s' \mathcal{R}_G t'$ tel que :
(2.2.1) $\mathcal{M}'^{\varphi}, t' \vDash \neg \varphi$.

Ce qui contredit (B.2)

□

Lorsqu'une formule résistante est annoncée, elle produit bien une connaissance commune. Comme cette formule ne s'auto-invalide pas par son annonce (Définition 12) et que tous les agents reçoivent publiquement et simultanément cette annonce, tous savent que tous savent qu'ils ont reçu cette annonce.

3.1.2 Mise à jour des propositions annoncées

La définition d'une formule résistante étant construite à partir de la forme conditionnelle de l'opérateur d'annonce ('[ ]'), il n'est pas nécessaire que l'annonce soit faite pour que la formule soit valide. Mais si l'on veut considérer l'impact qu'une proposition annoncée a sur le savoir des agents, cette définition n'est pas suffisante. Il est nécessaire de définir une opération de *mise à jour du modèle*. Ainsi à partir de cette mise à jour, il devient possible de mesurer les effets de l'annonce sur le savoir des agents la recevant. La mise à jour du modèle ne pouvant se faire indépendamment du modèle, il est donc naturelle que cette dernière soit définie en termes de satisfaction dans un modèle et non en termes de validité.

Supposons que la définition de mise à jour soit bâtie, comme pour la notion de formule résistante, à partir de la forme '[ ]' de l'opérateur d'annonce. Supposons également que la proposition devant être annoncée soit fausse : la forme conditionnelle définissant la mise à jour se voit par conséquent trivialement satisfaite sans qu'aucune annonce ne soit faite et donc sans qu'aucune mise à jour n'ait lieu – ce qui ne correspond pas à l'idée que nous pouvons avoir de la notion de mise à jour. La mise à jour doit prendre en considération deux éléments : l'effectivité de l'annonce et ce qu'il advient de la proposition annoncée, c'est-à-dire si elle résiste ou non à son annonce par rapport au contexte dans lequel elle s'insère. Il convient donc de définir la mise à jour par la conjonction des conditions induite par la forme '⟨ ⟩' de l'opérateur d'annonce.

Définition 13 (Mise à jour des propositions annoncées).
Soit une formule $\varphi \in \mathcal{L}_{\mathbf{PAC}}$ et un modèle épistémique $(\mathcal{M}, s)$ tel que $\mathcal{M} \in \mathbb{S}5$.

- Une formule φ produit une mise à jour réussie si $\mathcal{M}, s \vDash \langle\varphi\rangle\varphi$.
- Une formule φ produit une mise à jour non-réussie si et seulement si $\mathcal{M}, s \vDash \langle\varphi\rangle\neg\varphi$.

Deux possibilités sont considérées dans la définition de mise à jour : soit la mise à jour est réussie, soit elle échoue (la mise à jour échoue si et seulement elle est non-réussie). La mise à jour du modèle par la proposition annoncée est réussie lorsque cette proposition demeure vraie après son annonce, c'est ce que traduit formellement $\mathcal{M}, s \vDash \varphi$ et $\mathcal{M}^\varphi, s \vDash \varphi$. La mise à jour échoue lorsque la proposition est annoncée mais qu'elle devient fausse après son annonce, autrement dit que l'acte d'annonce contredit la proposition, soit : $\mathcal{M}, s \vDash \varphi$ et $\mathcal{M}^\varphi, s \vDash \neg\varphi$.

Les propositions de type *Moore Sentence*[37] sont typiquement des propositions qui échouent dans leur mise à jour. Ce genre de propositions est formulé comme suit : "il pleut et tu ne sais pas qu'il pleut". L'échec de la mise à jour de ce type de proposition réside dans leur propre structure. Nous avons déjà fait mention du fait qu'une proposition factuelle engendrait systématiquement une connaissance commune après son annonce, soit qu'une proposition factuelle est toujours résistante. Une proposition factuelle est résistante car ne comportant pas de dimension épistémique, elle ne risque pas de se contredire en rendant publique une observation sur l'état épistémique d'un agent. Une proposition de type Moore joint, quant à elle, une proposition factuelle à une observation épistémique sur cette proposition factuelle. Cette observation épistémique affirme la négation de la connaissance de la proposition factuelle par un agent déterminé. Or, une proposition factuelle, lorsqu'elle est annoncée devient toujours une connaissance commune. Il n'y a donc, après une telle annonce, plus aucun agent ignorant la véracité de la proposition factuelle annoncée. Par conséquent, l'observation concernant l'état épistémique de l'agent ne connaissant pas la dite proposition n'est plus tenable. Si avant la publicité de cette proposition l'observation se vérifiait, ce ne peut plus être le cas après. La conjonction des propositions annoncées est donc fausse et ne peut par conséquent pas devenir une connaissance commune.

Nous considérons ci-dessous la mise à jour engendrée par une formule de type Moore. Dans un premier temps nous supposons que cette formule est résistante puis ensuite qu'elle est non-résistante.

Considérons un modèle $\mathcal{M}$ et une situation $s \in \mathcal{M}$ tel que :
(†) $\mathcal{M}, s \vDash p$, et

---

[37]. Cf. van Ditmarsch (2010) et Chapitre 4, Section 4.2.3 pour une illustration dialogique de l'échec de mise à jour induit par les propositions de type Moore.

(‡) $\mathcal{M}, s \vDash \neg K_a p$.
(A) Supposons désormais que $\mathcal{M}, s \vDash [p \wedge \neg K_a p](p \wedge \neg K_a p)$
⇔
(1) $\mathcal{M}, s \vDash \neg(p \wedge \neg K_a p)$, ou
(2) $\mathcal{M}^{p \wedge \neg Kp}, s \vDash p \wedge \neg K_a p$
⇔
(1.1) $\mathcal{M}, s \vDash \neg p$, ce qui contredit la supposition (†) ou
(1.2) $\mathcal{M}, s \vDash K_a p$, ce qui contredit la supposition (‡) ; ou
(2.1) $\mathcal{M}^{p \wedge \neg K_a p}, s \vDash p$ et
(2.2) $\mathcal{M}^{p \wedge \neg K_a p}, s \vDash \neg K_a p$.

(2.2) $\mathcal{M}^{p \wedge \neg K_a p}, s \vDash \neg K_a p$
⇔
$\exists s' \in \mathcal{M}^{p \wedge \neg K_a p}$ et $s \mathcal{R}_a s'$ tel que :
(2.2.1) $\mathcal{M}^{p \wedge \neg K_a p}, s' \vDash \neg p$.
Or, si $s' \in \mathcal{M}^{p \wedge \neg K_a p}$, il suit que :
(2.2.1.1) $\mathcal{M}, s' \vDash p \wedge \neg K_a p$.
⇔
(2.2.1.1.1) $\mathcal{M}, s' \vDash p$, ce qui contredit (2.2.1) ; et
(2.2.1.1.2) $\mathcal{M}, s' \vDash \neg K_a p$.

Supposer l'annonce d'une proposition de type Moore dans une situation s d'un modèle arbitraire $\mathcal{M}$ nous a systématiquement conduit à des contradictions. La négation de la conjonction (1) issue de la disjonction engendrée par la supposition (A) se voit falsifiée par (1.1) et (1.2). Le deuxième disjoint (2) issu de la supposition (A) se voit falsifié par la contradiction générée par les conséquences du conjoint (2.2) : contradiction entre (2.2.1) et (2.2.1.1.1). Si la proposition p n'était pas connue initialement, après l'annonce il n'y a plus d'état épistémique ne vérifiant pas p, ce que montre (2.2.1.1.1). Or un des conjoints de la postcondition affirme que p n'est pas connu de l'agent a ($\neg K_a p$ (2.2)) c'est-à-dire qu'au moins une alternative épistémique de cet agent ne vérifie pas p ($\neg p$ (2.2.1)).

Si l'on change (A) $\mathcal{M}, s \vDash [p \wedge \neg K_a p](p \wedge \neg K_a p)$ par (B) $\mathcal{M}, s \vDash [p \wedge \neg K_a p]\neg(p \wedge \neg K_a p)$, c'est-à-dire si l'on assume qu'une proposition de type Moore est non-résistante, (B) est satisfiable et révèle l'échec de la mise à jour de la proposition annoncée.

Considérons un modèle $\mathcal{M}$ et une situation $s \in \mathcal{M}$ tel que :
(†) $\mathcal{M}, s \vDash p$, et
(‡) $\mathcal{M}, s \vDash \neg K_a p$.
(B) Supposons désormais que $\mathcal{M}, s \vDash [p \wedge \neg K_a p]\neg(p \wedge \neg K_a p)$
⇔

(1') $\mathcal{M}, s \vDash \neg(p \wedge \neg K_a p)$, ou
(2') $\mathcal{M}^{p \wedge \neg K_a p}, s \vDash \neg(p \wedge \neg K_a p)$.
(1') est identique au disjoint (1) issu de la supposition (A) ; pour cette raison nous ne le développons pas ici.

(2') $\mathcal{M}^{p \wedge \neg K_a p}, s \vDash \neg(p \wedge \neg K_a p)$.
$\Leftrightarrow$
(2.1') $\mathcal{M}^{p \wedge \neg K_a p}, s \vDash \neg p$, ou
(2.2') $\mathcal{M}^{p \wedge \neg K_a p}, s \vDash K_a p$.

Le disjoint (2.1') est identique au conjoint (2.2.1). Pour cette raison nous ne le développons pas ici, il conduit à une contradiction.

(2.2') $\mathcal{M}^{p \wedge \neg K_a p}, s \vDash K_a p$.
$\Leftrightarrow$
$\forall t \in \mathcal{M}^{p \wedge K_a p} : \mathcal{M}^{p \wedge \neg K_a p}, t \vDash p$.
Par réflexivité : $\mathcal{M}^{p \wedge \neg K_a p}, s \vDash p$.

Partant de $\mathcal{M}^{p \wedge K_a p}, s \vDash p$, la procédure développée en (2.2.1) permet d'obtenir

(2.2.1.1) sans que cette fois cela ne génère de contradiction.

Dans ce modèle la négation de la postcondition génère une disjonction dont un des disjoints affirme que la proposition p est connue après l'annonce ($K_a p$ (2.2')) et non plus qu'elle n'est pas connue après l'annonce ($\neg K_a p$ (2.2)). Après l'annonce, le modèle satisfait donc la négation de la proposition annoncée et non la formule annoncée. Les propositions de type Moore ne peuvent être intégrées que de manière négative après leur annonce. La mise à jour du modèle par la proposition annoncée échoue, elle ne parvient pas à s'intégrer dans sa totalité. Le conjoint de l'annonce relatant une proposition factuelle (p) est intégré alors que la valeur de vérité du second conjoint est modifiée. Néanmoins, si la mise à jour du modèle échoue, il y a tout même une transition épistémique car le savoir se voit tout de même modifié, de $\neg K_a p$ il se meut en $K_a p$ - grâce à l'annonce de la proposition factuelle.

Les propositions de type Moore nous indiquent qu'il faut prendre garde de bien distinguer *mise à jour du modèle* et *transition épistémique d'un agent*. Si la réussite d'une mise à jour donne nécessairement lieu à une transition épistémique, ce n'est pas parce que la mise à jour échoue qu'il n'y a pas de transition épistémique. Que la mise à jour échoue ne signifie donc pas qu'il n'y ait pas de transition épistémique. Il peut y avoir différents degrés de réussite de la mise à jour [38]. L'unique moyen d'être assuré qu'il n'y ait pas de mise à jour est de faire échouer la possibilité même de la mise à jour ; c'est-à-dire de situer l'échec en amont de la possibilité d'exécution de la mise à jour.

3.1.3 La vérité des annonces de PAL

Comme nous en avons fait mention précédemment, la définition de la mise à jour comporte deux aspects. Premièrement la formule annoncée doit être satisfaite. Ensuite la réussite ou l'échec de la mise à jour est déterminée par une seconde condition. La première condition, commune aux deux possibilités de la mise à jour – réussite ou échec, est en réalité la condition d'exécution de la mise à jour. Pour que la mise à jour échoue ou réussisse, il faut que la formule de l'annonce soit satisfaite. Sans la condition $\mathcal{M}, s \vDash \varphi$ aucune mise à jour n'est possible. Pourquoi, à travers la définition de mise à jour, imposer la satisfaction de l'annonce comme condition de possibilité ?

Supposons qu'une mise à jour soit effectuée indépendamment du critère de satisfaction de la formule annoncée. Il est, dans ce cas, possible d'envisager une mise à jour du modèle à partir d'une proposition fausse, ce que nous illustrons dans la Table 3.1 ci-dessous. A partir de la situation actuelle ($s_@$), la mise à jour du modèle de la figure 1 par la proposition p, alors que celle-ci n'est pas satisfaite dans cette situation, fait disparaître la situation $s_@$ du modèle. Après l'annonce, ne doivent être considérées que les situations vérifiant la proposition annoncée, soit p. Or, la proposition p est fausse en $s_@$, cette situation ne peut donc pas faire partie du sous modèle considéré après l'annonce.

La suppression de la situation $s_@$ du modèle invalide la possibilité de définir la valeur de vérité de n'importe quelle proposition. Afin de se prémunir de tels désagréments, il faut impérativement empêcher une mise à jour à partir d'une annonce fausse. Ce que fait parfaitement la définition de la mise à jour. Grâce à elle, il n'y a pas de mise à jour possible à partir d'une annonce publique fausse.

3.2 Quelques propriétés remarquables

A travers cette section, nous explorons quelques propriétés de **PAL**. Ces dernières sont nombreuses mais nous restreignons notre attention à

---

[38]. La mise à jour peut réussir individuellement (c'est-à-dire définie pour l'opérateur épistémique K_a), généralement (pour E_G) ou de manière dite publique (pour C_G). Cf. van Ditmarsch et Kooi (2006) pour une présentation détaillée de ces différents niveaux de réussite de la mise à jour.

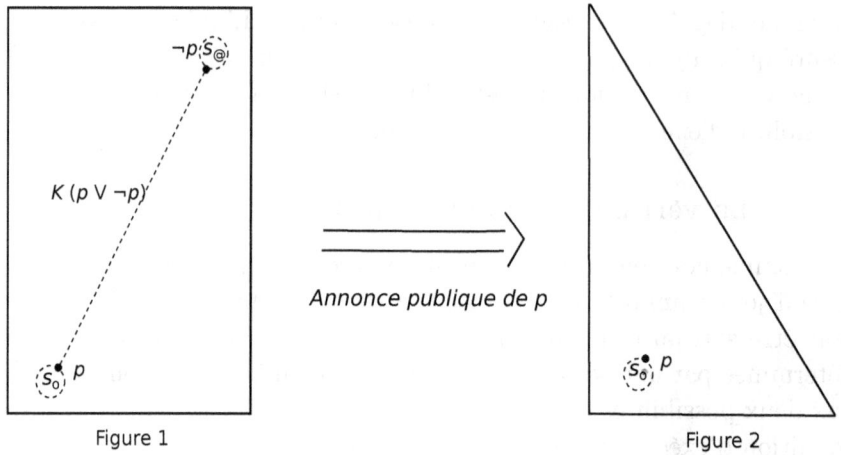

TABLE 3.1 – Conséquence d'une annonce fausse

trois d'entre elles :
1. annonce et connaissance partagée,
2. annonce et connaissance commune, et
3. annonce et fonction partielle.

Notre but est ici essentiellement de préciser l'impact que peut avoir une annonce publique réussie sur le savoir des agents ainsi que sur le savoir que ces agents peuvent avoir de la connaissance des autres agents.

3.2.1 Annonce et connaissance partagée

Une annonce permet de diffuser une information et la diffusion de cette information, par son caractère véridique, modifie la connaissance des agents. Dans ce cas, quel est l'impact de l'annonce d'une proposition qui serait individuellement connue de tous les agents avant son annonce ? On ne peut pas considérer ici que l'annonce modifie la connaissance factuelle des agents puisque ces derniers connaissent déjà la proposition qui est annoncée. Considérons dans la Table 3.2 un modèle tel que $a, b, c \in G$.

Dans le modèle $\mathcal{M}$ et la situation $s_@$, les agents a, b et c connaissent individuellement la proposition p mais ne savent pas que les autres savent p. L'agent a sait que p parce que p est vraie dans toutes les situations qu'il considère possible ($s_@$ et s_2), en revanche il ne sait pas que b (c) sait que p puisqu'il est faux que b (c) connaisse p en s_2. L'annonce de p change cette ignorance portant sur la connaissance des autres agents. Dans le modèle $\mathcal{M}^p$ les situations ne vérifiant pas p a disparu, a ne peut

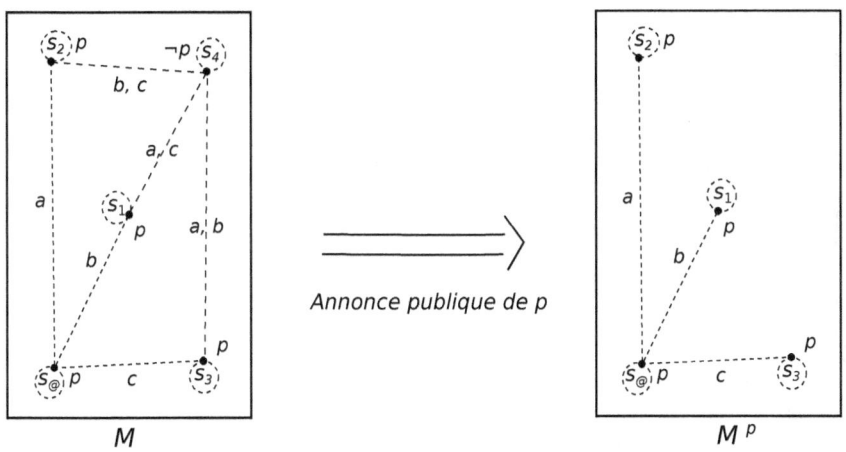

Table 3.2 – Annonce et connaissance partagée

plus considérer que b (c) ne sait pas p : b (c) sait que p dans toutes les alternatives épistémiques de a. Ce raisonnement vaut également pour les agents b et c : tous savent que tous savent... que p.

Si l'annonce n'a pas modifié la connaissance factuelle que les agents pouvaient avoir, elle a modifié la connaissance que ces agents pouvaient avoir sur la connaissance des autres agents. Après l'annonce de p, aucun agent ne peut continuer de considérer qu'un autre agent ne sait pas p. Annoncer un fait connu de tout le monde modifie quand même la connaissance, cela modifie au moins la connaissance portant sur le savoir d'autrui – connaissance d'ordre supérieur.

3.2.2 Annonce et connaissance commune

Lorsqu'on considère un modèle avec une connaissance partagée parmi un groupe d'agents, annoncer publiquement une proposition connue de tous modifie la connaissance partagée en une connaissance commune. Mais, si une annonce publique peut modifier une connaissance partagée en la rendant commune, peut-elle modifier une connaissance commune ? Dans la Table 3.3 nous représentons l'impact que peut avoir une annonce publique sur une connaissance commune.

Le modèle $\mathcal{M}$ et le modèle $\mathcal{M}^p$ sont identiques. L'annonce publique de p n'a changé ni le savoir factuel que les agents ont individuellement ni le savoir d'ordre supérieur qu'ils ont sur le savoir des membres du groupe. Si dans la Section 3.1.1 nous avons vu qu'une annonce publique réussie produit une connaissance commune, il apparaît ici qu'une annonce publique (réussie) d'une proposition communément connue ne modifie pas

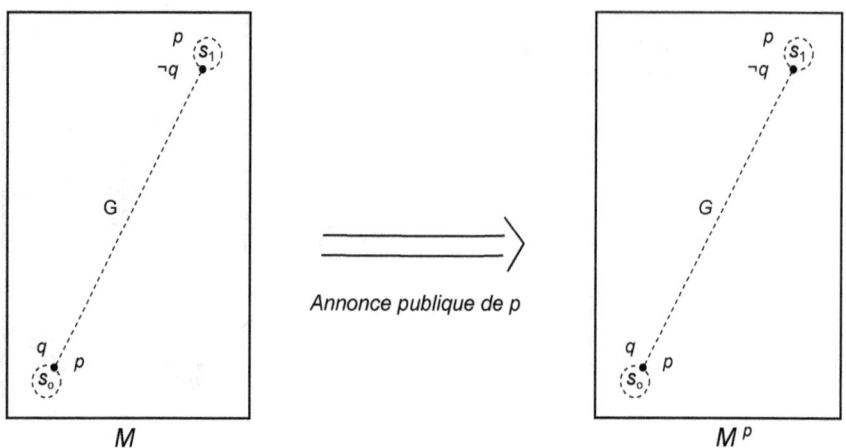

Table 3.3 – Annonce et connaissance commune

cette connaissance commune. Du point de vue épistémique et pour une formule permettant une annonce réussie, connaissance commune et annonce publique produisent un modèle identique.

3.2.3 Annonce et fonction partielle

Dans van Ditmarsch *et al.* (2007) l'opérateur $[\varphi]$ est présenté comme un opérateur modal de type $\Box$ – nécessaire. Dans les logiques modales normales $\Box\varphi \to \Diamond\varphi$ est un principe logique exprimant que ce qui est nécessaire est possible. Pourquoi dans la logique **PAL**, $\langle\varphi\rangle\psi \to [\varphi]\psi$ est valide alors que $[\varphi]\psi \to \langle\varphi\rangle\psi$ ne l'est pas ?

Une réponse consiste à dire que les annonces sont des fonctions partielles [39]. Le problème est que cette réponse ne fait que décaler la question : pourquoi les annonces sont-elles des fonctions partielles ?

Soit $\mathcal{L}$ l'ensemble des formules de **PAL** et $\mathcal{C}$ l'ensemble de tous les modèles pointés de **PAL**, c'est-à-dire, l'ensemble de toutes les paires $(\mathcal{M}, w)$ où $\mathcal{M}$ est un modèle épistémique et w est une situation possible de $\mathcal{M}$. Il est possible de créer une fonction f telle que : $f : \mathcal{L} \times \mathcal{C} \mapsto \mathcal{C}$. La fonction f a pour domaine l'ensemble $\mathcal{L} \times \mathcal{C}$ et co-domaine $\mathcal{C}$. Par exemple, $f(\top, (\mathcal{M}, w)) = (\mathcal{M}, w)$, puisque la formule $\top$ ne change pas le modèle et $f(p, (\mathcal{M}, w)) = (\mathcal{M}^p, w)$, soit le modèle $(\mathcal{M}, w)$ sans les situations où p est faux.

---

[39]. Nous revenons sur la partialité des annonces dans les Chapitres 4, 7 et 8. Une illustration simple et intuitive de cette particularité est présentée au Chapitre 7, § "Publicité du comportement délictuel et présomption d'innocence", p. 230.

Les annonces sont des fonctions. Si la fonction $f(\varphi, (\mathcal{M}, w))$ existe, alors cette fonction est unique car il n'y a qu'une seule façon de transformer le modèle par une annonce publique. De plus, si la fonction $f(\varphi, (\mathcal{M}, w))$ n'était pas unique, f ne serait pas une fonction.

Les annonces sont partielles. Il se trouve que pour certaines paires, la fonction f n'est pas définie. Par exemple, $f(\bot, (\mathcal{M}, w))$ n'existe pas car le modèle $\mathcal{M}$ sans les situations où $\bot$ est faux est un modèle vide, ce qui, par définition, n'est pas un modèle épistémique. Les annonces publiques sont partielles car la fonction f n'est pas définie pour tous les éléments du domaine de f.

Conclusion

Les logiques **PA** et **PAC** imposent un caractère véridique aux annonces publiques afin d'éviter les problèmes rencontrés dans la Section 3.1.3. Pour cette raison, la définition de la mise à jour du modèle est produite à partir du dual de l'opérateur d'annonce car ce dernier décrit, par sa sémantique, une conjonction de conditions : la formule annoncée est satisfaite et après son annonce la postcondition est également satisfaite. L'opérateur d'annonce, par sa structure conditionnelle, est sur ce point moins contraignant. Il peut être satisfait sans être exécuté si la formule devant être annoncée est fausse.

Derrière cette condition de véracité des annonces se cachent en réalité le mécanisme du dynamisme des logiques **PAL**. Les logiques de **PAL** sont dynamiques car elles permettent de modifier les relations d'accessibilités entre les situations épistémiques en supprimant ces dernières. Pour autant, ce dynamisme peut être réduit ou traduit dans une logique épistémique statique (**EL**) par l'ajout de conditions [40]. Plus qu'un dynamisme changeant un modèle, il s'agit davantage de conditions, de précisions ajoutées sur un modèle donné ; qui plus est ces conditions, une fois ajoutée, ne peuvent plus être retirées. Ce n'est pas tant un dynamisme dans la pratique de la logique dont il s'agit que d'un dynamisme interne au langage logique. Le langage est dynamique même si son usage, lui, ne l'est pas. Dans les chapitres qui suivent, nous proposons et étudions les spécificités d'un usage dynamique de ce langage dynamique.

---

[40]. C'est précisément ce que décrivent certains des axiomes de **PA** et de **PAC**.

Deuxième partie

Logiques épistémiques dynamiques et dynamisme dialogique

Chapitre 4

La dialogique DEMAL

Résumé du chapitre : Les sections qui composent ce chapitre représentent en partie une traduction de deux articles : Magnier (2012) et Magnier et de Lima (accepté pour publication). Dans ce chapitre nous proposons notre approche dialogique de la logique des annonces publiques. Nous y établissons la relation formelle avec son approche modèle théorique usuelle. Mais avant cela, c'est la notion même de dialogue qui est discutée afin d'en préciser et justifier l'usage et la pertinence pour notre travail. Les points majeurs de ce chapitre visent à :
- Présenter différents types de dialogues pour lesquels nous mettons en évidence les moyens attribués en fonction du but visé – ce qui nous permet de circonscrire les contours de notre modèle de dialogue.
- Définir le système dialogique **DEMAL** en soulignant le rôle fondamental joué par la notion de choix dans la signification de ses constantes.
- Illustrer les principaux mécanismes de ce système dialogique par quelques exemples choisis.
- Fournir une preuve de correction et de complétude de **DEMAL** par rapport à **PAC**.
- Discuter quelques règles de particule pouvant servir d'alternative à celles que nous avons proposées.

4.1 De la logique des dialogues à la dialogique

Prenant à la lettre la remarque de J. Mackenzie[41], c'est dans un contexte de dialogue que nous étudions la logique épistémique **PAC**. Mais si par dialogue nous entendons généralement un processus argumentatif ou un échange d'arguments entre au moins deux personnes, cela reste assez vague.

Un argument est généralement associé à un engagement qui peut être d'au moins deux formes différentes : une concession ou une assertion. *Concéder* une proposition dans un dialogue, c'est s'engager uniquement à donner à la partie adverse la possibilité d'utiliser cette proposition pour la défense de sa propre argumentation. Cette forme d'engagement est dans cette mesure un engagement "faible" car aucune charge de preuve, de justification ne lui est associée. Il n'en va pas ainsi pour l'assertion. *Asserter* une proposition dans un dialogue, c'est s'engager à défendre cette proposition face à la partie adverse si cette dernière en fait la demande. Une charge de preuve, de justification de l'argument est associée au joueur faisant une assertion : l'assertion représente une forme d'engagement plus "forte" que la concession[42].

Ce jeu d'échange de concessions et d'assertions est normé par des règles – qu'elles soient implicites ou explicites – et qui sont déterminées par l'objectif du dialogue. A différents buts correspondent différents ensembles de règles et par conséquent également différents *types* de dialogues. Mais attention, si des types de dialogues peuvent être identifiés, ces dialogues correspondent à des dialogues idéaux, c'est-à-dire à des formes de dialogues tels qu'ils pourraient avoir lieu avec des joueurs raisonnables et coopératifs (par rapport aux règles définies). Ces types de dialogues correspondent davantage à des modèles normatifs de dialogues, et en raison de cela il est possible de les faire coïncider avec des systèmes dialectiques ou des jeux. Dans ces jeux, chaque acte de langage des participants correspond à un coup et chacun des joueurs utilise ces coups en vue de l'accomplissement d'un but ou d'un objectif.

Nous utilisons cette section dans le but de présenter différents types de dialogues, ce qu'ils permettent, ce qu'ils ne permettent pas afin de préciser celui que nous utiliserons pour notre propos. Notre but n'est en rien de dresser une parfaite taxinomie des différentes formes de dialogue, nous désirons uniquement présenter certains types possibles afin de montrer en quoi ils se différencient par les buts et règles qui les circonscrivent, tout en précisant le type qui convient pour notre travail.

---

41. Cf. Chapitre 1, § "Logique et dynamique", p. 2.
42. Cf. Walton et Krabbe (1995) p. 186–187. Dans le Chapitre 5, nous revenons plus en détails sur la question de l'engagement.

4.1.1 Présentation de différents types de dialogue

Nous commençons par une brève présentation de quelques types de dialogue en prenant appui sur Walton (1989) où différents types de dialogue sont abordés[43]. Nous nous contentons de présenter les principaux types : la dispute, le débat, le dialogue de persuasion, l'enquête et la négociation.

La dispute. [44] La dispute représente en un sens le plus bas degré de l'argumentation. Son point de départ résulte d'une opposition. Pour dénouer cette opposition, des attaques personnelles portées contre l'adversaire peuvent être préférées à de véritables attaques de l'argument ou de sa structure. Le recours à l'émotivité y est également usage courant. Une querelle amoureuse donne par exemple rarement lieu à des échanges d'arguments rationnels. Du point de vue logique, ce type de dialogue n'est que peu intéressant, son seul but étant de gagner l'échange quelqu'en soit le coût. « L'avantage principal de la dispute [...] est de fournir un substitut verbal à un combat physique. C'est une façon de résoudre l'antagonisme de deux positions sans nuire à l'autre partie d'une manière [physiquement] irréparable[45] ». Par conséquent, si un type déterminé de dialogue se caractérise par un ensemble de règles auquel il doit obéir, la dispute est essentiellement caractérisée par son absence de règle ; pour autant, la résolution de la dispute ne peut être achevée que si les deux parties s'autorisent un droit de réponse mutuelle.

Le débat. Le débat, contrairement à la dispute, se charge de quelques règles régulant son déroulement. Une des caractéristiques principales du débat est la présence d'une instance tierce, déterminant le vainqueur de l'échange. Une des règles peut directement porter sur le processus du dialogue en déterminant par exemple un temps de parole attribué à chacun des orateurs. Le débat – étant jugé par une instance tierce – est moins assujetti aux attaques personnelles et se rapproche un peu plus du raisonnement logique. Néanmoins, les règles d'un débat sont très permissives et n'interdisent pas le glissement vers des pratiques argumentatives fallacieuses.

---

43. Cf. Walton (1989) § 1. 1, "Type of argumentative dialogue", pp 3-9. Certains types de dialogues sont assimilés à des sous-types si l'on se réfère à Walton et Krabbe (1995), Chapitre 3.
44. Attention ici à ne pas confondre la dispute telle qu'elle est présentée par Walton et la dispute telle qu'elle pouvait être entendue à l'époque médiévale avec par exemple les *obligationes* ou *disputations de obligationibus*.
45. Cf. Walton et Krabbe (1995), p. 78.

Le débat télévisé organisé entre les deux tours de l'élection présidentielle française illustre parfaitement ce genre de dialogue. Les deux candidats sont les acteurs du débat, chacun disposant d'un temps de parole strictement égal. Pour des raisons de hauteur du discours politique, les arguments fallacieux et les attaques personnelles ne sont pas censés prendre part à ce débat. Mais l'usage d'arguments fallacieux et d'attaques personnelles peut être courant, ne serait-ce que pour déstabiliser l'adversaire pour s'assurer l'assentiment de l'auditoire.

Le débat représente certes un type de dialogue plus élaboré que la dispute mais les attaques personnelles et les arguments fallacieux peuvent être utilisés pour susciter sympathie, empathie ou encore effroi de la part de l'audience qui demeure juge de la victoire ou de la défaite des orateurs. Par conséquent ce n'est, une fois de plus, pas la profondeur argumentative du débat ni même le raisonnement argumentatif qui prime dans ce type de dialogue.

Le dialogue de persuasion. Le dialogue de persuasion (ou discussion critique) est un type de dialogue beaucoup plus normé que les deux types que nous venons de voir. Il n'y a que deux participants et chacun des deux participants doit prouver une thèse à partir des prémisses concédées par l'adversaire et d'un ensemble de règles d'inférence communes. Le but de ce type de dialogue est de persuader la partie adversaire de la thèse défendue et induit donc l'introduction :

1. de la notion de preuve dans le dialogue, et
2. un principe de réciprocité des obligations des deux joueurs.

Étant donné que chacun des deux joueurs a pour but de démontrer sa propre thèse à partir des prémisses de son adversaire, la notion de preuve joue un rôle central dans ce type de dialogue. La méthode de preuve utilisée peut-être *interne* ou *externe* au dialogue[46]. Pour un joueur, la preuve interne consiste à démontrer sa thèse en l'inférant uniquement à partir des concessions de la partie adverse alors que la méthode de preuve externe peut faire appel à une instance extérieure, un "expert". Cet appel à l'expert permet l'introduction de nouvelles prémisses dans le dialogue. Cette nouvelle prémisse est alors acceptée par la partie adverse sous couvert de l'autorité reconnue de l'expert et peut donc être utilisée par le joueur l'ayant introduite comme une prémisse similairement à la méthode de preuve interne. Elle constitue une hypothèse supplémentaire disponible pour l'argumentation du joueur.

La nécessité de preuve – interne ou externe – parce que commune aux deux joueurs, impose une réciprocité de but et une certaine coopération.

---

46. Nous suivons ici strictement la terminologie de Walton (1989).

Les deux joueurs poursuivent un but commun : prouver leur propre thèse. Ils coopèrent à cet effet en concédant chacun des prémisses à l'adversaire. Les deux joueurs doivent à cet égard respecter les mêmes règles et ne peuvent pas mentir ou même tricher. Mais cette coopération n'exclut pas pour autant un antagonisme des intérêts, le but de chacun des deux joueurs reste de prouver *sa* propre thèse. C'est par exemple le cas lorsque deux personnes dont une végétarienne échangent sur le bien fondé de leur régime alimentaire tout en essayant de convaincre leur interlocuteur respectif que leur propre style de vie est le meilleur.

Ce type de dialogue instaure un équilibre entre les joueurs, aussi bien dans leur but – prouver leur thèse respective – que dans les moyens dont ils disposent pour y parvenir – prémisses concédées par l'adversaire et un ensemble commun de règles d'inférence. Il est pour cette raison la forme de dialogue la plus proche du raisonnement logique que nous avons pu aborder pour le moment [47].

L'enquête. Dans ce type de dialogue, contrairement aux dialogues de persuasion où l'argumentation s'appuie sur de simples concessions de la partie adverse, les prémisses ne peuvent être que des propositions reconnues ou tenues pour vraies. Le point de départ d'une enquête représente un défaut, un manque dans le savoir que le dialogue vise précisément à combler. Les inférences produites à partir du savoir permettent de conférer un poids épistémique différent des conclusions d'un dialogue de persuasion. Alors que dans le meilleur des cas un dialogue de persuasion abouti à une opinion plausible relativement à une évidence raisonnable, l'enquête permet de parvenir à une conclusion évidente.

La recherche de savoir à travers l'enquête permet également d'établir une neutralité vis-à-vis des engagements. Le dialogue de persuasion implique un engagement personnel de la part des joueurs dans la défense ou justification de leur thèse respective, ce dont s'exonère l'enquête au profit d'une recherche commune et objective de la vérité. Cette recherche commune et objective d'une vérité fédère les deux joueurs dans un but partagé, ce qui empêche les divergences d'intérêts des précédentes formes de dialogues de se développer. L'enquête est donc par conséquent une forme de dialogue plus coopérative qu'antagoniste, mais aussi plus objective. Les personnages de Conan Doyle, Sherlock Holmes et Watson, nous fournissent de bons exemples d'échanges de type enquête.

---

47. Dans la partie *Le dynamisme des conditions juridique en dialogue* ce n'est les dialogues de persuasion que nous retenons pour reconstruire la pratique du débat juridique, bien que ce type de dialogue en semble naturellement proche. Nous réservons la possibilité de mesurer la pertinence de ce type de dialogue dans un contexte juridique dans des travaux ultérieurs.

La négociation. Si dans le dialogue d'enquête la coopération entre les deux joueurs est totale, dans le dialogue de négociation c'est l'opposition des intérêts qui est totale. Le but de ce type de dialogue est de tirer un profit personnel de cet échange. Cette notion de profit élude complètement celle de vérité, centrale dans les dialogues d'enquête. Les concessions accordées à l'adversaire ne représentent pas une forme particulière d'engagement comme elles peuvent l'être dans les dialogues de persuasion ; elles ne sont que de simples moyens sacrifiés en vue de l'obtention de la fin visée et ce qui est gagné par l'un des négociants est nécessairement perdu par l'autre. Un trader accepte toujours un certain risque sur les positions qu'il prend en vue d'un gain escompté. Si ces positions peuvent se retrouver avantageuses pour ce trader, elles le sont au détriment d'autres traders et inversement.

L'accord conclu ou le bénéfice obtenu au profit d'un des joueurs l'est à l'encontre des intérêts de l'autre joueurs. L'intérêt de l'un des deux joueurs étant strictement opposé à l'intérêt de l'autre joueur, le dialogue de négociation nous offre donc une forme de dialogue strictement compétitif, un jeu à somme nulle.

4.1.2 Bilan critique

Maintenant que nous avons sommairement présenté les caractéristiques principales de grandes familles de dialogues, nous allons comparer leurs avantages et inconvénients respectifs afin de mesurer les points d'intérêt et de pertinence qu'ils peuvent revêtir pour notre étude. Un type de dialogue parmi ceux présentés ci-dessus correspond-il déjà à nos attentes ?[48]

Il est évident que la dispute est de loin la forme de dialogue la plus inappropriée. La dispute n'a aucune visée logique, son but est simplement de toucher l'adversaire quels que soient les moyens employés. Il est même difficile de considérer ce type comme un dialogue car il conduit davantage à un affrontement verbal qu'à un véritable dialogue. C'est avec le débat que commence l'introduction de règles concernant le déroulement du dialogue. Ces règles ne sont pas nécessairement rigides mais doivent être acceptées avant le commencement du débat et doivent au moins permettre un principe de régulation des échanges. Bien que permettant de jeter les bases d'obligations symétriques pour les deux joueurs, cette forme de dialogue n'interdit pas pour autant la possibilité d'user d'arguments fallacieux et le glissement vers une dispute déguisée. Indirectement, elle peut même encourager cet usage en plaçant la décision de

---

48. Ces attentes ont été définies dans le Chapitre 1, p. 4.

victoire dans le jugement porté sur le débat par une instance tierce. Les arguments fallacieux peuvent donc être utilisés dans le but d'influencer cette instance. Le débat constitue en ce sens une forme plus élaborée de dispute : une dispute sous couvert d'arguments.

Avec le dialogue de persuasion, la notion de preuve est introduite. Toutefois cette preuve est directement dépendante des concessions de l'adversaire, qu'elles soient initiales (preuve interne) ou qu'elles soient acceptées par l'adversaire dans le cours du dialogue sous couvert d'une autorité savante (preuve externe). Ce type de dialogue force l'utilisation de règles d'inférence communes, créant ainsi une égalité à partir des modes de raisonnements. Malgré un antagonisme d'intérêt (chacun des deux joueurs veut prouver sa thèse), une certaine coopération est permise : un joueur ne peut pas refuser à son adversaire ce qui lui est permis en accord avec les règles. Cependant, les joueurs étant directement engagés dans les thèses qu'ils avancent, ce type de dialogue ne permet d'aboutir qu'à des conclusions raisonnablement plausibles suivant des opinions consenties.

Ce n'est qu'avec l'introduction de la recherche de la vérité comme but poursuivi dans le dialogue qu'une parfaite neutralité et objectivité de la part des joueurs est obtenue vis-à-vis des contenus en jeu dans le dialogue. C'est précisément ce que l'on peut observer avec les dialogues d'enquête. Cette recherche de la vérité prend racine sur fond de vérité, c'est-à-dire que les prémisses de ce type de dialogue ne peuvent elles-mêmes n'être que vraies. Là où un engagement (une concession) était suffisant dans le dialogue de persuasion, c'est une vérité objective qui est requise comme point de départ avec le dialogue d'enquête. Cette spécificité permet d'aboutir à une conclusion sûre, ce qui permet également d'accroître le savoir initial des joueurs. Mais pour parvenir à cette fin, les dialogues d'enquête sont vidés de toute forme de compétition entre les deux joueurs.

A contrario, les dialogues de négociation débordent de cette compétition mais sont totalement exempts des notions précédemment introduites dans les différentes formes de dialogue, à savoir : la notion de preuve, la notion de vérité et d'objectivité ainsi que celle d'engagement. Dans ce type de dialogue le but assumé est de maximiser ses gains au détriment de l'adversaire. Cette caractéristique de la négociation introduit le concept de jeu à somme nulle : « je gagne ce que tu perds et perds ce que tu gagnes ».

Chacun de ces types de dialogues possède donc des avantages et des inconvénients. Il est néanmoins manifeste qu'aucun ne correspond directement aux attentes que nous avons précisées en introduction. Mais comme le fait remarquer D. Walton, certaines situations argumentatives nécessitent de combiner différents types de dialogues entre eux[49]. Alors que retenir pour le type de dialogue que nous désirons ? Hormis les dialogues de type dispute dont nous ne retirons aucun intérêt, chacun des autres types possède au moins une caractéristique qui peut être intéressante pour notre propos. L'idée de règles symétriques pour les joueurs introduites pour le débat est à garder[50] tout comme celle de preuve introduite dans le dialogue de persuasion dont nous retenons également l'idée de règles d'inférence communes. Ajouter le critère d'objectivité de l'enquête permet de nous prémunir de toute attaque personnelle tout en garantissant la valeur de la conclusion à laquelle aboutit le dialogue. Et enfin pour ne pas perdre la compétitivité des joueurs, il nous suffit d'ajouter l'idée de jeu à somme nulle des dialogues de négociation. Nous obtenons ainsi un type de dialogue à la fois impartial, logique et compétitif. La description de ce type de dialogue correspond à celui de l'approche dialogique de la logique. L'approche dialogique n'est pas un système logique particulier, mais est plutôt un type de dialogue fondé sur des règles sémantiques.

4.1.3 La dialogique

L'approche dialogique, originalement conçue pour l'étude de la logique classique et intuitionniste, a été premièrement proposée à la fin des années cinquante par P. Lorenzen, puis ultérieurement développée par K. Lorenz[51]. Dans les années quatre-vingt dix, ce type de dialogue a été adapté et appliqué à différentes logiques classiques ou non classiques[52]. L'idée centrale de cette approche est inspirée de la maxime wittgensteinienne de la "signification comme usage". La signification d'un énoncé dans un dialogue est définie par un ensemble de normes et de règles d'usage. En suivant ce leitmotiv, il est permis de définir la vérité logique d'une constante déterminée par l'usage que peuvent en faire deux protagonistes au sein d'un processus argumentatif. Nous verrons ultérieurement que, dans un dialogue de ce type, cette notion d'usage est intimement liée à la notion de choix[53].

---

49. Walton (1989) § 1.1, "Type of argumentative dialogue", p. 8.
50. Cf. Section 4.2.2 pour une discussion concernant l'importance du caractère symétrique des règles.
51. Cf. Lorenzen et Lorenz (1978).
52. Cette approche permet de combiner et d'étudier dans un même cadre différentes logiques. Cf. Rahman (2006) par exemple ou Keiff (2009) pour un état de l'art de ces différents développements.
53. Cf. la Section 4.2.2 et plus particulièrement § "Signification = engagement × choix ?", p. 67 ainsi que la Table 4.5, p. 68.

Le processus argumentatif à l'œuvre dans ces dialogues comprend deux joueurs. Un joueur *proposant* une thèse (ou argument initial) et un adversaire s'*opposant* à la thèse du premier joueur. C'est donc naturellement que ces joueurs sont respectivement désignés par les termes de **P**roposant et **O**pposant. Le **P**roposant ouvre le dialogue en énonçant la thèse et essaie ensuite de la défendre contre l'**O**pposant qui de son côté tente de construire un contre-argument à cette thèse. Ils utilisent tous deux les mêmes règles d'usage pour les constantes logiques. Cette symétrie des règles d'usage des constantes logiques permet d'introduire une dimension objective au dialogue. Un joueur ne peut qu'attaquer la structure logique du discours de son adversaire et non le contenu de ce discours ou directement l'adversaire. Si dans cette forme de dialogue les joueurs sont engagés à défendre les arguments ou énoncés qu'ils avancent au cours du jeu, ces engagements ne portent pas sur le fond, c'est-à-dire sur le contenu de ces arguments ou énoncés, ils portent uniquement sur leur forme logique. Autrement dit, **O**pposant et **P**roposant sont engagés uniquement dans la défense de la structure logique des énoncés qu'ils utilisent. Pour cette raison, lorsque nous utilisons le terme engagement, ce terme doit être compris comme *engagement à défendre logiquement*[54]. De plus, l'interaction entre le **P**roposant et l'**O**pposant autour des constantes logiques permet d'introduire une forme de dynamisme dès le niveau propositionnel. Puisque ce dynamisme s'enracine dans une interaction qui sert de cadre d'étude pour la logique, c'est la pratique même de la logique qui devient dynamique – indépendamment de la logique étudiée.

Du point de vue logique, la dialogique étant davantage un cadre conceptuel particulier permettant d'étudier différentes logiques sous la forme d'un processus argumentatif, son langage est construit à partir d'une logique déterminée. Les deux lettres **O** et **P**, désignant respectivement l'**O**pposant et le **P**roposant sont ajoutées à la syntaxe de la logique étudiée ainsi que les symboles " ? " et " ! " introduits pour la formulation des règles d'usage des constantes logiques. Ces derniers désignent respectivement le *challenge* et la *défense*[55]. Alors que le symbole " ? " du challenge apparaît explicitement dans le déroulement d'une partie, le marqueur de la défense " ! " reste quant à lui implicite et n'apparaît que pour la formulation des règles.

A l'issue de ces échanges (via les challenges et les défenses), un joueur sort victorieux [56]. La thèse est considérée être valide lorsque le **P**roposant est capable de la défendre (gagne) quels que soient les arguments développés par l'**O**pposant. Dans le cas contraire, c'est-à-dire si l'**O**pposant

---

54. Cf. Chapitre 5.
55. Cf. Définition 19, Tables 4.1, 4.2 et 4.4.
56. Cf. Règle **SR-3**, Définition 20 pour la définition du principe régulant la victoire.

est en mesure de gagner l'échange argumentatif quels que soient les arguments avancés par le **P**roposant, la thèse est dite être contradictoire[57].

Pour résumer, l'approche dialogique nous offre un type de dialogue marqué par une symétrie au niveau des règles que les joueurs peuvent utiliser, une compétitivité autour de la discussion d'un argument initial ; mais une compétitivité encadrée par une objectivité logique. Pour ces différentes raisons, c'est l'approche dialogique que nous retenons pour explorer la logique épistémique. Quelques recherches dialogiques sur la logique épistémique ont déjà été produites : Rebuschi et Lihoreau (2008) et Rebuschi (2009), mais aucun travail n'a été entrepris en direction de la logique épistémique dynamique.

4.2 Caractérisation du système DEMAL

Dans cette section, nous présentons les définitions nécessaires à la reconstruction dialogique de la logique **PAC**[58]. Nous désignons cette reconstruction par l'acronyme **DEMAL** pour *Dialogical Epistemic Multi Agent Logic*. Nous distinguons deux différents types de définitions : le vocabulaire et les règles. Le vocabulaire définit le cadre de la dialogique (le langage, un coup, une partie, un dialogue etc.) alors que les règles – elles-mêmes divisées en deux catégories (règles de particule et règles structurelles) – déterminent l'usage qu'il peut/doit être fait de la logique étudiée dans le cadre dialogique.

Mais **DEMAL** étant un système construit à partir d'une logique modale, nous ne pouvons pas faire l'économie de quelques explications sur la dialogique modale. Nous dédions le paragraphe suivant à cet effet.

La dialogique modale standard. La dialogique modale est née d'une idée originale de S. Rahman et H. Rückert dans Rahman et Rückert (1999). Cette forme de dialogique introduit la notion de contexte dans un dialogue. Si la dialogique standard permet de définir la signification des constantes logiques à travers l'usage qu'il est permis d'en faire dans un processus argumentatif, la dialogique modale standard permet quant à elle d'associer une dimension contextuelle à cette notion d'usage. C'est-à-dire que la signification d'une constante logique est explicitement dépendante de son usage contextuel. Non seulement la signification se définit dans un usage, mais cet usage est lui-même un usage qui est dépendant d'un contexte. Le contexte fait alors partie intégrante de la signification des constantes. Un contexte dialogique est défini comme suit :

---

57. Cf. § "Victoire et stratégie de victoire" p. 78 et Définition 23 p. 80.
58. Cf. Chapitre 2, Section 2.5 pour l'exposition de cette logique.

Définition 14 (Point contextuel). Un point contextuel est un entier positif i indexant un énoncé dans un dialogue.

Nous employons parfois indifféremment les termes de *point contextuel*, *contexte dialogique* ou encore simplement *contexte*.

Formellement, la notion de contexte est directement liée à celle d'opérateur modal qui permet le changement de contexte. La règle de particule de l'opérateur modal détermine qui du challengeur ou du défenseur peut opérer ce changement. Une règle structurelle pour déterminer les conditions d'usage des différents points contextuels introduits dans le cours d'une partie d'un dialogue est toujours requise [59].

Remarque : Dans la dialogique modale standard, les points contextuels représentent des séquences d'entiers positifs. Si un point contextuel i est une séquence de longueur supérieure à 1, les entiers positifs de la séquence sont séparés par des points. Mais dans notre travail, comme nous nous plaçons dans un cadre épistémique – qui plus est multi-agent – nous remplaçons ces points par une lettre référant à un agent. Par conséquent, si i est un point contextuel et n un point contextuel choisi pour challenger un opérateur K_a à partir de i alors $i_a n$ est une chaîne de points contextuels.

Définition 15 (Chaîne de points contextuels). Si i est un point contextuel et que les points contextuels $j, k, ..., n$ sont successivement introduits pour challenger un opérateur K_a alors $i_a j ..._a n$ est une chaîne de points contextuels de l'agent a.

Une chaîne de points contextuels témoigne des différents choix de points contextuels opérés. Par exemple $i_a j_b k$ signifie que le point contextuel k a été choisi à partir du point contextuel j pour challenger un opérateur K_b qui a lui-même été choisi à partir du point contextuel i pour challenger un opérateur K_a. Une chaîne de points contextuels permet de tracer un historique des choix des points contextuels choisis pour les différents agents. Les entiers positifs i, j et k représentent chacun des points contextuels différents et $i_a j_b k$ est la chaîne de points contextuels menant du point contextuel i au point k.

Maintenant que nous avons présenté l'idée principale de la dialogique modale standard ainsi que les mécanismes généraux qui lui sont associés, nous pouvons désormais nous tourner plus particulièrement vers **DEMAL**.

---

[59]. Pour ce qui est de **DEMAL**, l'opérateur modal responsable du changement de point contextuel est l'opérateur de connaissance individuelle K_a – Table 4.2, p. 61 – et la règle structurelle qui lui est associée est la règle **SR-K** – Définition 20, p. 71.

4.2.1 Définition du cadre de DEMAL

Le langage de **DEMAL** est obtenu à partir du langage $\mathcal{L}_{\mathbf{PAC}}$ [60] auquel sont ajoutés les symboles dialogiques usuels **O** et **P** ainsi que les marqueurs de challenge (?) et de défense (!). Nous introduisons également le symbole " !" pour les demandes de justification [61]. Contrairement au marqueur de défense (!) dans une règle de particule, le marqueur de la demande de justification (!) apparaît dans le cours d'une partie d'un dialogue.

Définition 16 (Langage de **DEMAL**). $\mathcal{L}_{\mathbf{DEMAL}} := \mathcal{L}_{\mathbf{PAC}} \cup \mathbf{O} \mid \mathbf{P} \mid ! \mid ? \mid \,!$

Remarque : Le langage de **DEMAL** est obtenu pour partie à partir du langage de **PAC**. Ce dernier est défini à partir d'un ensemble fini d'agents (Ag) et un ensemble dénombrable ($\mathcal{P}$) d'atomes propositionnels. Même si parfois dans notre reconstruction dialogique nous parlons de choix d'*agent*, il s'agit de constantes individuelles référant à des agents. C'est uniquement en tant qu'abréviation pour "constante individuelle référant à un agent" que le terme *agent* est utilisé lors d'un choix.

Nous attirons également l'attention sur une distinction importante qui doit être faite entre *joueur* d'une part et *agent* d'autre part. Dans le dialogue, les joueurs **O**pposant et **P**roposant challengent et défendent des énoncés construits à partir de $\mathcal{L}_{\mathbf{PAC}}$. Les agents de **PAC**, au même titre que les propositions, sont des éléments constitutifs du langage manipulés par les joueurs. Les joueurs interagissent directement au niveau du processus argumentatif alors que les agents ne sont qu'une partie de ce contenu argumentatif.

Définition 17 (Un Coup). Un coup est défini par un tuple de la forme $\langle \mathbf{X} - \mathcal{A} | i : e \rangle$, où :

⋄ $\mathbf{X} \in \{\mathbf{O}, \mathbf{P}\}$,
⋄ $\mathcal{A} = \varphi_1, ..., \varphi_n$ est un ensemble ordonné de formules annoncées [62].
⋄ i est un entier positif ou une séquence finie d'entiers positifs désignant le point contextuel,

---

60. Le langage $\mathcal{L}_{\mathbf{PAC}}$ est défini au Chapitre 2, Section 2.5.
61. **DEMAL** n'est concerné par ce symbole que pour une règle structurelle spécifique à l'opérateur d'annonce publique. Il s'agit de la règle **SR-A**, Définition 20. La question de la justification d'une formule et de l'usage de ce symbole est également abordée dans le Chapitre 7.
62. Si aucune formule n'est annoncée, l'ensemble ordonné d'annonces demeure vide et dans ce cas nous dénotons la liste par ϵ. L'idée de l'ensemble ordonné d'annonces est introduite par Balbiani *et al.* dans Balbiani *et al.* (2010). M. de Boer, dans la méthode de tableaux qu'il propose pour **PAL** dans de Boer (2007), utilise également des préfixes sur les formules labellisées, ces préfixes étant les formules annoncées.

⋄ e est une expression de $\mathcal{L}_{\mathbf{DEMAL}}$.

Dans la formulation du tuple $\langle \mathbf{X} - \mathcal{A}|i : e\rangle$, $\mathbf{X}$, i et e sont communs à la dialogique modale standard, ce qui n'est pas le cas de $\mathcal{A}$, la liste d'annonces dont il nous faut donc dire quelques mots.

La liste d'annonces $\mathcal{A}$. La liste d'annonces $\mathcal{A}$ est ajoutée en préfixe d'un point contextuel ou d'une chaîne de points contextuels pour enrichir la notion de point contextuel. Strictement parlant, il ne s'agit pas d'un nouveau point contextuel, mais d'un point contextuel qui est marqué par un ensemble ordonné de formules. Ces formules ne peuvent provenir que d'un échange sur un opérateur d'annonce publique[63]. L'ajout de formules à cette liste est défini par les règles de particule des opérateurs d'annonces ainsi que par une règle structurelle qui leur est associée[64]. La liste permet de garder une trace des formules annoncées qui revêtent un statut particulier dans un dialogue. La particularité de ce statut est davantage exposée et développée dans le Chapitre 5.

Si jusqu'à présent nous n'avons parlé principalement que de dialogue et parfois de partie sans véritablement accorder d'importance à la différence qu'il pouvait y avoir entre ces deux termes, il nous faut à présent les distinguer en les définissant rigoureusement.

Définition 18 (Jeu dialogique). [65]
⋄ Le jeu dialogique ou dialogue $\mathcal{D}_\Delta$ est l'ensemble de toutes les parties possibles à partir d'une formule Δ[66].
⋄ Une partie d_Δ est une séquence de coups autorisés par les règles. Cette séquence commence avec un coup de la forme $\langle \mathbf{P} - \epsilon|0 : \Delta\rangle$.
⋄ Une partie d_Δ est dite *close* si et seulement si elle contient deux coups tels que $\langle \mathbf{O} - \mathcal{A}|i : p\rangle$ et $\langle \mathbf{P} - \mathcal{A}|i : p\rangle$.
⋄ Une partie d_Δ est dite *terminale* s'il n'y a plus de coup autorisé par les règles pouvant être exécuté.

4.2.2 Les règles de DEMAL

Tout système dialogique est fondé sur deux ensembles de règles : les règles de particule et les règles structurelles. **DEMAL** n'échappe pas à cette nécessité. C'est à partir de la définition de ces règles qu'est défini le système **DEMAL**. Les règles de **DEMAL** sont présentées ci-dessous.

---

63. Cf. les règles de particule de la Table 4.4 pour les conditions d'ajout d'une formule à cette liste.
64. Cf. Définitions 19, Table 4.4 et 20, règle **SR-A**.
65. Cette règle est générale et pourrait permettre des parties infinies, mais des rangs de répétitions viennent interdire cette éventualité, cf. Définition 20, règle **SR-0**, p. 71.
66. La formule Δ est aussi appelée *thèse*.

Les règles de particule

Définition 19 (Règles de particule). Les règles de particule définissent l'usage des constantes logiques dans une partie, c'est-à-dire comment elles doivent être challengées et défendues.

Symétrie des règles. Les règles d'usage des constantes logiques sont les mêmes aussi bien pour le **P**roposant que pour l'**O**pposant : elles sont strictement symétriques. Le caractère symétrique des règles de particule découle du rôle central de la notion d'usage. Cette symétrie témoigne que l'important n'est pas *qui* utilise la constante logique, mais *comment* cette constante logique peut/doit être utilisée. Ce point est essentiel pour la signification : elle est déterminée uniquement dans et par l'usage, indépendamment du rôle que peuvent avoir les joueurs. Pour cette raison les joueurs sont, dans la formulation de ces règles, désignés indifféremment par les lettres **X** et **Y**, où il est toujours assumé que **X** est différent de **Y**.

Dans certains textes de dialogique, le terme d'*attaque* est parfois utilisé aussi bien dans la formulation de la règle que pour désigner ce coup dans la partie. En ce qui nous concerne, nous nous rallions à l'argumentaire développé par W. Hodges et E. Krabbe et privilégions à ce dernier le terme de *challenge*[67]. Le terme d'attaque véhicule essentiellement une idée d'adversité alors que la notion de challenge peut elle contenir une partie utilisable par le joueur adverse, soit une forme minimale de coopération. Si les joueurs sont des adversaires dans le dialogue, ils coopèrent néanmoins en échangeant des paramètres[68] à travers certains challenges. Ce qui est directement le cas dans certaines des règles de particule que nous formulons, notamment celle pour les opérateurs épistémiques.

Maintenant que nous avons distingué l'*attaque* du *challenge*, il faut encore distinguer ce dernier d'une *question*. Un challenge porte sur un énoncé de l'adversaire, il porte sur ce qu'il énonce et donc sur ce que s'engage à défendre ce joueur tandis qu'une question demeure plus libre d'engagement. C'est-à-dire qu'une question peut être posée sur un énoncé envers lequel le joueur ne s'est pas engagé. Pour les règles de **DEMAL**, nous n'avons pas besoin de cette notion de question mais elle sera utilisée plus tard lorsque nous aborderons les dialogues matériels et la question de la justification des énoncés[69].

---

67. Cf. Hodges et Krabbe (2001), p. 46–47.
68. Un paramètre peut être une constante individuelle ou un point contextuel par exemple.
69. Cf. Chapitre 7.

Chapitre 4 : La dialogique **DEMAL**

Comment lire les règles de particule ? La lecture des règles de particule est évidente si l'on garde à l'esprit la notion d'usage des constantes logiques qu'elles représentent. Une règle de particule se décomposent en trois temps [70] :

1. un *énoncé* du joueur **X**, c'est sur lui que va porter le challenge,
2. le *challenge*, qui est le défi lancé par le joueur **Y** sur l'énoncé initial de **X**,
3. la *défense*, qui correspond à la réponse du joueur **X** face au challenge du joueur **Y**.

Nous définissons trois ensembles de règles de particule. Le premier pour les connecteurs de la logique propositionnelle standard ($\neg, \vee, \wedge$), le second pour les opérateurs épistémiques (K_a, E_G, C_G) et enfin le dernier pour les opérateurs d'annonces publiques ($[\varphi]$ et $\langle\varphi\rangle$) [71]. L'union de ces trois ensembles définit l'ensemble *PartRules*. Ces règles de particule sont respectivement exposées dans les Tables 4.1, 4.2 et 4.4. Usuellement une règle de particule préserve la propriété dite de *sous-formule*. C'est-à-dire qu'après l'application d'une règle de particule sur une formule, la formule obtenue est une formule moins complexe que la précédente. Cette propriété permet de garantir que la signification de la formule obtenue après application de la règle est constitutive de la signification de la formule précédente. Autrement dit, elle garantit que la signification d'une formule déterminée est intrinsèquement liée à la signification de ses sous-formules. Nous verrons par la suite que la règle de particule de l'opérateur d'annonce publique a cette particularité de violer cette règle [72].

Négation. Il n'y a pas de défense possible pour la négation, ce que nous symbolisons par "$\otimes$" dans la formulation de la règle. C'est précisément cela la signification de la négation : ne supporter aucun choix, que ce soit de la part du challengeur ou du défenseur. Le challengeur, face à une négation, n'a pas d'autre possibilité que de s'opposer à l'énoncé de son adversaire en énonçant le contraire.

L'intuition de cette règle correspond à une prise de position opposée sur une proposition déterminée. C'est-à-dire que si un joueur énonce une formule avec une négation, son adversaire prend le parti d'avancer cette

---

70. Exception faite de la règle de particule pour la négation qui, ne supportant pas de défense, se limite à deux temps. Cf. Table 4.1.
71. La sémantique modèle théorique de ces connecteurs et opérateurs est définie dans le Chapitre 2.
72. Cf. Table 4.4 et suivant.

Charge et/ou objet du choix	Énoncé de **X**	Challenge de **Y**	Défense de **X**
¬, aucune défense n'est possible	$\mathcal{A}\|i : \neg\varphi$	$\mathcal{A}\|i : \varphi$	$\otimes$
∧, le challenger choisit le conjoint	$\mathcal{A}\|i : \varphi \wedge \psi$	$\mathcal{A}\|i : ?_{\wedge 1}$ ou $\mathcal{A}\|i : ?_{\wedge 2}$	$\mathcal{A}\|i : \varphi$ respectivement $\mathcal{A}\|i : \psi$
∨, le défenseur choisit le disjoint	$\mathcal{A}\|i : \varphi \vee \psi$	$\mathcal{A}\|i : ?_{\vee}$	$\mathcal{A}\|i : \varphi$ ou $\mathcal{A}\|i : \psi$

TABLE 4.1 – Connecteurs propositionnels (PR-SC)

même formule mais sans la négation. C'est par exemple le cas lorsqu'un enfant prétend être malade. Sa mère peut alors s'exclamer "tu n'es pas malade" et l'enfant lui opposer "si je suis malade". Par cet antagonisme de position on comprend bien qu'il ne peut y avoir de défense : la mère va ensuite demander à l'enfant de justifier son caractère d'être malade. La poursuite de la discussion porte alors sur les constantes logiques constituants la proposition utilisée pour le challenge de la négation.

Conjonction – Disjonction. L'usage de la conjonction et de la disjonction met en évidence la distribution de la charge du choix. Alors qu'avec une conjonction c'est le joueur **Y** qui a le choix du conjoint, avec la disjonction le choix du disjoint revient au joueur **X**. Pour comprendre cette redistribution de la charge du choix il suffit de se tourner vers un simple exemple. Considérons deux protagonistes : un serveur dans un restaurant et un client de ce restaurant. Après le plat principal, le serveur donne au client la carte du restaurant sur laquelle figure "fromage et dessert". Le client est en possession de la conjonction, le serveur pour sa commande peut lui demander ce qu'il va prendre comme fromage ou ce qu'il choisit comme dessert. Et le client devra alors répondre en fonction de la question posée par le serveur. Supposons désormais que sur la carte du restaurant figure non pas "fromage et dessert", mais "fromage ou dessert". Lors de sa commande, le serveur ne sait pas ce que le client a ou va choisir, il demande simplement au client ce qu'il choisit, ce que le client fait en répondant soit qu'il va prendre un fromage ou alors qu'il préfère un dessert à la place du fromage. Le processus argumentatif permet ainsi de réduire la différence de signification entre la conjonction et la disjonction à une simple redistribution de la charge du choix entre le challengeur (conjonction) et le défenseur (disjonction).

Charge et/ou objet du choix	Énoncé de **X**	Challenge de **Y**	Défense de **X**
K_a, le challengeur choisit un point contextuel i' pour a	$\mathcal{A}\|i : K_a\varphi$	$\mathcal{A}\|i : ?^a_{i'}$	$\mathcal{A}\|i_a i' : \varphi$
E_G, le challengeur peut choisir n'importe quel $a \in G$	$\mathcal{A}\|i : E_G\varphi$	$\mathcal{A}\|i : ?\ a \in G$	$\mathcal{A}\|i : K_a\varphi$
C_G, le challengeur peut choisir n'importe quelle séquence $a_1...a_n$, cette séquence peut être vide	$\mathcal{A}\|i : C_G\varphi$	$\mathcal{A}\|i : ?\ \langle a_1...a_n\rangle \in G^*$	$\mathcal{A}\|i : K_{a_1}...K_{a_n}\varphi$

TABLE 4.2 – Opérateurs épistémiques (PR-EO)

Il est donc possible de réduire la différence de signification entre *conjonction* et *disjonction* à une différence formulable en termes de choix. La signification des opérateurs épistémiques ne déroge pas à ce leitmotiv de la signification fondée sur la notion de choix. Ils peuvent tous être exprimés selon ce critère. Il faut souligner l'importance que revêtent les points contextuels. Alors que pour les connecteurs de la logique propositionnelle les points contextuels n'avaient aucune importance, à cause de l'opérateur modal K_a, ils trouvent ici tout leur intérêt.

Opérateur de connaissance individuelle. La règle de l'opérateur de connaissance individuelle est très proche de celle proposée pour l'opérateur de nécessité que l'on peut trouver dans Rahman et Rückert (1999) et Rahman et Keiff (2005) et se plie aisément à notre exigence de formulation en termes de choix. Un joueur **X** avançant le fait qu'un agent a connaît une proposition φ, s'engage – conformément à la définition du savoir – à défendre la proposition φ dans toute situation i' que cet agent peut concevoir. Par conséquent son interlocuteur **Y** peut librement choisir n'importe quel point contextuel i' pour a pour demander une justification à son adversaire **X**. Pour être conséquent avec ce qu'il a avancé précédemment **X** doit alors se soumettre au choix de son adversaire.

Dans son challenge, **Y** peut parfois concéder de nouvelles informations, par exemple en introduisant une situation i' dont **X** pouvait ne pas savoir qu'elle faisait partie des situations que l'agent a pouvait considérer [73] ou en choisissant un point contextuel qui n'était pas jusqu'alors préfixé de la même liste.

Opérateur de connaissance partagée. L'opérateur de connaissance partagée représente une quantification sur le savoir de l'ensemble des agents par rapport à une proposition déterminée. Par conséquent dans un contexte argumentatif, dire d'une proposition qu'elle est une connaissance partagée par un groupe d'agents G déterminé équivaut à dire que pour tout agent de ce groupe, cet agent connaît la proposition en question. Supposons qu'un locuteur **X**, dans le cours d'une discussion, avance que tous les conducteurs savent qu'à un carrefour les véhicules arrivant de droite sont prioritaires. Le point de l'argumentation de cette personne ne porte pas tant sur "à un carrefour les véhicules arrivant de droite sont prioritaires" que sur la quantification qu'il fait sur l'ensemble des conducteurs connaissant cette règle de priorité. Un interlocuteur **Y** désireux de tester cet argument ne va donc pas faire directement porter son challenge sur la règle de priorité mais sur la quantification sur l'ensemble des conducteurs. Il choisira dans ce cas un conducteur $a \in G$ par exemple dont **X** aura la charge de défendre que cet agent a connaît cette règle de priorité. Si face à un tel type d'argument l'adversaire a le choix, ce choix porte sur un agent et non sur une situation possible considérée par un agent, comme c'est le cas avec l'opérateur de connaissance individuelle.

Ce type de challenge peut également, dans certaines circonstances, amener le challengeur à diffuser de l'information nouvelle dans le cours de la partie. Par exemple, si l'on considère notre discussion à propos de la priorité à droite, **X** pouvait ne pas savoir que l'individu a faisait partie de l'ensemble des conducteurs (le groupe G). Si tel est le cas, **X** peut désormais considérer que a est un membre de l'ensemble des conducteurs et peut par suite l'utiliser en tant que tel.

Opérateur de connaissance commune. [74] L'opérateur de connaissance commune exprime le fait que tout le monde sait que tout le monde

---

73. Le choix de points contextuels représente la contrepartie dialogique de la relation d'accessibilité de la théorie des modèles. Les conditions d'introduction ou de reprise des points contextuels pour un agent déterminé sont précisées dans les règles structurelles (Cf. Définition 20 – règle **SR-K**).

74. Dans la règle de particule que nous donnons pour l'opérateur de connaissance commune nous optons pour l'approche itérée de cette opérateur.

sait etc. Traduire la signification de cet opérateur dans un contexte argumentatif est assez aisé. Supposons qu'un moniteur d'auto-école explique la règle de priorité de notre précédente illustration à un de ses élèves. Ce moniteur commencerait par expliquer que chaque conducteur est censé connaître cette règle de priorité (en ce sens c'est une connaissance partagée par tous les conducteurs). Il ajouterait ensuite que pour conduire sans (trop de) danger, la connaissance partagée de cette règle n'est pas suffisante. Cette règle doit nécessairement être une connaissance commune afin d'éviter des accidents. Par exemple, lorsqu'une voiture B arrive à la gauche d'une voiture A, si le conducteur de la voiture A ne sait pas que B connaît cette règle de priorité, il peut être dangereux pour le conducteur de la voiture de A de s'engager, et inversement. Face à de telles explications, l'élève, afin de mesurer s'il a bien compris la portée de la signification de la connaissance commune pour la règle de priorité questionne son moniteur. Il peut lui demander si dans une situation impliquant quatre véhicules A, B, C et D, chacun respectivement à la droite de l'autre, le conducteur de la voiture A sait que le conducteur de la voiture B sait que le conducteur de la voiture C sait que le conducteur de la voiture D est prioritaire sur le conducteur de la voiture C. Ce à quoi le moniteur d'auto-école devra répondre qu'effectivement le conducteur de la voiture A sait que le conducteur de la voiture B sait que le conducteur de la voiture C sait que le conducteur de la voiture D est prioritaire sur ce dernier (voiture C). L'élève aurait tout aussi bien pu choisir de poser cette autre question : le conducteur de la voiture B sait-il que le conducteur de la voiture A sait que le conducteur de la voiture D sait que le conducteur de la voiture C est prioritaire sur le conducteur de la voiture B ? Ce à quoi, une fois de plus, le moniteur répondrait de manière affirmative.

Par l'affirmation d'une connaissance commune à tous les conducteurs, le moniteur s'engage à défendre n'importe quelle séquence de conducteurs que son élève peut choisir. Alors que la différence de signification entre l'opérateur de connaissance individuelle et l'opérateur de connaissance partagée se traduit par une différence entre choix d'un point contextuel d'une part et choix d'un agent épistémique d'autre part ; la différence de signification entre connaissance partagée et connaissance commune se traduit par le choix d'un unique agent appartenant à G contre le choix d'une séquence d'agents appartenant à G^* – séquence dont la longueur est choisie par le challengeur [75]. A travers cette séquence, le challengeur peut véhiculer de nouvelles informations, il s'agit ici d'agents.

---

75. G^* est défini par $G \times ... \times G$ et $G^0 = \{\emptyset\}$, ce dernier correspond à une séquence vide.

D'un opérateur de connaissance à l'autre... Soit φ une proposition épistémique et $a, ..., n \in G$. Cette proposition épistémique peut être de trois types différents :

1. une connaissance commune,
2. une connaissance partagée,
3. une connaissance individuelle.

S'il s'agit d'un opérateur épistémique C_G (1), la règle produit une séquence d'opérateurs épistémiques K_a (3). Si cet opérateur est un opérateur épistémique E_G (2), la règle mène à un opérateur épistémique K_a (3). L'opérateur épistémique K_a conduit quant à lui à la proposition dans sa porté (ψ dans l'illustration de la Table 4.3). Cette proposition peut être à son tour soit épistémique, soit booléenne. Si cette proposition est épistémique, le développement produit dépendant du type de proposition épistémique, ce schéma de décomposition φ est reproduit jusqu'à ce que la proposition obtenue soit booléenne. La signification de ces opérateurs épistémiques dans un dialogue correspond donc pour chacun d'entre eux à un choix : un choix de point contextuel pour K_a, un choix d'agent pour E_G et le choix d'une séquence d'agents pour C_G. La signification de ces opérateurs décrite en termes de choix préserve donc la propriété de sous-formule : chaque opérateur, après application de la règle de particule qui lui correspond, mène à une formule moins complexe pour parvenir en dernier lieu aux formules booléennes, c'est-à-dire aux formules exemptes d'opérateurs épistémiques.

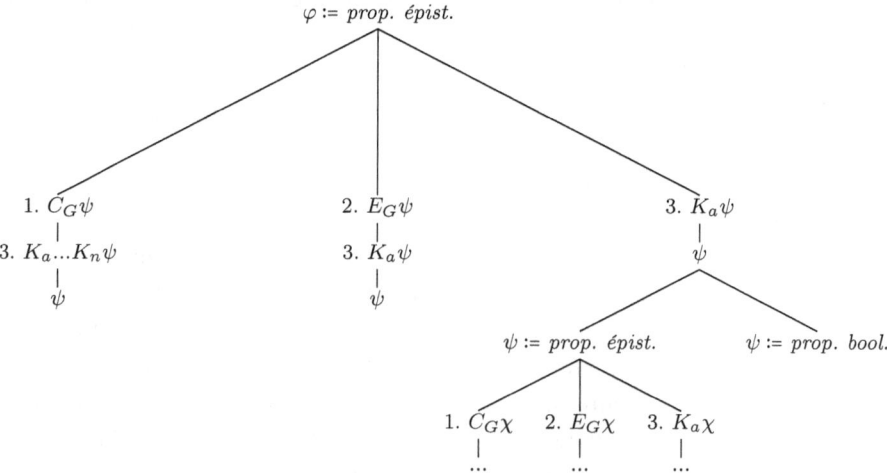

TABLE 4.3 – D'une proposition épistémique à une proposition booléenne

Opérateurs d'annonce publique. Nous abordons à présent la présentation des règles de particule des opérateurs d'annonces publiques (Cf. Table 4.4). Dans la formulation de la règle de particule pour les opérateurs d'annonces le symbole "•" est utilisé pour signifier que la formule à droite du • est ajoutée à la liste (qui elle se situe à gauche du •). Dans le cours d'une partie • n'est pas requis, la formule est simplement ajoutée en tant que dernier membre de l'ensemble ordonné.

Charge et/ou objet du choix	Énoncé de **X**	Challenge de **Y**	Défense de **X**
$[\varphi]\psi$, le défenseur a le choix	$\mathcal{A}\|i : [\varphi]\psi$	$\mathcal{A}\|i :?_{[\ ]}$	$\mathcal{A}\|i : \neg\varphi$ ou $\mathcal{A} \bullet \varphi\|i : \psi$
$\langle\varphi\rangle\psi$, le challengeur a le choix	$\mathcal{A}\|i : \langle\varphi\rangle\psi$	$\mathcal{A}\|i :?_{\langle\ \rangle 1}$ ou $\mathcal{A}\|i :?_{\langle\ \rangle 2}$	$\mathcal{A}\|i : \varphi$ respectivement $\mathcal{A} \bullet \varphi\|i : \psi$

TABLE 4.4 – Opérateurs d'annonces publiques (PR-AO)

La lecture de ces règles montre qu'elles sont quelques peu différentes des règles de particule précédentes. C'est précisément pour les opérateurs d'annonces que la liste d'annonces $\mathcal{A}$ (l'ensemble ordonné de formules annoncées introduit dans la Définition 17) est utilisée. Il est aussi manifeste qu'une de ces règles, celle de l'opérateur d'annonce publique, ne respecte pas la propriété de sous-formule. Pour ces différentes raisons, ces règles requièrent davantage d'explications.

$[\varphi]\psi$, **"si φ est annoncée...".** La règle de particule de cet opérateur révèle toute la dimension conditionnelle de cette constante logique : le challenge de **Y** porte précisément sur le "si", sur la structure conditionnelle de l'engagement de **X**. C'est parce qu'il s'agit d'un engagement conditionnel que la charge du choix revient à la défense – au joueur **X**. Le challengeur **Y** demande à son adversaire **X** s'il est prêt ou non à s'engager dans la défense de la proposition contenue dans les "[ ]". Ce dernier peut s'engager à défendre la proposition faisant l'objet de l'annonce publique ou refuser de s'engager dans la défense de cette proposition. Si le défenseur décide de s'engager dans la défense de cette proposition, elle est ajoutée à la liste d'annonces $\mathcal{A}$[76]. L'ajout de cette proposition à la liste

---

76. Dans le Chapitre 5, Section 5.4.3 nous revenons plus en détails sur cette "mémoire" des engagements. La question de la nature et du rôle de cette forme d'engagement dans un dialogue est abordée dans les Sections 5.5, 5.6 et 5.7 de ce chapitre.

d'annonces équivaut à l'acte d'annonce. Son adversaire peut par suite le contraindre à défendre cette formule ajoutée à la liste d'annonces [77]. Par contre s'il refuse de s'engager, il se défend avec la négation de cette proposition.

La violation de la règle de sous-formule, pourquoi ? Toutes les règles de particule que nous venons de voir, à l'exception de la règle pour l'opérateur d'annonce publique, préservent la propriété de sous-formule. Pourquoi l'opérateur d'annonce publique déroge-t-il à ce principe ?

Dans la règle de particule, la violation de cette propriété apparaît dans la défense avec la négation de la formule annoncée. Pour une formule $[\varphi]\psi$, $\neg\varphi$ n'est pas une sous-formule de $[\varphi]\psi$ ni de $[\varphi]$. De "pourquoi l'opérateur d'annonce déroge-t-il à ce principe de sous-formule" la question se meut en : "à quoi correspond cette possibilité de défendre par la négation de la formule faisant l'objet de l'annonce" ? Cette dernière question nous mène directement à la signification de l'opérateur d'annonce publique.

Dans un dialogue, les opérateurs d'annonces publiques peuvent, au même titre que les connecteurs propositionnels et les opérateurs épistémiques, être traduits à travers la notion de choix. Mais, à la différence de ces constantes logiques, la notion de choix à elle seule ne suffit pas pour correctement capturer leur signification. La notion de choix doit être complétée par la notion d'*engagement* : en plus de faire un choix, le joueur doit s'engager. Alors que les règles de particule pour les connecteurs propositionnels et les opérateurs épistémiques imposent de faire un choix propositionnel (proposition ou variable propositionnelle), les opérateurs d'annonces publiques déplacent cette question du choix sur l'engagement des joueurs. C'est précisément cette notion d'engagement couplée à celle de choix qui est responsable de la violation de la propriété de sous-formule. La possibilité de choisir d'accepter ou de refuser de s'engager dans l'éventuelle défense de la proposition annoncée est responsable de la perte de la propriété de sous-formule pour cette règle de particule. C'est parce qu'un joueur peut refuser de s'engager dans une telle défense que la négation est introduite. Si l'introduction de la négation dans le processus argumentatif outrepasse la propriété essentielle de sous-formule, c'est à cause de la signification particulière de cet opérateur : il impose un choix portant, non pas sur la construction logique de la proposition mais, sur l'engagement ou non envers cette proposition.

---

[77]. Cf. la règle **SR-A**, Définition 20, p. 71.

$\langle\varphi\rangle\psi$, "$\varphi$ **est annoncée...**". Dans la règle de particule, si l'on considère la question de la charge du choix – c'est-à-dire à qui revient la possibilité de choisir –, le dual de l'opérateur d'annonce publique est à ce dernier ce que la conjonction est à la disjonction. En effet, alors qu'une annonce publique, dans un dialogue, offre le choix au défenseur de s'engager ou non (comme c'est le cas pour une disjonction), avec le dual la charge de ce choix revient au challengeur (similairement à une conjonction). Il peut demander la proposition contenue dans $\langle\ \rangle$ (φ) ou demander la postcondition (ψ), mais s'il choisit cette deuxième possibilité le défenseur est contraint d'ajouter φ dans la liste d'annonces.

Remarque : S'il y a un rapport analogique entre l'opérateur d'annonce et son dual d'une part et la disjonction et la conjonction d'autre part, une grande différence existe sur l'objet du choix. Cette différence est selon notre avis à l'origine de la perte de la propriété de sous-formule par le déplacement du choix sur la notion même d'engagement. Cette mise en évidence du choix portant sur l'engagement des joueurs invite à distinguer deux niveaux d'engagements :

1. les engagements explicites, et
2. les engagements implicites.

Les engagements explicites sont circonscris par les choix portant précisément sur les engagements des joueurs alors que les engagements implicites sont délimités par les choix ayant pour objet un choix propositionnel.

Faire porter le choix sur la proposition suppose déjà implicitement l'acceptation de l'engagement envers cette proposition. Par exemple, un joueur qui énonce une conjonction s'engage implicitement, ou du moins s'expose, à devoir justifier le conjoint que choisira son adversaire. Son énoncé fait déjà office d'acceptation implicite de son engagement à défendre son propos. C'est cette dimension implicite de l'engagement que les opérateurs d'annonces rendent explicite. Si, usuellement, une règle de particule suppose l'acceptation implicite de l'engagement envers la formule sur laquelle elle s'applique et donc également l'engagement implicite dans la défense de la signification interne de la formule – c'est-à-dire défendre une sous-formule – les règles de particule des opérateurs d'annonces publiques ont cette particularité d'expliciter cet engagement – ce qui leur confère une forme d'engagement différente.

Signification = engagement × choix ? La Table 4.5 illustre et résume les différences de signification en termes d'engagement et de choix.

	Constante	Charge du choix	Objet du choix
Engagement implicite	$\neg \varphi$	pas de choix	aucun
	$\varphi \wedge \varphi$	challengeur	proposition
	$\varphi \vee \varphi$	défenseur	
	$K_a \varphi$	challengeur	point contextuel
	$E_G \varphi$		constante individuelle
	$C_G \varphi$		séquence de constantes individuelles
Engagement explicite	$[\varphi]\psi$	défenseur	accepter ou refuser l'engagement
	$\langle\varphi\rangle\psi$	challengeur	engagement ou ses conséquences

TABLE 4.5 – Résumé des significations

Les engagements implicites offrent comme objet de choix : une proposition ou une variable propositionnelle. Un choix portant sur une proposition permet d'exprimer la signification de la conjonction et de la disjonction. La différence entre une conjonction et une disjonction se résume à une différence en termes de charge du choix. Les opérateurs épistémiques sont tous exprimés à partir d'une différence de type de variable propositionnelle que le challengeur choisit : un point contextuel pour K_a, une constante individuelle pour E_G et une séquence de constantes individuelles pour C_G. Parmi les engagements implicites, la négation, ne supportant pas de choix, peut sembler à part. Pour autant sa signification n'est pas exempte du recours à la notion de choix. En effet, n'autorisant aucun choix, la négation fonde sa signification sur la négation de la possibilité de choisir. En niant cette possibilité, la négation utilise la notion de choix de façon négative [78].

La Table 4.5 met également en évidence les rapports de choix et d'engagements définissant les opérateurs d'annonces publiques. La différence de signification entre un opérateur d'annonce et son dual se résume à une

---

78. Qui plus est la règle de particule pour la négation pointe l'intime connexion qu'il y a entre la notion de choix et la défense. Cette règle est la seule à ne supporter aucun choix mais elle est aussi la seule qui ne contient pas de défense. N'ayant que deux joueurs dans un dialogue, le choix ne peut revenir qu'au challengeur ou au défenseur. Or, si un choix est donné au challengeur cela suppose que le défenseur devra répondre et donc qu'il y a une défense correspondante au challenge, défense précisée par la règle de particule faisant l'objet du challenge. Si le choix est laissé au défenseur, cela suppose également qu'une défense doit être produite conformément à la règle de particule de la constante en jeu.

différence de charge au niveau du choix. Lorsque la charge du choix revient au défenseur, il peut décliner l'engagement dans la formule faisant l'objet de l'annonce. La défense est alors dans ce cas précis étrangère à la signification interne de la formule de départ et ce point est cause de la perte de la propriété de sous-formule de cette règle. Lorsque la charge du choix revient au challengeur, ce dernier peut à la fois contraindre son adversaire à s'engager dans la formule faisant l'objet de l'annonce, mais également à en assumer les conséquences. Le défenseur ne peut alors pas refuser de s'engager, il est contraint dans sa justification par le choix de son adversaire. Par conséquent, même si les deux types d'opérateurs d'annonces publiques explicitent la notion d'engagement des joueurs, seul l'opérateur d'annonce publique $[\varphi]\psi$, en offrant la charge du choix au défenseur, permet de décliner un engagement. Si ce choix est offert au défenseur c'est en raison de la structure conditionnelle de cette annonce. Nous avons donc l'affirmation d'un engagement d'une part et d'autre part un engagement conditionnel, un engagement sous condition d'accepter de défendre la formule faisant l'objet de l'annonce – et de risquer de devoir la justifier.

Fonction partielle, dialogue et charge du choix. Le cadre dialogique et la différence de distribution de la charge du choix [79] permet de comprendre la propriété "fonction partielle [80]" : $\langle\varphi\rangle\psi \to [\varphi]\psi$ d'une manière originale.

Si considérer des propositions sous l'optique de la vérité peut laisser place à une indétermination lorsqu'il n'est pas possible de définir la valeur de vérité d'une proposition donnée, la dialogique s'émancipe de ce problème par la notion de victoire. Du point de vue dialogique une proposition n'est ni vraie ni fausse, elle est *dialogue-définie*, c'est-à-dire qu'il existe une stratégie de victoire pour cette proposition – que ce soit pour l'**O**pposant ou bien pour le **P**roposant. Si le **P**roposant doit défendre une formule indéterminée, l'**O**pposant gagne car le **P**roposant n'est pas en mesure de faire la preuve de cette proposition. L'originalité de la partialité des annonces publiques est que ne sont considérées que les annonces vraies, la valeur faux – tout comme la valeur indéterminée – pour une annonce est ignorée. Par conséquent le caractère partiel des annonces se traduit non pas par une victoire de l'**O**pposant mais par une victoire nécessaire du **P**roposant pour la thèse $\langle\varphi\rangle\psi \to [\varphi]\psi$. Cette victoire du

---

79. La distribution de la charge des choix est similaire à celle observable entre une disjonction (le défenseur choisit) et une conjonction (le challengeur choisit). Cf. Table 4.5.
80. Cf. Chapitre 3, Section 3.2.3.

Proposant est d'autant plus évidente si l'on considère les choix qu'offre la distribution des opérateurs de cette propriété [81].

Lorsque le challengeur possède la charge du choix, il peut aussi bien faire porter son challenge sur la formule annoncée que sur les conséquences de cette annonce. Son adversaire doit alors défendre chacun de ces choix. Cette distribution du choix correspond à l'antécédent de la formule de fonction partielle. Pour le conséquent de cette formule, la distribution du choix autorise le défenseur à rejeter l'engagement. Par conséquent, en supposant qu'un joueur puisse défendre aussi bien l'annonce que ses conséquences, il peut sans difficulté défendre un opérateur d'annonce construit avec les mêmes formules. S'il dispose d'assez de ressources pour défendre les deux choix possibles de son adversaire, il dispose a fortiori d'assez de ressources pour défendre ses propres choix. La réciproque n'est bien sûr pas tenable : un joueur peut réussir à défendre un opérateur d'annonce publique en refusant de s'engager, ce qui ne nous permet pas de conclure que ce joueur dispose de suffisamment de ressources pour être en mesure de se défendre vis-à-vis des deux choix possibles offerts à son adversaire pour le dual de ce même opérateur.

Règles de particule de DEMAL. Toutes les règles de particule que nous venons de présenter ci-dessus : règles de particule pour les connecteurs propositionnels, les opérateurs épistémiques ainsi que celles pour les opérateurs d'annonces publiques sont rassemblées dans l'ensemble *PartRules* :

$$PartRules = \text{PR-SC} \cup \text{PR-EO} \cup \text{PR-AO}$$

PartRules détermine l'ensemble des usages possibles des constantes logiques du langage $\mathcal{L}_{\textbf{DEMAL}}$ pour les joueurs d'un dialogue. L'ensemble *PartRules* est complété par un ensemble de règles structurelles qui détermine les conditions sous lesquelles peuvent être utilisées les règles de *PartRules*.

Les règles structurelles

Définition 20 (Règles Structurelles). Les règles structurelles régulent les mécanismes internes du dialogue, c'est-à-dire elles définissent les condi-

---

[81]. L'interprétation juridique offre une compréhension claire de cette particularité en laissant le bénéfice de la victoire au **P**roposant. Cf. Chapitre 7, § "Publicité du comportement délictuel et présomption d'innocence", p. 230–232 ainsi que les Tables 8.8 et 8.9 du Chapitre 8, p. 247–248.

tions dans lesquelles les règles de particule peuvent/doivent être utilisées [82].

- ⋄ **Règle de commencement SR-0** : Toute partie d_Δ d'un dialogue $\mathcal{D}_\Delta$ commence avec le joueur **P** qui énonce Δ. Après l'énonciation de la thèse par **P**, **O** doit choisir un rang de répétition. **P** choisit son rang de répétition juste après **O**. Un rang de répétition est un entier positif correspondant au nombre de fois qu'un joueur peut répéter un même challenge ou une même défense [83].

- ⋄ **Règle de jeu SR-1** : Les joueurs jouent chacun leur tour. Tout coup faisant suite au choix du rang de répétition de **P** est soit un challenge soit une défense vis-à-vis d'un challenge précédent.

- ⋄ **Restriction atomique SR-2** : **P** est autorisé à énoncer une formule atomique seulement si **O** a énoncé cette formule le premier. Points contextuels et agents ne sont pas des formules atomiques mais subissent la même restriction, **P** ne peut que réutiliser ceux introduits par **O**.

- ⋄ **Règle de victoire SR-3** : Un joueur **X** gagne une partie si et seulement si c'est au tour de **Y** de jouer mais qu'il ne peut plus jouer en accord avec les règles.

- ⋄ **Choix de points contextuels pour un agent a SR-K** [84] : Pour challenger un coup de la forme $\langle \mathbf{O} - \mathcal{A}|i...i' : K_a\varphi\rangle$, **P** peut choisir n'importe quel point contextuel i'' déjà introduit tel que :
  - $i'...i''$ ou $i''...i'$ est une chaîne de points contextuels de l'agent a, ou
  - $i' = i''$.

- ⋄ **Règle structurelles pour les annonces SR-A** : Pour tout coup $\langle \mathbf{X} - \varphi_1...\varphi_n|i : e\rangle$, le joueur **Y** peut contraindre **X** à énoncer le dernier élément φ_n de la liste $\mathcal{A}$:
  - dans le point contextuel i, ce qu'il fait avec $\langle \mathbf{Y} - \varphi_1...\varphi_{n-1}|i :\ !_{(\varphi_n)}\rangle$ ou

---

82. Les règles structurelles, sans définir des conditions sémantiques au même titre que les règles de particule, ne peuvent pour autant pas être considérées comme des conditions pragmatiques extérieures à la logique définie. Dans la Section 6.8.1 du Chapitre 6, nous revenons un peu plus en détails sur ce point.

83. Cf. Clerbout (2013), Chapitre 2 pour une discussion détaillée sur la question des rangs de répétition.

84. Cette règle **SR-K** est une adaptation de la règle **SR-ST9.2S5** formulée par S. Rahman et L. Keiff dans Rahman et Keiff (2005). La règle **SR-ST9.2S5** caractérise la contrepartie dialogique de l'accessibilité modèle théorique de la logique modale S5. La règle **SR-K** privatise ces accès à chaque agent $a \in Ag$.

– dans le point contextuel j, ce qu'il fait avec $\langle \mathbf{Y} - \varphi_1...\varphi_{n-1}|j : !_{(\varphi_n)}\rangle$ si $e = ?_j$.

Remarque : La règle **SR-K** force des contraintes sur les choix possibles de points contextuels et représente la contrepartie dialogique d'une structure S5 multi-agent de la théorie des modèles :
  – la chaîne de points contextuels de l'agent a garantit transitivité et symétrie sur les choix possibles pour challenger un opérateur épistémique de l'agent a,
  – la seconde clause nous offre la condition de réflexivité.

La règle structurelle **SR-A** permet de vérifier si le joueur ayant ajouté une formule à la liste d'annonces possède les moyens de justifier cette formule en parvenant à la défendre dans le cours de la partie. Elle offre la possibilité de réaliser un test des capacités d'un joueur à pouvoir défendre la dernière formule ajoutée à la liste d'annonces dans le point contextuel actuel de jeu, ce qui est traduit par $\langle \mathbf{Y} - \varphi_1...\varphi_{n-1}|i : !_{(\varphi_n)}\rangle$. Elle autorise également un test sur le choix d'un point contextuel afin de vérifier si le joueur choisissant un point contextuel différent est capable de défendre la dernière formule de la liste dans le point contextuel choisi. Ce test est traduit par : $\langle \mathbf{Y} - \varphi_1...\varphi_{n-1}|j : !_{(\varphi_n)}\rangle$. La préfixation d'un point contextuel par la liste permet une forme de dynamisme par l'ajout de formules au cours de la partie. Mais ce dynamisme ne peut être qu'unidirectionnel.

Définition 21 (Dynamisme unidirectionnel). Par dynamisme unidirectionnel nous désignons la possibilité d'ajouter des conditions sur une partie.

Nous utilisons le terme *ajout de conditions sur la partie* car en vertu de la règle structurelle que nous venons d'évoquer, si une formule est légitimement ajoutée à la liste, c'est-à-dire que le joueur l'ayant ajoutée à la liste est parvenu à défendre cette formule alors que son adversaire l'y a contraint, les joueurs doivent être en mesure de défendre cette formule dans tout choix ultérieur de point contextuel qu'ils peuvent faire.

Règles structurelles de DEMAL. Toutes les règles structurelles que nous venons de présenter ci-dessus sont rassemblées dans l'ensemble *StrucRules* tel que :

$$StrucRules = \text{SR-0} \cup \text{SR-1} \cup \text{SR-2} \cup \text{SR-3} \cup \text{SR-K} \cup \text{SR-A}$$

Définition 22 (DEMAL). **DEMAL** est défini par l'union des ensembles *PartRules* et *StrucRules*.

$$\mathbf{DEMAL} = PartRules \cup StrucRules$$

4.2.3 Jouer avec DEMAL

Dans les Tables 4.6, 4.7, 4.8 et 4.9, conformément à la règle **SR-0**, le **P**roposant énonce la thèse au coup 0. Étant donné que les joueurs doivent jouer chacun leur tour, les coups du **P**roposant sont toujours pairs alors que ceux de l'**O**pposant sont toujours impairs (les coups sont numérotés dans les colonnes extérieures). Les colonnes intérieures correspondent au numéro du coup objet du challenge. Dans la colonne intérieure de gauche sont notés les challenges de l'**O**pposant : le numéro de coup indiqué correspond donc à un coup du **P**roposant. La perspective est inversée pour la colonne intérieure de droite.

Exemple 1 : la règle SR-K en action

Afin d'illustrer comment fonctionne la règle **SR-K**, nous prenons pour exemple la formule $\neg K_a p \vee K_a K_b K_a p$ comme thèse de la partie de la Table 4.6.

	O			P	
				$\epsilon\|1 : \neg K_a p \vee K_a K_b K_a p$	0
	$m := 1$			$n := 2$	
1	$\epsilon\|1 : ?_\vee$	0		$\epsilon\|1 : \neg K_a$	2
3	$\epsilon\|1 : K_a p$	2		$\otimes$	
				$\epsilon\|1 : K_a K_b K_a p$	4
5	$\epsilon\|1 : ?_2^a$	4		$\epsilon\|1_a 2 : K_b K_a p$	6
7	$\epsilon\|1_a 2 : ?_3^b$	6		$\epsilon\|1_a 2_b 3 : K_a p$	8
9	$\epsilon\|1_a 2_b 3 : ?_4^c$	8		$--$	
11	$\epsilon\|1_a 2 : p$		3	$\epsilon\|1 : ?_2^a$	10

TABLE 4.6 – Exemple 1 : la règle **SR-K** en action

Explications de la partie Table 4.6 : Au coup 1, l'**O**pposant challenge la disjonction que le **P**roposant défend au coup 2. Au coup 3, l'**O**pposant challenge la négation du coup 2, par conséquent le **P**roposant n'a pas de défense mais il peut changer sa défense vis-à-vis du coup 1 grâce à son rang de répétition 2 ($n := 2$), ce qu'il fait au coup 4 en défendant à nouveau la disjonction mais avec l'autre disjoint. Au coup 5, pour challenger l'opérateur épistémique K_a du coup 4, l'**O**pposant choisit le point contextuel $1_a 2$ pour l'agent a. Depuis ce point contextuel ($1_a 2$) il choisit le point contextuel 3 pour l'agent b (coup 7). Enfin depuis le point contextuel 1_a2_b3, l'**O**pposant choisit le point contextuel 4 pour a (coup 9). Par conséquent, le **P**roposant doit défendre p dans le point contextuel $1_a2_b3_a4$ préfixé d'une liste d'annonce vide (ϵ) ; mais en raison de la restriction atomique **SR-2**, le **P**roposant ne peut pas produire cette défense pour le moment. Il peut uniquement challenger le coup 3 dans le but d'obtenir p dans le point contextuel dans lequel il doit produire sa défense. Le problème est que la règle **SR-K** n'autorise pas un tel coup. A partir du point contextuel 1, le **P**roposant peut choisir pour l'agent a tout point contextuel de la séquence $1_a2_b3_a4$ si et seulement si ce point n'est pas nouveau (ce qui est le cas ici puisque le point contextuel 4 a été introduit par l'**O**pposant au coup 9) et s'il n'y a pas de b tel que $a \neq b$ entre le point contextuel où le choix est fait et celui choisi, c'est-à-dire entre les points 1 et 4. Malheureusement pour le **P**roposant, il y a un b entre les points contextuels 2 et 3. Cela signifie qu'un point contextuel a été introduit pour un autre agent que l'agent a, ce qui casse la séquence 1...4 pour a. Le **P**roposant ne peut donc pas réutiliser le point contextuel 4 depuis le point 1. Il utilise le point contextuel 2 et obtient la proposition atomique dont il a besoin dans ce point contextuel (choisir le point contextuel 1 ne changerait rien pour le **P**roposant). Il ne peut donc pas l'utiliser et ne dispose plus d'autre coup pour jouer, conformément à la règle de victoire **SR-3**, l'**O**pposant gagne la partie au coup 11.

Exemple 2 : L'annonce de la Moore

Dans le Chapitre 3, Section 3.1.2, nous avons déjà quelque peu discuté les propositions de type Moore. La caractéristique principale d'une proposition de type Moore est de s'auto-invalider, c'est-à-dire de devenir fausse par son annonce : si elle est vraie avant d'être rendue publique, elle devient fausse par sa publicité. Nous considérons à présent un tel exemple pour illustrer la capacité du système **DEMAL** à rendre compte de l'échec de la mise à jour d'une proposition annoncée. Qui plus est cet exemple nous permet de donner une compréhension dialogique de ce phénomène tout en précisant l'usage qu'il peut être fait de la règle **SR-A** durant une partie.

Explications de la partie Table 4.7 : Au coup 1, l'**O**pposant challenge l'opérateur d'annonce et le **P**roposant se défend avec $\neg(p \wedge \neg K_a p)$ (coup 2). Au coup 3, l'**O**pposant challenge cette négation. Le **P**roposant use alors de son rang de répétition ($n := 2$) pour répéter son challenge (coups 4 et 6) sur la conjonction $p \wedge \neg K_a p$ du coup 3. Au

	O			P	
				$\epsilon\|1 : [p \wedge \neg K_a p]\,(p \wedge \neg K_a p)$	0
	$m := 1$			$n := 2$	
1	$\epsilon\|1 : ?_{[\,]}$	0		$\epsilon\|1 : \neg(p \wedge \neg K_a p)$	2
3	$\epsilon\|1 : p \wedge \neg K_a p$	2		$\otimes$	
5	$\epsilon\|1 : p$		3	$\epsilon\|1 : ?_{\wedge_1}$	4
7	$\epsilon\|1 : \neg K_a p$		3	$\epsilon\|1 : ?_{\wedge_2}$	6
	$\otimes$		7	$\epsilon\|1 : K_a p$	8
9	$\epsilon\|1 : ?_2^a$	8			
				$p \wedge \neg K_a p \| 1 : p \wedge \neg K_a p$	10
11	$p \wedge \neg K_a p \| 1 : ?_{\wedge_2}$	10		$p \wedge \neg K_a p \| 1 : \neg K_a p$	12
13	$p \wedge \neg K_a p \| 1 : K_a p$	12		$\otimes$	
			13	$p \wedge \neg K_a p \| 1 : ?_2^a$	14
15	$\epsilon\|1_a 2 : !_{(p \wedge \neg K_a p)}$	14		$\epsilon\|1_a 2 : p \wedge \neg K_a p$	16
17	$\epsilon\|1_a 2 : ?_{\wedge_1}$	16		--	

TABLE 4.7 – L'annonce de la Moore

coup 8, le **P**roposant challenge la négation du coup 7 de l'**O**pposant en énonçant $K_a p$ dans le point contextuel 1. L'**O**pposant n'a pas de défense face à ce coup, mais il peut contre-attaquer en challengeant l'opérateur épistémique, choisissant le point contextuel 2 pour l'agent a au coup 9. En raison de la règle structurelle **SR-2**, le **P**roposant ne peut pas se défendre pour le moment, il doit attendre que l'**O**pposant énonce en premier l'atome p dans le point contextuel 2. Le **P**roposant utilise une fois de plus son rang de répétition pour changer sa défense du coup 2, au coup 10 il ajoute $p \wedge \neg K_a p$ à la liste et s'engage en même temps dans la défense de la conjonction $p \wedge \neg K_a p$, conjonction que l'**O**pposant challenge au coup 11. Si l'**O**pposant choisit de demander le premier conjoint (p), le **P**roposant peut se défendre car l'**O**pposant a déjà énoncé p dans le point contextuel 1. A cause de rang de répétition ($m := 1$), ce choix ferait gagner le **P**roposant car après la réponse de ce dernier, l'**O**pposant ne pourrait plus choisir de challenger l'autre conjoint. Considérons que l'**O**pposant fasse le choix de demander le second conjoint ($\neg K_a p$). Ce choix contraint le **P**roposant à se défendre avec une négation (coup 12) que l'**O**pposant challenge au coup suivant (coup 13). Désormais, c'est au **P**roposant que revient la charge du choix du point contextuel pour challenger l'opérateur épistémique K_a. Au coup 14, il réutilise le point contextuel $1_a 2$ dans lequel il doit produire sa défense (face au coup 9). Mais ce coup offre à l'**O**pposant la possibilité d'utiliser la règle **SR-A** et ainsi le **P**roposant se voit contraint d'énoncer $p \wedge \neg K_a p$ dans le point contextuel $1_a 2$. Au coup 17, l'**O**pposant a le choix sur le conjoint que le **P**roposant doit défendre. Ici, l'intérêt de l'**O**pposant est de choisir le premier conjoint. Ce conjoint est par ailleurs précisément l'atome que le **P**roposant n'a pas réussi à défendre précédemment. Le **P**roposant ne parvient donc toujours pas à se défendre, il perd donc la partie.

Compréhension dialogique de l'échec de la mise à jour. Lorsqu'on observe attentivement ce qui se passe dans le déroulement de la partie, on comprend pourquoi il y a un *échec de la mise à jour*. Le **P**roposant doit défendre la proposition atomique p dans le point contextuel 2. L'**O**pposant choisit ce point contextuel 2 pour l'agent a à partir du point contextuel 1. Mais ce qu'il est important de noter, c'est le moment où l'**O**pposant fait ce choix. Lorsque ce dernier fait ce choix, aucun des deux joueurs n'a assumé $p \wedge \neg K_a p$ dans la liste d'annonces. Or quand le **P**roposant souhaite réutiliser le point contextuel 2, $p \wedge \neg K_a p$ a été ajouté à la liste d'annonces. Par conséquent, la règle **SR-A** qui permet de tester la capacité d'un joueur – choisissant un point contextuel à partir d'un point contextuel préfixé d'une liste non-vide – à défendre les éléments de la liste peut être utilisée par l'**O**pposant. Le problème pour le **P**roposant est qu'il n'est pas capable de défendre $p \wedge \neg K_a p$ (élément ajouté à la liste) dans le point contextuel qu'il choisit. Autrement dit, l'échec de la mise à jour d'une annonce publique se traduit dialogiquement par une incapacité de la part d'un joueur à défendre un élément de la liste $\mathcal{A}$ dans un point contextuel qu'il choisit. Alors que dans la théorie des modèles la *mise à jour* s'opère sur le modèle, dans la dialogique elle s'opère sur les choix de points contextuels. La règle **SR-A** permet de tester si un joueur choisissant un point contextuel à partir d'un point contextuel préfixé d'une liste non-vide est capable de défendre le ou les éléments de la liste dans ce point contextuel ou non. Si ce joueur n'est pas capable de produire une telle défense, le point contextuel qu'il choisit ne peut plus être utilisé.

Exemple 3 : Les différents types de savoir

Le troisième exemple présente la version disjonctive de l'axiome "mix" : $C_G p \rightarrow (p \wedge E_G C_G p)$ [85]. Cet exemple est intéressant pour notre propos car il nécessite l'utilisation de toutes les règles de particule des différents opérateurs épistémiques. La Table 4.8 décrit une partie ayant pour thèse : $\neg C_G p \vee (p \wedge E_G C_G p)$. Nous verrons dans la Table 4.9 le déroulement d'une autre partie pour cette même thèse.

---

85. Cf. Table 2.3 – Chapitre 2.

	O			P	
				$\epsilon\|1 : \neg C_G p \vee (p \wedge E_G C_G p)$	0
	$m := 1$			$n := 2$	
1	$\epsilon\|1 : ?_\vee$	0		$\epsilon\|1 : \neg C_G p$	2
3	$\epsilon\|1 : C_G p$	2		$\otimes$	
				$\epsilon\|1 : p \wedge E_G C_G p$	4
5	$\epsilon\|1 : ?_{\wedge 2}$	4		$\epsilon\|1 : E_G C_G p$	6
7	$\epsilon\|1 : ?\ a \in G$	6		$\epsilon\|1 : K_a C_G p$	8
9	$\epsilon\|1 : ?_2^a$	8		$\epsilon\|1_a 2 : C_G p$	10
11	$\epsilon\|1_a 2 : ?\ \langle b, c \rangle \in G^*$	10		$\epsilon\|1_a 2 : K_b K_c p$	12
13	$\epsilon\|1_a 2 : ?_3^b$	12		$\epsilon\|1_a 2_b 3 : K_c p$	14
15	$\epsilon\|1_a 2_b 3 : ?_4^c$	14		$\epsilon\|1_a 2_b 3_c 4 : p$	24
17	$\epsilon\|1 : K_a K_b K_c p$		3	$\epsilon\|1 : ?\ \langle a, b, c \rangle \in G^*$	16
19	$\epsilon\|1_a 2 : K_b K_c p$		17	$\epsilon\|1 : ?_2^a$	18
21	$\epsilon\|1_a 2_b 3 : K_c p$		19	$\epsilon\|1_a 2 : ?_3^b$	20
23	$\epsilon\|1_a 2_b 3_c 4 : p$		21	$\epsilon\|1_a 2_b 3 : ?_4^c$	22

TABLE 4.8 – Exemple 3 : les différents types de savoir – Partie 1

Explications de la partie Table 4.8 : Les coups 1 à 4 sont similaires à l'exemple 1. Au coup 5, conformément à la règle de particule pour la conjonction, l'**O**pposant a le choix, mais ce choix se voit restreint par son rang de répétition 1 ($m := 1$). C'est-à-dire qu'il peut certes choisir le conjoint que le **P**roposant doit défendre, mais il ne peut pas répéter son challenge pour demander au **P**roposant de défendre l'autre conjoint. Considérons que l'**O**pposant demande au **P**roposant de défendre le second conjoint : $E_G C_G p$ [86]. Le **P**roposant se défend donc avec $E_G C_G p$ dans le point contextuel 1 préfixé de la liste vide (ϵ) au coup 6. Aux coups 7 et 9, l'**O**pposant choisit respectivement l'agent a et le point contextuel 2 pour cet agent. Évidemment le **P**roposant énonce la défense correspondante dans le point contextuel $1_a 2$, toujours préfixé de la liste vide. Au coup 11, l'**O**pposant choisit une séquence d'agents $\langle b, c \rangle$. Conformément à la règle de particule pour l'opérateur de connaissance commune, le **P**roposant se défend en énonçant la séquence correspondante d'opérateurs de connaissance individuelle. Aux coups 13 et 15, l'**O**pposant choisit respectivement les points contextuels 3 et 4 pour les agents b et c. Ce faisant, il contraint le **P**roposant à défendre p dans le point contextuel

---

86. La Table 4.9 illustre la partie dans laquelle l'**O**pposant choisit de contraindre le **P**roposant à défendre le premier membre de la conjonction : p.

$1_a2_b3_c4$, ce qu'il ne peut faire pour le moment en raison de la règle structurelle **SR-2**. Cependant, le **P**roposant peut challenger le coup 3 avec la séquence d'agents $\langle a, b, c \rangle$. Du coup 18 au coup 22, le **P**roposant réutilise les points contextuels précédemment choisis par son adversaire (coups 9, 13 et 15). A son tour, au coup 22, le **P**roposant contraint l'**O**pposant à énoncer l'atome p dans le point contextuel $1_a2_b3_c4$. Après la défense de l'**O**pposant, le **P**roposant est autorisé à se défendre vis-à-vis du challenge du coup 15 au coup 24. L'**O**pposant ne disposant plus alors de coup disponible perd la partie.

	O			P	
				$\epsilon\|1 : \neg C_G p \vee (p \wedge E_G C_G p)$	0
	$m := 1$			$n := 2$	
1	$\epsilon\|1 : ?_\vee$	0		$\epsilon\|1 : \neg C_G p$	2
3	$\epsilon\|1 : C_G p$	2		$\otimes$	
				$\epsilon\|1 : p \wedge E_G C_G p$	4
5	$\epsilon\|1 : ?_{\wedge 1}$	4		$\epsilon\|1 : p$	8
7	$\epsilon\|1 : p$		3	$\epsilon\|1 : ? \langle\ \rangle \in G^*$	6

TABLE 4.9 – Exemple 3 : les différents types de savoir – Partie 2

Explications de la partie Table 4.9 : Le début de cette partie est identique à la partie représentée dans la Table 4.8. C'est le challenge de l'**O**pposant du coup 5 qui change le déroulement de la suite de l'échange. Au coup 5, dans cette partie, l'**O**pposant choisit de demander le premier conjoint. Le **P**roposant, en raison de la restriction atomique ne peut pas défendre p dans le point contextuel 1 préfixé de la liste vide pour le moment. Au coup 6, il challenge donc l'opérateur de connaissance commune du coup 3 avec une séquence vide d'agent. L'**O**pposant se voit alors contraint de défendre p dans le point contextuel 1. Le **P**roposant peut à présent produire sa défense, ce qu'il fait au coup 8. L'**O**pposant ne dispose plus alors de coup possible et conformément à la règle de victoire le **P**roposant remporte la partie.

Victoire et stratégie de victoire. Nous avons considéré les deux parties correspondant aux choix de l'**O**pposant (coup 5) sur la conjonction du **P**roposant (coup 4). Que ce soit lorsque l'**O**pposant choisit le second conjoint (partie 1 – Table 4.8) ou le premier conjoint (partie 2 – Table 4.9), le **P**roposant parvient à remporter la partie. C'est-à-dire que, pour la thèse $\neg C_G p \vee (p \wedge E_G C_G p)$, quel que soit le choix de l'**O**pposant, le **P**roposant a la possibilité de gagner. Nous considérons que ce joueur *a la possibilité* de gagner car il pourrait faire des choix qui ne le mèneraient pas à la victoire. Par exemple dans la partie 1, au coup 16, si le **P**roposant au lieu de choisir la séquence $\langle a,b,c \rangle$ d'agents avait choisi la séquence $\langle b,a,c \rangle$, il aurait perdu la partie. En effet l'**O**pposant n'a choisi aucun point contextuel pour l'agent b depuis le point contextuel 1, le **P**roposant ne pourrait pas obtenir p dans le point contextuel $1_a 2_b 3_c 4$. Ce choix non stratégiquement pertinent ne change rien par rapport à la possibilité de gagner qui lui était offerte.

Considérer non plus la thèse $\neg C_G p \vee (p \wedge E_G C_G p)$ mais la thèse $\neg C_G p \vee (\neg p \wedge E_G C_G p)$ permet de préciser davantage la différence entre gagner une partie et avoir la possibilité de remporter toutes les parties possibles.

	O			**P**	
				$\epsilon\|1 : \neg C_G p \vee (\neg p \wedge E_G C_G p)$	0
	$m := 1$			$n := 2$	
1	$\epsilon\|1 : ?_\vee$	0		$\epsilon\|1 : \neg C_G p$	2
3	$\epsilon\|1 : C_G p$	2		$\otimes$	
				$\epsilon\|1 : \neg p \wedge E_G C_G p$	4
5	$\epsilon\|1 : ?_{\wedge 1}$	4		$\epsilon\|1 : \neg p$	6
7	$\epsilon\|1 : p$	6		–	

TABLE 4.10 – Exemple 3 : quand l'**O**pposant fait le bon choix

Dans la Table 4.10 est représentée la partie dans laquelle l'**O**pposant choisit de challenger le premier conjoint du coup 4 du **P**roposant. Le **P**roposant défend donc avec $\neg p$ dans le point contextuel 1 préfixé de la liste vide. Au coup suivant, l'**O**pposant challenge la négation. Ce dernier coup de l'**O**pposant ne supporte pas de défense et hormis challenger deux fois (grâce à son rang de répétition $n := 2$) l'opérateur de connaissance commune, le **P**roposant ne peut plus rien faire[87]. Il perd donc la partie. Mais si à partir de cette même thèse, l'**O**pposant avait demandé non pas le premier conjoint mais le second, la suite de la partie aurait été similaire aux coups 5 à 24 de la partie 1 de la Table 4.8. Ce qui veut dire que le **P**roposant aurait pu gagné la partie si le choix de son adversaire avait été autre. Il apparaît clairement que pour le **P**roposant, gagner

---

87. Nous ne représentons pas ces deux coups, en supposant que le **P**roposant les produise, l'**O**pposant se défendrait sans problème sans que cela ne change la situation d'échec dans laquelle le **P**roposant se trouve.

une partie ayant pour thèse $\neg C_G p \vee (\neg p \wedge E_G C_G p)$ est fonction des choix de son adversaire alors que précédemment, dans les Tables 4.8 et 4.9, le **P**roposant parvient à gagner quel que soit le choix de son adversaire, indépendamment de la fonction choix de son adversaire.

D'une manière générale, pour une thèse déterminée Δ, avoir la possibilité de gagner indépendamment de la fonction choix de son adversaire revient pour un joueur à pouvoir gagner non pas simplement une partie $d_k \in \mathcal{D}_\Delta$ mais à pouvoir gagner toute partie $d_1, d_2, ...d_n \in \mathcal{D}_\Delta$. Cette description du concept de victoire correspond à la définition de la notion de stratégie de victoire.

Définition 23 (Stratégie de victoire). Un joueur a une stratégie de victoire s'il peut gagner quels que soient les choix exécutés par son adversaire.

La notion de stratégie de victoire dans un jeu trouve écho dans la notion de validité logique. Par conséquent, si notre système dialogique **DEMAL** est une reconstruction de la logique **PAC**, il doit être possible de montrer qu'il existe une correspondance entre avoir une stratégie de victoire pour une formule via la dialogique **DEMAL** d'une part et être valide pour cette même formule dans la logique **PAC** d'autre part ; ce que nous démontrons dans la section suivante.

4.3 Correction et complétude de DEMAL

Nous démontrons dans cette section que notre reconstruction **DEMAL** est correcte et complète au regard de la logique **PAC** en montrant qu'il existe une stratégie de victoire pour le **P**roposant dans $\mathcal{D}_\Delta$ si et seulement si Δ est une formule valide dans **PAC**.

Pour mener à bien cette démonstration, nous faisons une supposition sur les capacités stratégiques des joueurs : nous supposons qu'**O**pposant et **P**roposant jouent toujours de manière optimale. C'est-à-dire que si un joueur a le choix entre deux coups possibles tel que l'un des deux coups permet immédiatement ou par suite de le mener à la victoire, nous supposons que ce joueur opte toujours pour ce choix. Autrement dit, dans nos dialogues aucun joueur ne fera un choix ne le menant pas à la victoire si un autre choix lui permet de gagner. Par conséquent, il nous suffit de considérer uniquement les parties pour lesquelles **O**pposant et **P**roposant choisissent respectivement 1 et 2 comme rang de répétition. Un rang de répétition $m := 1$ est suffisant pour l'**O**pposant si on suppose qu'il joue de manière optimale car s'il existe pour lui une suite de choix le menant à la victoire et qu'il suit ces choix, il ne lui est pas nécessaire de changer une de ses défenses ou de ses challenges[88].

4.3.1 Correction

Nous prouvons la correction de **DEMAL** par rapport à **PAC** en démontrant que si le **Proposant** a une stratégie de victoire pour $\mathcal{D}_\Delta$ alors la formule Δ est valide au regard de **PAC**. Nous procédons par une démonstration par contraposition, c'est-à-dire que nous démontrons que s'il existe un modèle satisfaisant $\neg\Delta$ alors le **Proposant** ne peut pas gagner une partie ayant pour thèse Δ. A cet effet, les Lemmes 1 et 2 sont requis. Mais avant de les développer nous précisons une hypothèse que nous utilisons :

Hypothèse 1. Un coup dialogique $\langle \mathbf{X} - \mathcal{A}|i : \varphi \rangle$ est satisfiable dans un modèle épistémique $\mathcal{M}^\mathcal{A}$, soit $\mathcal{M}^\mathcal{A}, i \vDash \varphi$ si $\mathbf{X} = \mathbf{O}$; alors que ce même modèle $\mathcal{M}^\mathcal{A}$ ne satisfait pas φ, soit $\mathcal{M}^\mathcal{A}, i \vDash \neg\varphi$ si $\mathbf{X} = \mathbf{P}$.

Par conséquent, que les règles de particule préservent la satisfaction signifie que l'Hypothèse 1 que nous venons de présenter est préservée après l'application de la règle de particule appropriée.

Lemme 1. *Pour un modèle épistémique $\mathcal{M}^\mathcal{A}$ donné, l'ensemble Part-Rules préserve la satisfiabilité.*

Démonstration.
- Règle de particule pour la négation :
  si $\langle \mathbf{X} - \mathcal{A}|i : \neg\varphi \rangle \in d_\Delta$
  alors $\langle \mathbf{Y} - \mathcal{A}|i : \varphi \rangle \in d_\Delta$

  1. si $\mathbf{X} = \mathbf{O}$, par l'Hypothèse 1, nous avons $\mathcal{M}^\mathcal{A}, i \vDash \neg\varphi$ ssi $\mathcal{M}^\mathcal{A}, i \nvDash \varphi$ (par la Définition 10).
  2. si $\mathbf{X} = \mathbf{P}$, par l'Hypothèse 1 nous avons $\mathcal{M}^\mathcal{A}, i \vDash \neg\neg\varphi$ ssi $\mathcal{M}^\mathcal{A}, i \vDash \varphi$ (par la Définition 10).

- Règle de particule pour la conjonction :
  si $\langle \mathbf{X} - \mathcal{A}|i : \varphi_1 \wedge \varphi_2 \rangle \in d_\Delta$
  alors $\langle \mathbf{Y} - \mathcal{A}|i :?_1 \rangle \in d_\Delta$, ou $\langle \mathbf{Y} - \mathcal{A}|i :?_2 \rangle \in d_\Delta$
  donc $\langle \mathbf{X} - \mathcal{A}|i : \varphi_1 \rangle \in d_\Delta$, ou $\langle \mathbf{X} - \mathcal{A}|i : \varphi_2 \rangle \in d_\Delta$

  1. si $\mathbf{X} = \mathbf{O}$, grâce à son rang de répétition $n := 2$, $\mathbf{P}$ peut changer son challenge deux fois, alors par l'Hypothèse 1 nous avons $\mathcal{M}^\mathcal{A}, i \vDash (\varphi_1 \wedge \varphi_2)$ ssi $\mathcal{M}^\mathcal{A}, i \vDash \varphi_1$ et $\mathcal{M}^\mathcal{A}, i \vDash \varphi_2$ (par la Définition 10).

---

[88]. Dans le Théorème 2, p. 93, nous démontrons que les rangs de répétition 1 et 2 sont optimaux respectivement pour l'**Opposant** et le **Proposant**.

2. si $\mathbf{X} = \mathbf{P}$, à cause de son rang de répétition $m := 1$, $\mathbf{O}$ ne peut pas changer son challenge, alors par l'Hypothèse 1 nous avons $\mathcal{M}^{\mathcal{A}}, i \vDash \neg(\varphi_1 \wedge \varphi_2)$ ssi $\mathcal{M}^{\mathcal{A}}, i \vDash \neg\varphi_1$ ou $\mathcal{M}^{\mathcal{A}}, i \vDash \neg\varphi_2$ (par la Définition 10).

◇ Règle de particule pour la disjonction :
  si $\langle \mathbf{X} - \mathcal{A} | i : \varphi_1 \vee \varphi_2 \rangle \in d_\Delta$
  alors $\langle \mathbf{Y} - \mathcal{A} | i :? \rangle \in d_\Delta$
  donc $\langle \mathbf{X} - \mathcal{A} | i : \varphi_1 \rangle \in d_\Delta$, ou $\langle \mathbf{X} - \mathcal{A} | i : \varphi_2 \rangle \in d_\Delta$

  1. si $\mathbf{X} = \mathbf{O}$, à cause de son rang de répétition $m := 1$, $\mathbf{O}$ ne peut pas changer sa défense, par l'Hypothèse 1, nous avons $\mathcal{M}^{\mathcal{A}}, i \vDash (\varphi_1 \vee \varphi_2)$ ssi $\mathcal{M}^{\mathcal{A}}, i \vDash \varphi_1$ ou $\mathcal{M}^{\mathcal{A}}, i \vDash \varphi_2$ (par la Définition 10).
  2. si $\mathbf{X} = \mathbf{P}$, grâce à son rang de répétition $n := 2$, $\mathbf{P}$ peut changer sa défense deux fois, par l'Hypothèse 1, nous avons $\mathcal{M}^{\mathcal{A}}, i \vDash \neg(\varphi_1 \vee \varphi_2)$ ssi $\mathcal{M}^{\mathcal{A}}, i \vDash \neg\varphi_1$ et $\mathcal{M}^{\mathcal{A}}, i \vDash \neg\varphi_2$ (par la Définition 10).

◇ Règle de particule pour l'opérateur de connaissance individuelle :
  si $\langle \mathbf{X} - \mathcal{A} | i : K_a\varphi \rangle \in d_\Delta$
  alors $\langle \mathbf{Y} - \mathcal{A} | i :?_j \rangle \in d_\Delta$
  et $\langle \mathbf{X} - \mathcal{A} | i_a j : \varphi \rangle \in d_\Delta$

  1. si $\mathbf{X} = \mathbf{O}$, par l'Hypothèse 1, nous avons $\mathcal{M}^{\mathcal{A}}, i \vDash K_a\varphi$ ssi $\mathcal{M}^{\mathcal{A}}, i_a j \vDash \varphi$ pour tout $j \in R_a$ (par la Définition 10).
  2. si $\mathbf{X} = \mathbf{P}$, par l'Hypothèse 1, nous avons $\mathcal{M}^{\mathcal{A}}, i \vDash \neg K_a\varphi$ ssi $\mathcal{M}^{\mathcal{A}}, i_a j \vDash \neg\varphi$ pour au moins un $j \in R_a$ (par la Définition 10).

◇ Règle de particule pour l'opérateur de connaissance partagée :
  si $\langle \mathbf{X} - \mathcal{A} | i : E_G\varphi \rangle \in d_\Delta$
  alors $\langle \mathbf{Y} - \mathcal{A} | i :?_{a \in G} \rangle \in d_\Delta$
  et $\langle \mathbf{X} - \mathcal{A} | i : K_a\varphi \rangle \in d_\Delta$

  1. si $\mathbf{X} = \mathbf{O}$, par l'Hypothèse 1, nous avons $\mathcal{M}^{\mathcal{A}}, i \vDash E_G\varphi$ ssi $\mathcal{M}^{\mathcal{A}}, i \vDash K_a\varphi$ pour tout $a \in G$ (par la Définition 10).
  2. si $\mathbf{X} = \mathbf{P}$, par l'Hypothèse 1, nous avons $\mathcal{M}^{\mathcal{A}}, i \vDash \neg E_G\varphi$ ssi $\mathcal{M}^{\mathcal{A}}, i \vDash \neg K_a\varphi$ pour au moins $a \in g$ (par la Définition 10).

◇ Règle de particule pour l'opérateur de connaissance commune :
  si $\langle \mathbf{X} - \mathcal{A} | i : C_G\varphi \rangle \in d_\Delta$
  alors $\langle \mathbf{Y} - \mathcal{A} | i :?_{<a_1...a_n> \in G^*} \rangle \in d_\Delta$
  et $\langle \mathbf{X} - \mathcal{A} | i : K_{a_1}...K_{a_n}\varphi \rangle \in d_\Delta$

  1. if $\mathbf{X} = \mathbf{O}$, par l'Hypothèse 1, nous avons $\mathcal{M}^{\mathcal{A}}, i \vDash C_G\varphi$ ssi $\mathcal{M}^{\mathcal{A}}, i \vDash K_{a_1}...K_{a_n}\varphi$ pour chaque séquence $< a_1...a_n > \in G^*$ (par la Définition 10).
  2. $\mathbf{X} = \mathbf{P}$, par l'Hypothèse 1, nous avons $\mathcal{M}^{\mathcal{A}}, i \vDash \neg C_G\varphi$ ssi $\mathcal{M}^{\mathcal{A}}, i \vDash \neg K_{a_1}...K_{a_n}\varphi$ pour au moins une séquence $< a_1...a_n > \in G^*$ (par la Définition 10).

- ⋄ Règle de particule pour l'opérateur d'annonce publique :
  si $\langle \mathbf{X} - \mathcal{A}|i : [\varphi_1]\varphi_2\rangle \in d_\Delta$
  alors $\langle \mathbf{Y} - \mathcal{A}|i :?_{[\ ]}\rangle \in d_\Delta$
  et $\langle \mathbf{X} - \mathcal{A}|i : \neg\varphi_1\rangle \in d_\Delta$ ou $\langle \mathbf{X} - \mathcal{A} \bullet \varphi_1|i : \varphi_2\rangle \in d_\Delta$

  1. si $\mathbf{X} = \mathbf{O}$, à cause de son rang de répétition $m := 1$, $\mathbf{O}$ ne peut pas changer sa défense, par l'Hypothèse 1, nous avons $\mathcal{M}^\mathcal{A}, i \vDash [\varphi_1]\varphi_2$ ssi $\mathcal{M}^\mathcal{A}, i \vDash \neg\varphi_1$ ou $\mathcal{M}^{\mathcal{A}\bullet\varphi_1}, i \vDash \varphi_2$ (par la Définition 10).

  2. si $\mathbf{X} = \mathbf{P}$, grâce à son rang de répétition $n := 2$, $\mathbf{P}$ peut changer sa défense deux fois, par l'Hypothèse 1, nous avons $\mathcal{M}^\mathcal{A}, i \vDash \neg[\varphi_1]\varphi_2$ ssi $\mathcal{M}^\mathcal{A}, i \vDash \varphi_1$ et $\mathcal{M}^{\mathcal{A}\bullet\varphi_1}, i \vDash \neg\varphi_2$ (par la Définition 10).

- ⋄ Règle de particule pour le dual de l'opérateur d'annonce publique :
  si $\langle \mathbf{X} - \mathcal{A}|i : \langle\varphi_1\rangle\varphi_2\rangle \in d_\Delta$
  alors $\langle \mathbf{Y} - \mathcal{A}|i :?_{(\ )1}\rangle \in d_\Delta$, ou $\langle \mathbf{Y} - \mathcal{A}|i :?_{(\ )2}\rangle \in d_\Delta$
  et $\langle \mathbf{X} - \mathcal{A}|i : \varphi_1\rangle \in d_\Delta$, ou $\langle \mathbf{X} - \mathcal{A} \bullet \varphi_1|i : \varphi_2\rangle \in d_\Delta$

  1. if $\mathbf{X} = \mathbf{O}$, grâce à son rang de répétition $n := 2$, $\mathbf{P}$ peut changer son challenge deux fois, par l'Hypothèse 1, nous avons $\mathcal{M}^\mathcal{A}, i \vDash \langle\varphi_1\rangle\varphi_2$ ssi $\mathcal{M}^\mathcal{A}, i \vDash \varphi_1$ et $\mathcal{M}^{\mathcal{A}\bullet\varphi_1}, i \vDash \varphi_2$ (par la Définition 10).

  2. si $\mathbf{X} = \mathbf{P}$, à cause de son rang de répétition $m := 1$, $\mathbf{O}$ ne peut pas changer son challenge, par l'Hypothèse 1, nous avons $\mathcal{M}^\mathcal{A}, i \vDash \neg\langle\varphi_1\rangle\varphi_2$ ssi $\mathcal{M}^\mathcal{A}, i \vDash \neg\varphi_1$ ou $\mathcal{M}^{\mathcal{A}\bullet\varphi_1}, i \vDash \neg\varphi_2$ (par la Définition 10).

□

Lemme 2. *Le **P**roposant gagne d_Δ si et seulement il énonce une formule atomique.*

Nous rappelons ici que la règle **SR-3** définit le joueur gagnant comme celui exécutant le dernier de la partie[89].

Démonstration.

1. Si le **P**roposant gagne d_Δ, alors son dernier coup est un coup où il énonce une formule atomique.

   Hypothèse 2. Le **P**roposant gagne d_Δ avec pour dernier coup $\langle \mathbf{P} - \mathcal{A}|i : e\rangle$, où e n'est pas une formule atomique.

   De l'Hypothèse 2 il suit que :
   (a) l'**O**pposant peut challenger cette formule, par conséquent le précédent coup du **P**roposant n'est pas le dernier, ce qui contredit notre Hypothèse 2 ; ou

---

89. Cf. la règle structurelle **SR-3** dans la Section 4.2.2.

(b) $\langle \mathbf{P} - \mathcal{A} | i : e \rangle$ est un challenge du **Proposant**. Dans ce cas, l'**O**pposant est toujours capable de se défendre, sauf s'il s'agit d'un challenge contre une négation. Dans ce cas précis il n'y a que deux possibilités :

  i. soit la formule qui challenge la négation de l'**O**pposant n'est pas atomique et nous retournons au point (a),

  ii. soit la formule qui challenge la négation de l'**O**pposant est atomique, ce qui contredit l'Hypothèse 2.

2. Si le **P**roposant énonce une formule atomique alors il gagne d_Δ grâce à ce coup atomique.

Hypothèse 3. Le **P**roposant énonce une formule atomique dans un coup $\alpha \in d_\Delta$, mais le **P**roposant ne gagne pas d_Δ.

De l'Hypothèse 3 il suit que :

(a) Il existe un coup β de l'**O**pposant qui suit immédiatement α (par **SR-1** et **SR-3**).

(b) Étant donné qu'il n'y a pas de challenge possible sur une formule atomique, β ne peut pas être un challenge contre α.

(c) Si α est lui-même un challenge, alors β ne peut pas être une défense face au coup α. Effectivement, si α est un challenge, il ne peut être un challenge que contre une négation (c'est la seule forme de challenge qui se traduit par l'énoncé d'une formule) et il n'y a pas de défense possible dans ce cas.

(d) Par conséquent le coup β de l'**O**pposant doit être une réaction à un précédent coup du **P**roposant.

  ⋄ Si β est un challenge :

  – il existe un coup γ du **P**roposant sur lequel porte le coup β de l'**O**pposant,

  – après le coup γ du **P**roposant, l'**O**pposant avait le choix entre le coup β et le coup δ qui suit immédiatement γ dans d_Δ,

  – mais le coup β ne peut pas être une réaction vis-à-vis du coup γ : en raison du rang répétition ($m := 1$) de l'**O**pposant, puisque δ est déjà un challenge face au coup γ du **P**roposant, β ne peut pas être une répétition de ce challenge.

  Par conséquent, si le coup β de l'**O**pposant est un challenge en réaction à un coup précédent du **P**roposant, cette réaction concerne un coup ε du **P**roposant précédant le coup γ.

  ⋄ Si β est une défense :

- il existe un coup γ du **P**roposant dont β est la défense
- par conséquent, après le coup γ, l'**O**pposant a le choix entre le coup β et un coup δ qui suit γ dans d_Δ,
- mais le coup β ne peut pas être une réaction vis-à-vis de γ : en raison du rang de répétition ($m := 1$) de l'**O**pposant, puisque δ est déjà une défense face au coup γ du **P**roposant, β ne peut pas être une répétition de cette défense.

Par conséquent, si le coup β de l'**O**pposant est une défense en réaction à un coup précédent du **P**roposant, cette réaction concerne un coup ε du **P**roposant précédant le coup γ.

Ce raisonnement peut être poursuivi jusqu'au début de la partie de d_Δ : on peut ainsi montrer que le coup β de l'**O**pposant ne peut pas être une réaction au coup ε mais qu'il doit (pour les mêmes raisons que précédemment) être une réaction face à un précédent coup ζ et ainsi de suite. A chaque étape, l'**O**pposant est supposé avoir le choix entre deux coups possibles : celui qu'il a effectivement joué et celui qu'il aurait pu jouer, le premier empêchant le second d'apparaître dans la même partie d_Δ. En remontant jusqu'au début de la partie, cette procédure se heurte au choix de rang de répétition du **P**roposant. L'unique coup précédent ce choix est alors la thèse Δ elle-même. En dernier lieu, le choix de l'**O**pposant serait une réaction face à la thèse Δ, mais en raison de son rang de répétition ($m := 1$), le choix qu'il a effectivement fait et β ne peuvent pas appartenir au même d_Δ. Par conséquent, β ne peut pas être une réaction face à un précédent coup du **P**roposant. En d'autres termes, (d) mène à une contradiction. Ceci joint à (b) et (c), il suit que (a) mène à une contradiction : il n'existe pas de coup β qui puisse suivre le coup atomique α du **P**roposant ; ce qui, conformément à la règle de victoire **SR-3**, contredit le fait que le **P**roposant ne gagne pas d_Δ (Hypothèse 3).

$\square$

Théorème de correction

Théorème 1. *Si le **P**roposant gagne d_Δ avec les règles de **DEMAL** alors Δ est une formule valide au regard de la logique **PAC**.*

Démonstration. Nous prouvons la correction par contraposition, c'est-à-dire en prouvant que s'il existe un $(\mathcal{M}, i)$ tel que $\neg\Delta$ est satisfiable dans $(\mathcal{M}, i)$, alors le **P**roposant perd d_Δ. Il suit du Lemme 1 que si $\neg\Delta$ est satisfiable alors le **P**roposant perd :

Hypothèse 4. Soit une partie d_Δ telle que $\neg\Delta$ est satisfiable dans $(\mathcal{M}, i)$ et que le **Proposant** gagne.

1. Par définition de la règle de victoire **SR-3** et de l'Hypothèse 4, il suit que le **Proposant** joue le dernier coup de la partie.
2. Par (1) nous savons que le **Proposant** joue le dernier coup de d_Δ. Grâce au Lemme 2, nous savons que le dernier coup du **Proposant** est un coup atomique. Par la règle structurelle **SR-2**, nous savons que si le **Proposant** énonce une formule atomique, cette formule atomique a été énoncée en premier par l'**Opposant**.
3. De (2) et en vertu de la Définition 18, la partie d_Δ est close.
4. Par le Lemme 1 et (3) il suit qu'il existe un modèle épistémique $\mathcal{M}^\mathcal{A}$ tel que $\mathcal{M}^\mathcal{A}, i \vDash p$ et $\mathcal{M}^\mathcal{A}, i \vDash \neg p$, ce qui est une contradiction.

Par conséquent si le **Proposant** gagne d_Δ, il n'existe pas de modèle épistémique satisfaisant $\neg\Delta$.

$\square$

4.3.2 Complétude

Nous prouvons que **DEMAL** est complet au regard de **PAC** en montrant que si Δ est valide dans **PAC** alors le **Proposant** a une stratégie de victoire dans $\mathcal{D}_\Delta$ avec les règles de **DEMAL**. Nous démontrons cela par contraposition, c'est-à-dire que nous prouvons que si le **Proposant** perd d_Δ avec les règles de **DEMAL** alors Δ n'est pas une formule valide de **PAC**[90]. Pour prouver la complétude de **DEMAL** les Définitions 24 et 25 ainsi que le Lemme 3 sont requis.

Définition 24 (Un dialogue étendu). Un dialogue étendu $\mathfrak{D}_\Delta$ est une partie d_Δ au cours de laquelle le **Proposant** peut challenger autant de fois qu'il en a besoin les opérateurs épistémiques[91]. Un modèle $\mathcal{M}^\mathcal{A}$ est défini par $\langle \mathcal{W}^\mathcal{A}, \mathcal{R}_a^\mathcal{A}, \mathcal{V}^\mathcal{A} \rangle$, où :

- $\mathcal{W}^\mathcal{A} = \{i \text{ tel que } \langle \mathbf{X} - \mathcal{A} | i : \varphi \rangle \in \mathfrak{D}_\Delta \}$,
- $\mathcal{R}_a^\mathcal{A} = $ la clôture réflexive et euclidienne de $\{i_a j\}$ tel que pour chaque agent $a \in Ag$,
- $\mathcal{V}_p^\mathcal{A} = \{i \text{ tel que } \langle \mathbf{O} - \mathcal{A} | i : p \rangle \in \mathfrak{D}_\Delta \}$.

---

90. Nous rappelons que nous avons présupposé que les joueurs sont des joueurs idéaux qui jouent toujours de manière optimale.

91. Les rangs de répétition sont mis de côté en ce qui concerne les opérateurs épistémiques dans la preuve de complétude. Dans le Théorème 2, nous montrons que si le **Proposant** peut gagner, il est suffisant qu'il choisisse un rang de répétition 2 pour gagner d_Δ, autrement dit il ne lui est pas nécessaire de challenger tous les points contextuels.

Mettre de côté la question des rangs de répétition peut produire des dialogues infinis. Mais "si φ est satisfiable alors φ est satisfiable dans un modèle ayant au plus $2^{|\varphi|}$ mondes possible"[92]. Il est donc suffisant de considérer uniquement un modèle fini, ce qui nous assure également que $\mathfrak{D}_\Delta$ sera de longueur finie.

Définition 25 (La longueur de φ). La longueur de φ est définie comme suit :
- $len(p) = 1$
- $len(\neg\varphi) = 1 + len(\varphi)$
- $len(\varphi \wedge \psi) = 1 + len(\varphi) + len(\psi)$
- $len(K_a\varphi) = 2 + len(\varphi)$
- $len(E_G\varphi) = 3 + len(\varphi)$
- $len(C_G\varphi) = 3 + len(\varphi)$
- $len([\varphi]\psi) = 2 + len(\varphi) + len(\psi)$

Lemme 3. *Si $\mathfrak{D}_\Delta$ est terminal et que le **Proposant** perd $\mathfrak{D}_\Delta$, alors il existe un modèle $(\mathcal{M}^\mathcal{A}, i)$ tel que :*

- *A tout coup $\langle \mathbf{O} - \mathcal{A}|i : \varphi\rangle \in \mathfrak{D}_\Delta$ correspond $\mathcal{M}^\mathcal{A}, i \vDash \varphi$, et*
- *A tout coup $\langle \mathbf{P} - \mathcal{A}|i : \varphi\rangle \in \mathfrak{D}_\Delta$ correspond $\mathcal{M}^\mathcal{A}, i \vDash \neg\varphi$.*

Démonstration. Nous procédons par induction sur la longueur de φ. Le cas de base porte sur les formules atomiques.

1. **Base :** $\varphi := p$
   Si $\langle \mathbf{X} - \mathcal{A}|i : p\rangle \in \mathfrak{D}_\Delta$, alors soit :
   1. $\mathbf{X} = \mathbf{O}$ alors $\mathcal{M}^\mathcal{A}, i \vDash p$ (Définition 24) ; ou
   2. $\mathbf{X} = \mathbf{P}$ alors $\langle \mathbf{O} - \mathcal{A}|i : p\rangle \in \mathfrak{D}_\Delta$ par **SR-2**[93] ; par conséquent, conformément au Lemme 2, nous savons que $\mathbf{P}$ gagne $\mathfrak{D}_\Delta$ puisqu'il joue un coup atomique, ce qui contredit l'hypothèse du Lemme 3.

2. **Hypothèse d'induction :**
   Si $len(\varphi) \leq n$ alors si $\langle \mathbf{X} - \mathcal{A}|i : \varphi\rangle \in \mathfrak{D}_\Delta$ et que $\mathbf{P}$ perd $\mathfrak{D}_\Delta$, il existe un modèle $(\mathcal{M}^\mathcal{A}, i)$ tel que :
   - A tout coup $\langle \mathbf{O} - \mathcal{A}|i : \varphi\rangle \in \mathfrak{D}_\Delta$ correspond $\mathcal{M}^\mathcal{A}, i \vDash \varphi$, et
   - A tout coup $\langle \mathbf{P} - \mathcal{A}|i : \varphi\rangle \in \mathfrak{D}_\Delta$ correspond $\mathcal{M}^\mathcal{A}, i \vDash \neg\varphi$.

---

92. Cf. le Théorème 3.2 (*Strong Finite Model Property*) dans Halpern et Moses (1992).

93. Cette règle nous garantit que cette proposition atomique a été énoncée en premier par l'**Opposant** car dans le cas contraire, elle ne pourrait être énoncée par le **Proposant**.

3. Pas inductif :

Supposons que $len(\varphi) = n+1$. Nous considérons alors huit cas différents, un cas pour chaque constante logique de $\mathcal{L}_{\mathbf{DEMAL}}$.

Cas 1 : $\varphi := \neg \alpha$
   Si $\langle \mathbf{X} - \mathcal{A} | i : \neg \alpha \rangle \in \mathfrak{D}_\Delta$ alors :
   $\langle \mathbf{Y} - \mathcal{A} | i : \alpha \rangle \in \mathfrak{D}_\Delta$, soit :

1. $\mathbf{Y} = \mathbf{O}$ donc $\mathcal{M}^\mathcal{A}, i \vDash \alpha$ (par l'Hypothèse d'Induction – H. I.) ; ou
2. $\mathbf{Y} = \mathbf{P}$ alors soit :

    (a) $\alpha \notin \mathcal{P}$: $\langle \mathbf{P} - \mathcal{A} | i : \alpha \rangle \in \mathfrak{D}_\Delta$ donc $\mathcal{M}^\mathcal{A}, i \vDash \neg \alpha$ (par H. I.) ; ou
    (b) $\alpha \in \mathcal{P}$:

     i. $\langle \mathbf{O} - \mathcal{A} | i : \alpha \rangle \notin \mathfrak{D}_\Delta$, donc $i \notin \mathcal{V}_\alpha^\mathcal{A}$ soit $\mathcal{M}^\mathcal{A}, i \vDash \neg \alpha$ (Définition 24)
     ii. $\langle \mathbf{O} - \mathcal{A} | i : \alpha \rangle \in \mathfrak{D}_\Delta$ donc $\mathbf{P}$ peut challenger la négation de $\mathbf{O}$, ce qui implique que $\langle \mathbf{P} - \mathcal{A} | i : \alpha \rangle \in \mathfrak{D}_\Delta$ et par le Lemme 2 $\mathbf{P}$ gagne $\mathfrak{D}_\Delta$, ce qui contredit l'hypothèse du Lemme 3.

Cas 2 : $\varphi := \alpha \wedge \beta$
   Si $\langle \mathbf{X} - \mathcal{A} | i : \alpha \wedge \beta \rangle \in \mathfrak{D}_\Delta$, alors :
   $\langle \mathbf{Y} - \mathcal{A} | i :?_{\wedge 1} \rangle \in \mathfrak{D}_\Delta$ ou $\langle \mathbf{Y} - \mathcal{A} | i :?_{\wedge 2} \rangle \in \mathfrak{D}_\Delta$.

1. Si $\mathbf{X} = \mathbf{O}$, $\mathbf{P}$ peut changer son challenge deux fois grâce à son rang de répétition ($n := 2$). Par conséquent :
   $\langle \mathbf{O} - \mathcal{A} | i : \alpha \rangle \in \mathfrak{D}_\Delta$ donc $\mathcal{M}^\mathcal{A}, i \vDash \alpha$ (par H. I.) ; et
   $\langle \mathbf{O} - \mathcal{A} | i : \beta \rangle \in \mathfrak{D}_\Delta$ donc $\mathcal{M}^\mathcal{A}, i \vDash \beta$ (par H. I.)
   ssi $\mathcal{M}^\mathcal{A}, i \vDash \alpha \wedge \beta$ (par la Définition 10).

2. Si $\mathbf{X} = \mathbf{P}$, $\mathbf{O}$ ne peut challenger qu'une seule fois à cause de son rang de répétition ($m := 1$). Nous considérons ici que l'Opposant challenge le premier conjoint [94].

    (a) Si $\alpha \notin \mathcal{P}$, alors :
    $\langle \mathbf{P} - \mathcal{A} | i : \alpha \rangle \in \mathfrak{D}_\Delta$ donc $\mathcal{M}^\mathcal{A}, i \vDash \neg \alpha$ (par H. I.)
    ssi $\mathcal{M}^\mathcal{A}, i \vDash \neg(\alpha \wedge \beta)$ (par la Définition 10).

    (b) Si $\alpha \in \mathcal{P}$ alors soit :

     i. $\langle \mathbf{O} - \mathcal{A} | i : \alpha \rangle \notin \mathfrak{D}_\Delta$, soit $i \notin \mathcal{V}_\alpha^\mathcal{A}$ alors $\mathcal{M}^\mathcal{A}, i \vDash \neg \alpha$ (par la Définition 24)
        ssi $\mathcal{M}^\mathcal{A}, i \vDash \neg(\alpha \wedge \beta)$ (par la Définition 10) ou

---

[94]. Le même raisonnement peut être utilisé dans le cas où l'Opposant choisit le second conjoint.

ii. $\langle \mathbf{O} - \mathcal{A}|i:\alpha\rangle \in \mathfrak{D}_\Delta$ donc $\mathbf{P}$ peut se défendre vis-à-vis du challenge de $\mathbf{O}$, ce qui implique que $\langle \mathbf{P} - \mathcal{A}|i:\alpha\rangle \in \mathfrak{D}_\Delta$ et par le Lemme 2 $\mathbf{P}$ gagne $\mathfrak{D}_\Delta$, ce qui contredit l'hypothèse du Lemme 3.

Cas 3 : $\varphi := \alpha \vee \beta$
Si $\langle \mathbf{X} - \mathcal{A}|i:\alpha \vee \beta\rangle \in \mathfrak{D}_\Delta$ alors :
$\langle \mathbf{Y} - \mathcal{A}|i:?_\vee\rangle \in \mathfrak{D}_\Delta$.

1. Si $\mathbf{X} = \mathbf{O}$, $\mathbf{O}$ ne peut se défendre qu'une seule fois à cause de son rang de répétition ($m := 1$).
   $\langle \mathbf{O} - \mathcal{A}|i:\alpha\rangle \in \mathfrak{D}_\Delta$ donc $\mathcal{M}^\mathcal{A}, i \vDash \alpha$ (par H. I.) ou
   $\langle \mathbf{O} - \mathcal{A}|i:\beta\rangle \in \mathfrak{D}_\Delta$ alors $\mathcal{M}^\mathcal{A}, i \vDash \beta$ (par H. I.)
   ssi $\mathcal{M}^\mathcal{A}, i \vDash (\alpha \vee \beta)$ (par la Définition 10).

2. Si $\mathbf{X} = \mathbf{P}$, $\mathbf{P}$ peut changer sa défense deux fois grâce à son rang de répétition ($n := 2$).

   (a) Si $\alpha \notin \mathcal{P}, \beta \notin \mathcal{P}$ alors :
       $\langle \mathbf{P} - \mathcal{A}|i:\alpha\rangle \in \mathfrak{D}_\Delta$ donc $\mathcal{M}^\mathcal{A}, i \vDash \neg\alpha$ (par H. I.) et
       $\langle \mathbf{P} - \mathcal{A}|i:\beta\rangle \in \mathfrak{D}_\Delta$ donc $\mathcal{M}^\mathcal{A}, i \vDash \neg\beta$ (par H. I.)
       ssi $\mathcal{M}^\mathcal{A}, i \vDash \neg(\alpha \vee \beta)$ (par la Définition 10).

   (b) Si $\alpha \in \mathcal{P}$ et $\beta \notin \mathcal{P}$ [95] alors :
       i. $\langle \mathbf{O} - \mathcal{A}|i:\alpha\rangle \notin \mathfrak{D}_\Delta$ soit $i \notin \mathcal{V}_\alpha^\mathcal{A}$ donc $\mathcal{M}^\mathcal{A}, i \vDash \neg\alpha$ (par la Définition 24) et
          $\langle \mathbf{P} - \mathcal{A}|i:\beta\rangle \in \mathfrak{D}_\Delta$ alors $\mathcal{M}^\mathcal{A}, i \vDash \neg\beta$ (par H. I.)
          ssi $\mathcal{M}^\mathcal{A}, i \vDash \neg(\alpha \vee \beta)$ (par la Définition 10) ; ou
       ii. $\langle \mathbf{O} - \mathcal{A}|i:\alpha\rangle \in \mathfrak{D}_\Delta$ donc $\mathbf{P}$ peut se défendre vis-à-vis du challenge de $\mathbf{O}$, ce qui implique que $\langle \mathbf{P} - \mathcal{A}|i:\alpha\rangle \in \mathfrak{D}_\Delta$ et par le Lemme 2 $\mathbf{P}$ gagne $\mathfrak{D}_\Delta$, ce qui contredit l'hypothèse du Lemme 3.

   (c) Si $\alpha \in \mathcal{P}$ et $\beta \in \mathcal{P}$ [96] alors :
       i. $\langle \mathbf{O} - \mathcal{A}|i:\alpha\rangle \notin \mathfrak{D}_\Delta$ soit $i \notin \mathcal{V}_\alpha^\mathcal{A}$ alors $\mathcal{M}^\mathcal{A}, i \vDash \neg\alpha$ (par la Définition 24)
          ssi $\mathcal{M}^\mathcal{A}, i \vDash \neg(\alpha \vee \beta)$ (par la Définition 10) ; ou
       ii. $\langle \mathbf{O} - \mathcal{A}|i:\alpha\rangle \in \mathfrak{D}_\Delta$, donc $\mathbf{P}$ peut se défendre vis-à-vis du challenge de $\mathbf{O}$, ce qui implique que $\langle \mathbf{P} - \mathcal{A}|i:\alpha\rangle \in \mathfrak{D}_\Delta$ et par le Lemme 2 $\mathbf{P}$ gagne $\mathfrak{D}_\Delta$, ce qui contredit l'hypothèse du Lemme 3.

---

95. Le même raisonnement peut être utilisé dans le cas où $\alpha \notin \mathcal{P}$ et $\beta \in \mathcal{P}$.
96. Nous ne montrons que le raisonnement pour α. La procédure est strictement similaire pour β.

Cas 4 : $\varphi := K_a\alpha$

Si $\langle \mathbf{X} - \mathcal{A}|i : K_a\alpha \rangle \in \mathfrak{D}_\Delta$ alors :

$\langle \mathbf{Y} - \mathcal{A}|i :?_j \rangle \in \mathfrak{D}_\Delta$ pour tout point contextuel j.

1. Si $\mathbf{X} = \mathbf{O}$, alors :

   $\langle \mathbf{O} - \mathcal{A}|i_a j : \alpha \rangle \in \mathfrak{D}_\Delta$ alors $\mathcal{M}^\mathcal{A}, j \vDash \alpha$ (par H. I.). Par l'hypothèse du Lemme 3 le dialogue $\mathfrak{D}_\Delta$ est terminal par conséquent :

   $\langle \mathbf{O} - \mathcal{A}|i_a k : \alpha \rangle \in \mathfrak{D}_\Delta$ alors $\mathcal{M}^\mathcal{A}, k \vDash \alpha$ (par H. I.), et

   $\vdots$

   $\langle \mathbf{O} - \mathcal{A}|i_a l : \alpha \rangle \in \mathfrak{D}_\Delta$ alors $\mathcal{M}^\mathcal{A}, l \vDash \alpha$ (par H. I.)

   pour tout point contextuel j respectant **SR-K**

   ssi $\mathcal{M}^\mathcal{A}, i \vDash K_a\alpha$ (par la Définition 10).

2. Si $\mathbf{X} = \mathbf{P}$, alors :

   (a) Si $\alpha \notin \mathcal{P}$ alors :

   $\langle \mathbf{P} - \mathcal{A}|i_a j : \alpha \rangle \in \mathfrak{D}_\Delta$ alors $\mathcal{M}^\mathcal{A}, j \vDash \neg\alpha$ (par H. I.)

   pour au moins un point contextuel j respectant **SR-K**

   ssi $\mathcal{M}^\mathcal{A}, i \vDash \neg K_a\alpha$ (par la Définition 10).

   (b) Si $\alpha \in \mathcal{P}$ alors soit :

   i. $\langle \mathbf{O} - \mathcal{A}|i_a j : \alpha \rangle \notin \mathfrak{D}_\Delta$ soit $j \notin \mathcal{V}_\alpha^\mathcal{A}$ alors $\mathcal{M}^\mathcal{A}, j \vDash \neg\alpha$ (par la Définition 24)

   ssi $\mathcal{M}^\mathcal{A}, i \vDash \neg K_a\alpha$ (par la Définition 10) ; ou

   ii. $\langle \mathbf{O} - \mathcal{A}|i_a j : \alpha \rangle \in \mathfrak{D}_\Delta$, donc **P** peut se défendre vis-à-vis du challenge de **O**, ce qui implique que $\langle \mathbf{P} - \mathcal{A}|i : \alpha \rangle \in \mathfrak{D}_\Delta$ et par le Lemme 2 **P** gagne $\mathfrak{D}_\Delta$, ce qui contredit l'hypothèse du Lemme 3.

Cas 5 : $\varphi := E_G\alpha$

Si $\langle \mathbf{X} - \mathcal{A}|i : E_G\alpha \rangle \in \mathfrak{D}_\Delta$ alors :

$\langle \mathbf{Y} - \mathcal{A}|i :?_{a_1} \rangle \in \mathfrak{D}_\Delta$ pour tout agent $a_1, ..., a_m \in G$.

1. Si $\mathbf{X} = \mathbf{O}$, alors :

   $\langle \mathbf{O} - \mathcal{A}|i : K_{a_1}\alpha \rangle \in \mathfrak{D}_\Delta$ donc $\mathcal{M}^\mathcal{A}, i \vDash K_{a_1}\alpha$ (par H. I.). Par l'hypothèse du Lemme 3 le dialogue $\mathfrak{D}_\Delta$ est terminal par conséquent :

   $\langle \mathbf{O} - \mathcal{A}|i : K_{a_2}\alpha \rangle \in \mathfrak{D}_\Delta$ donc $\mathcal{M}^\mathcal{A}, i \vDash K_{a_2}\alpha$ (par H. I.), et

   $\vdots$

   $\langle \mathbf{O} - \mathcal{A}|i : K_{a_m}\alpha \rangle \in \mathfrak{D}_\Delta$ donc $\mathcal{M}^\mathcal{A}, i \vDash K_{a_m}\alpha$ (par H. I.)

   pour tout agent $a_1, ..., a_m \in G$,

   ssi $\mathcal{M}^\mathcal{A}, i \vDash E_G\alpha$ (par la Définition 10).

2. Si $\mathbf{X} = \mathbf{P}$, alors :

$\langle \mathbf{P} - \mathcal{A}|i : K_{a_1}\alpha \rangle \in \mathfrak{D}_\Delta$ donc $\mathcal{M}^\mathcal{A}, i \vDash \neg K_{a_1}\alpha$ (par H. I.)

pour au moins un agent $a_1, ..., a_m \in G$,

ssi $\mathcal{M}^\mathcal{A}, i \vDash \neg E_G \alpha$ (par la Définition 10).

Cas 6 : $\varphi := C_G \alpha$

Si $\langle \mathbf{X} - \mathcal{A}|i : C_G\alpha \rangle \in \mathfrak{D}_\Delta$ alors :

$\langle \mathbf{Y} - \mathcal{A}|i :? \tau \rangle \in \mathfrak{D}_\Delta$ pour tout $\tau = <a_1...a_m> \in G^*$.

Nous procédons par induction sur la longueur de τ.

1. **Base** : $len(\tau) = 0$.

    (a) Si $\mathbf{X} = \mathbf{O}$ alors, :

    $\langle \mathbf{O} - \mathcal{A}|i : \alpha \rangle \in \mathfrak{D}_\Delta$ donc $\mathcal{M}^\mathcal{A}, i \vDash \alpha$ (par H. I.).

    (b) Si $\mathbf{X} = \mathbf{P}$ alors soit :

    i. Si $\alpha \notin \mathcal{P}$ alors :

    $\langle \mathbf{P} - \mathcal{A}|i : \alpha \rangle \in \mathfrak{D}_\Delta$ donc $\mathcal{M}^\mathcal{A}, i \vDash \neg\alpha$ (par H. I).

    ii. Si $\alpha \in \mathcal{P}$ alors soit :

    A. $\langle \mathbf{O} - \mathcal{A}|i : \alpha \rangle \notin \mathfrak{D}_\Delta$ soit $i \notin \mathcal{V}_\alpha^\mathcal{A}$ (par la Définition 24) donc $\mathcal{M}^\mathcal{A}, i \vDash \neg\alpha$; ou

    B. $\langle \mathbf{O} - \mathcal{A}|i : \alpha \rangle \in \mathfrak{D}_\Delta$, donc $\mathbf{P}$ peut se défendre vis-à-vis du challenge de $\mathbf{O}$, ce qui implique que $\langle \mathbf{P} - \mathcal{A}|i : \alpha \rangle \in \mathfrak{D}_\Delta$ et par le Lemme 2 $\mathbf{P}$ gagne $\mathfrak{D}_\Delta$, ce qui contredit l'hypothèse du Lemme 3.

2. **Hypothèse d'induction** : Si $len(\tau) = r$ alors le même raisonnement tient.

3. **Pas inductif** : Si $len(\tau) \geq r + 1$.

    (a) Si $\mathbf{X} = \mathbf{O}$ alors :

    $\langle \mathbf{O} - \mathcal{A}|i : K_{a_1}...K_{a_{m+1}}\alpha \rangle \in \mathfrak{D}_\Delta$. Par hypothèse le dialogue est terminal alors par application de la règle de particule de l'opérateur de connaissance individuelle K_a, nous obtenons :

    $\langle \mathbf{O} - \mathcal{A}|i_{a_1}j : K_{a_2}...K_{a_{m+1}}\alpha \rangle \in \mathfrak{D}_\Delta$, et

    $\vdots$

    $\langle \mathbf{O} - \mathcal{A}|i_{a_1}j...l_{a_{m+1}}k : \alpha \rangle \in \mathfrak{D}_\Delta$ donc $\mathcal{M}^\mathcal{A}, i_{a_1}j...l_{a_{m+1}}k \vDash \alpha$ (par H. I.) pour toute séquence d'agents telle que $<a_1...a_{m+1}> \in G^*$

    ssi $\mathcal{M}^\mathcal{A}, i \vDash C_G \alpha$ (par la Définition 10).

(b) Si $\mathbf{X} = \mathbf{P}$ alors :

$\langle \mathbf{P} - \mathcal{A}|i : K_{a_1}...K_{a_{m+1}}\alpha\rangle \in \mathfrak{D}_\Delta$. Par hypothèse le dialogue est terminal alors par application de la règle de particule de l'opérateur de connaissance individuelle K_a, nous obtenons :

$\langle \mathbf{P} - \mathcal{A}|i_{a_1}j : K_{a_2}...K_{a_{m+1}}\alpha\rangle \in \mathfrak{D}_\Delta$, et

$\vdots$

$\langle \mathbf{P} - \mathcal{A}|i_{a_1}j...l_{a_{m+1}}k : \alpha\rangle \in \mathfrak{D}_\Delta$ donc $\mathcal{M}^\mathcal{A}, i_{a_1}j...l_{a_{m+1}}k \models \neg\alpha$ (par H. I.) pour au moins une séquence d'agents $< a_1...a_{m+1} >\in G^*$

ssi $\mathcal{M}^\mathcal{A}, i \models \neg C_G \alpha$ (par la Définition 10).

Cas 7 : $\varphi := [\alpha]\beta$

Si $\langle \mathbf{X} - \mathcal{A}|i : [\alpha]\beta\rangle \in \mathfrak{D}_\Delta$ alors :
$\langle \mathbf{Y} - \mathcal{A}|i :?_{[\ ]}\rangle \in \mathfrak{D}_\Delta$.

1. Si $\mathbf{X} = \mathbf{O}$, $\mathbf{O}$ ne peut se défendre qu'une seule fois à cause de son rang de répétition ($m := 1$) donc :

   $\langle \mathbf{O} - \mathcal{A}|i : \neg\alpha\rangle \in \mathfrak{D}_\Delta$ donc $\mathcal{M}^\mathcal{A}, i \models \neg\alpha$ (par H. I.) ou
   $\langle \mathbf{O} - \mathcal{A} \bullet \alpha|i : \beta\rangle \in \mathfrak{D}_\Delta$ donc $\mathcal{M}^{\mathcal{A}\bullet\alpha}, i \models \beta$ (par H. I.)
   ssi $\mathcal{M}^\mathcal{A}, i \models [\alpha]\beta$ (par la Définition 10).

2. Si $\mathbf{X} = \mathbf{P}$, $\mathbf{P}$ peut changer sa défense deux fois grâce à son rang de répétition ($n := 2$) donc :

   $\langle \mathbf{P} - \mathcal{A}|i : \neg\alpha\rangle \in \mathfrak{D}_\Delta$ donc $\mathcal{M}^\mathcal{A}, i \models \alpha$ (par H. I.) et

   (a) si $\beta \notin \mathcal{P}$ alors :

   $\langle \mathbf{P} - \mathcal{A} \bullet \alpha|i : \beta\rangle \in \mathfrak{D}_\Delta$, donc $\mathcal{M}^{\mathcal{A}\bullet\alpha}, i \models \neg\beta$ (par H. I.)
   ssi $\mathcal{M}^\mathcal{A}, i \models \neg[\alpha]\beta$ (par la Définition 10).

   (b) si $\beta \in \mathcal{P}$ alors soit :

   i. $\langle \mathbf{O} - \mathcal{A}|i : \beta\rangle \notin \mathfrak{D}_\Delta$ soit $i \notin \mathcal{V}_\beta^\mathcal{A}$ donc $\mathcal{M}^\mathcal{A}, i \models \neg\beta$ (par la Définition 24)
   ssi $\mathcal{M}^\mathcal{A}, i \models \neg[\alpha]\beta$ (par la Définition 10) ; ou

   ii. $\langle \mathbf{O} - \mathcal{A}\bullet\alpha|i : \beta\rangle \in \mathfrak{D}_\Delta$, donc $\mathbf{P}$ peut se défendre vis-à-vis du challenge de $\mathbf{O}$, ce qui implique que $\langle \mathbf{P} - \mathcal{A}\bullet\alpha|i : \beta\rangle \in \mathfrak{D}_\Delta$ et par le Lemme 2 $\mathbf{P}$ gagne $\mathfrak{D}_\Delta$, ce qui contredit l'hypothèse du Lemme 3.

Cas 8 : $\varphi := \langle\alpha\rangle\beta$

Si $\langle \mathbf{X} - \mathcal{A}|i : \langle\alpha\rangle\beta\rangle \in \mathfrak{D}_\Delta$ alors :
$\langle \mathbf{Y} - \mathcal{A}|i :?_{\langle\ \rangle 1}\rangle \in \mathfrak{D}_\Delta$, ou $\langle \mathbf{Y} - \mathcal{A}|i :?_{\langle\ \rangle 2}\rangle \in \mathfrak{D}_\Delta$.

1. Si $\mathbf{X} = \mathbf{O}$, $\mathbf{P}$ peut changer son challenge deux fois grâce à son rang de répétition ($n := 2$) donc :

$\langle \mathbf{O} - \mathcal{A}|i : \alpha \rangle \in \mathfrak{D}_\Delta$ donc $\mathcal{M}^\mathcal{A}, i \vDash \alpha$ (par H. I.) et
$\langle \mathbf{O} - \mathcal{A} \bullet \alpha|i : \beta \rangle \in \mathfrak{D}_\Delta$ donc $\mathcal{M}^{\mathcal{A}\bullet\alpha}, i \vDash \beta$ (par H. I.).
ssi $\mathcal{M}^\mathcal{A}, i \vDash \langle \alpha \rangle \beta$ (par la Définition 10).

2. Si $\mathbf{X} = \mathbf{P}$, $\mathbf{O}$ ne peut challenger qu'une seule fois à cause de son rang de répétition ($m := 1$). Considérons que $\mathbf{O}$ challenge la première partie[97]. Par conséquent :

   (a) Si $\alpha \notin \mathcal{P}$ alors :
   $\langle \mathbf{P} - \mathcal{A}|i : \alpha \rangle \in \mathfrak{D}_\Delta$ donc $\mathcal{M}^\mathcal{A}, i \vDash \neg\alpha$ (par H. I.)
   ssi $\mathcal{M}^\mathcal{A}, i \vDash \neg\langle \alpha \rangle \beta$ (par la Définition 10).

   (b) Si $\alpha \in \mathcal{P}$ alors soit :

   i. $\langle \mathbf{O} - \mathcal{A}|i : \alpha \rangle \notin \mathfrak{D}_\Delta$, soit $i \notin \mathcal{V}_\alpha^\mathcal{A}$ donc $\mathcal{M}^\mathcal{A}, i \vDash \neg\alpha$ (par la Définition 24)
   ssi $\mathcal{M}^\mathcal{A}, i \vDash \neg\langle \alpha \rangle \beta$ (par la Définition 10) ;

   ii. $\langle \mathbf{O} - \mathcal{A}|i : \alpha \rangle \in \mathfrak{D}_\Delta$, donc $\mathbf{P}$ peut se défendre vis-à-vis du challenge de $\mathbf{O}$, ce qui implique que $\langle \mathbf{P} - \mathcal{A}|i : \alpha \rangle \in \mathfrak{D}_\Delta$ et par le Lemme 2 $\mathbf{P}$ gagne $\mathfrak{D}_\Delta$, ce qui contredit l'hypothèse du Lemme 3.

   □

Pour la démonstration du Lemme 3, nous avons assumé que les joueurs peuvent changer autant de fois que nécessaire une défense ou un challenge sur un opérateur épistémique. Parce qu'il autorise un test de toutes les situations possibles constitutives d'un modèle épistémique, ce nombre indéfini de répétitions permet d'établir une parfaite correspondance entre les coups possibles et développés dans le cours d'une partie $\mathfrak{D}_\Delta$ et un modèle ($\mathcal{M}^\mathcal{A}$) satisfaisant Δ. Dans le théorème suivant, nous démontrons qu'il est suffisant de considérer une partie d_Δ où **Opposant** et **Proposant** ont respectivement un rang de répétition $m := 1$ et $n := 2$.

Théorème 2. *Le rang de répétition optimal pour le **Proposant** est 2 alors qu'il est de 1 pour l'**Opposant**.*

Démonstration. Nous prouvons ce théorème par induction sur la longueur d'une formule φ dans la portée d'un opérateur K_a.

1. **Base** : Nous montrons que si le **Proposant** gagne $\mathfrak{D}_\Delta$, alors un rang de répétition 1 est suffisant contre une formule $K_a\varphi$ de l'**Opposant** où $len(\varphi) = 1$.

   Soit :

---

97. Le raisonnement est similaire si $\mathbf{O}$ choisit la seconde partie.

$\langle \mathbf{O} - \mathcal{A}|i : K_a\varphi \rangle \in \mathfrak{D}_\Delta$
$\langle \mathbf{P} - \mathcal{A}|i :?_i \rangle \in \mathfrak{D}_\Delta$ ou $\langle \mathbf{P} - \mathcal{A}|i :?_{i'} \rangle \in \mathfrak{D}_\Delta$, donc
$\langle \mathbf{O} - \mathcal{A}|i_a i : \varphi \rangle \in \mathfrak{D}_\Delta$ ou $\langle \mathbf{O} - \mathcal{A}|i_a i' : \varphi \rangle \in \mathfrak{D}_\Delta$. Dans la mesure où la formule φ est atomique, elle peut être utilisée uniquement dans le point contextuel choisi par le **Proposant** – dans le point contextuel $i_a i$ préfixé de la liste $\mathcal{A}$ ou dans le point contextuel $i_a i'$ préfixé de la liste $\mathcal{A}$. Mais si le **Proposant** gagne $\mathfrak{D}_\Delta$, nous n'avons besoin de considérer que le choix i ou i' qui le mène à la victoire. L'autre choix peut être ignoré.

2. **Hypothèse d'induction** : Si le **Proposant** gagne $\mathfrak{D}_\Delta$, alors si $len(\varphi) = n$, le **Proposant** peut gagner contre une formule $K_a\varphi$ de l'**Opposant** avec un rang de répétition $n := 1$.

3. **Pas inductif** : Nous montrons que si le **Proposant** gagne $\mathfrak{D}_\Delta$, alors un rang de répétition 1 est suffisant contre une formule $K_a\varphi$ de l'**Opposant** où $len(\varphi) \geq n + 1$.
Soit :
$\langle \mathbf{O} - \mathcal{A}|i : K_a\varphi \rangle \in \mathfrak{D}_\Delta$
$\langle \mathbf{P} - \mathcal{A}|i :?i \rangle \in \mathfrak{D}_\Delta$ ou $\langle \mathbf{P} - \mathcal{A}|i :?i' \rangle \in \mathfrak{D}_\Delta$, donc
$\langle \mathbf{O} - \mathcal{A}|i_a i : K_a\varphi \rangle \in \mathfrak{D}_\Delta$ ou $\langle \mathbf{O} - \mathcal{A}|i_a i' : K_a\varphi \rangle \in \mathfrak{D}_\Delta$.
Parce que le **Proposant** peut indifféremment choisir le point contextuel i' depuis i et vice-et-versa (grâce à la règle **SR-K**), les coups $\langle \mathbf{O} - \mathcal{A}|i_a i : K_a\varphi \rangle$ et $\langle \mathbf{O} - \mathcal{A}|i_a i' : K_a\varphi \rangle$ sont identiques. Par conséquent, nous n'avons besoin de considérer qu'un choix du **Proposant**, c'est-à-dire i ou i'.

□

Si le **Proposant** gagne $\mathfrak{D}_\Delta$, un rang de répétition 1 est suffisant contre une formule $K_a\varphi$ de l'**Opposant**, quelle que soit la longueur de φ. La procédure développée pour prouver le Théorème 2 peut être utilisée pour démontrer qu'un rang de répétition 1 est également suffisant contre une formule $E_G\varphi$ ou $C_G\varphi$ de l'**Opposant**. Un rang de répétition 2 est requis pour le **Proposant** uniquement dans le but de challenger les deux conjoints d'une conjonction ou de répéter son challenge face au dual de l'opérateur d'annonce, de changer sa défense vis-à-vis d'une disjonction ou d'un opérateur d'annonce publique. Grâce à ce théorème, nous pouvons donc utiliser d_Δ au lieu de $\mathfrak{D}_\Delta$ pour la preuve du théorème de complétude ci-dessous.

Théorème de complétude

Théorème 3. *Si Δ est une formule valide, alors le **Proposant** gagne d_Δ.*

Démonstration. Nous prouvons ce théorème par contraposition, c'est-à-dire en montrant que si le **Proposant** perd d_Δ alors Δ n'est pas une formule valide. Par le Lemme 3 et le Théorème 2, si le **Proposant** perd d_Δ, alors il y a un modèle $(\mathcal{M}^\mathcal{A})$ tel que $\neg\Delta$ est satisfait dans $(\mathcal{M}^\mathcal{A})$. Par conséquent, il y a un modèle $(\mathcal{M}^\mathcal{A})$ tel que Δ n'est pas satisfait dans $(\mathcal{M}^\mathcal{A})$ et donc, Δ n'est pas une formule valide.

$\square$

4.4 Règles de particule alternatives

Dans la Section 4.2.2, nous avons présenté les règles de particule pour les connecteurs de la logique propositionnelle et les opérateurs épistémiques (opérateurs de connaissance et opérateurs d'annonce publiques). Nous présentons dans cette section quelques alternatives à la formulation de certaines des règles de particule de **DEMAL**.

4.4.1 Le conditionnel matériel

Dans les règles de particule que nous avons présentées dans la Section 4.2.2, nous n'avons pas utilisé la règle de particule pour le conditionnel matériel. Nous introduisons la règle de particule pour ce conditionnel comme la stricte contraction de deux règles : celle de la disjonction et celle de la négation – cf. Table 4.11 ci-dessous.

Charge et/ou objet du choix	Énoncé de **X**	Challenge de **Y**	Défense de **X**
$\vee$, le défenseur choisit le disjoint	$\mathcal{A}\|i : \neg\varphi \vee \psi$	$\mathcal{A}\|i :?_\vee$	$\mathcal{A}\|i : \neg\varphi$ ou $\mathcal{A}\|i : \psi$
$\neg$, aucune défense n'est possible	$\mathcal{A}\|i : \neg\varphi$	$\mathcal{A}\|i : \varphi$	$\otimes$

TABLE 4.11 – Disjonction et négation

Si un des disjoints comporte une négation ($\neg\varphi$) et que le défenseur **X** choisit ce disjoint pour se défendre, **Y** challenge cette défense en utilisant la règle de particule pour la négation et énonce cette formule sans la négation (soit φ). La Table 4.12 définit la règle de particule pour le conditionnel matériel comme contraction de ce mécanisme[98]. Cette règle peut, à ce titre, être ajoutée aux règles de **DEMAL**.

Charge et/ou objet du choix	Énoncé de **X**	Challenge de **Y**	Défense de **X**
$\varphi \to \psi$, le challengeur énonce l'antécédent alors que le défenseur énonce le conséquent	$\mathcal{A}\|i : \varphi \to \psi$	$\mathcal{A}\|i : \varphi$	$\mathcal{A}\|i : \psi$

TABLE 4.12 – Règle de particule pour le conditionnel matériel

Comprendre la règle de particule pour le conditionnel matériel à travers la règle de particule pour la disjonction couplée à celle pour la négation permet d'apporter un nouvel éclairage sur l'équivalence exprimée par l'axiome "Permanence atomique"[99]. La règle de particule pour l'opérateur d'annonce offre exactement les mêmes possibilités de défense que celle pour la disjonction couplée à celle de la négation (Table 4.11). Que ce soit pour une disjonction dont l'un des membres est une négation ($\neg\varphi \lor \psi$) ou un opérateur d'annonce ($[\varphi]\psi$) : soit **X** se défend avec $\neg\varphi$ et dans ce cas par suite **Y** énonce φ s'il challenge la négation, soit **X** se défend avec ψ. L'unique différence qui apparaît au niveau de la comparaison de ces règles réside dans l'ajout de φ à la liste d'annonces pour une défense de l'opérateur d'annonce avec ψ. Mais si l'on suppose que ψ ne contient pas d'opérateur épistémique, aucun choix de point contextuel ne peut être fait à partir de cette formule, la partie se poursuivra donc dans le même point contextuel[100]. Parce que ψ est une formule booléenne, annonce publique et conditionnel matériel se confonde. C'est précisément l'esprit de l'axiome cité ci-dessus.

4.4.2 L'opérateur de connaissance commune

Selon la règle de particule de l'opérateur de connaissance commune que nous avons proposée, lorsqu'un joueur **X** énonce que φ est une connaissance commune pour un groupe G dans une situation déterminée

---

98. Dans notre travail nous assumons que les joueurs jouent uniquement les coups stratégiquement pertinents pour eux. Nous supposons également un rang de répétition $m := 1$ et $n := 2$ respectivement pour l'**O**pposant et le **P**roposant. Ces deux suppositions permettent d'établir une stricte identité entre $\neg\varphi \lor \psi$ et $\varphi \to \psi$.

99. Cf. Chapitre 2, Table 2.3, p. 25.

100. Cf. Définition 19, Table 4.2 et Table 4.5. Seule la règle de l'opérateur épistémique K_a porte sur un choix de point contextuel.

i – soit : **X** - $\mathcal{A}|i$: $C_G\varphi$ – son adversaire **Y** challenge cet énoncé en choisissant une séquence d'agents. Le joueur ayant énoncé que φ est une connaissance commune doit alors défendre cette même formule φ mais qui est désormais dans la portée d'une séquence d'opérateurs de connaissance individuelle $K_a...K_n$ correspondant à la séquence d'agents choisie par son adversaire. Cette défense ne modifie pas le point contextuel, c'est-à-dire qu'elle est produite dans le point contextuel dans lequel la connaissance commune du groupe G a été énoncée (i). C'est la suite des challenges sur les opérateurs épistémiques de K_a à K_n qui va modifier le point contextuel. Du point contextuel i, le jeu se poursuit dans le point contextuel $i_a i'$ jusqu'au point contextuel $i_a i'...j_n j'$. C'est uniquement dans ce dernier point contextuel ($i_a i'...j_n j'$) que le joueur **X** devra défendre φ. La défense d'un énoncé portant sur une connaissance commune se produit en deux étapes :

1. le choix des agents, et
2. le choix des points contextuels pour les différents agents.

La règle alternative pour C_G. Nous avons choisi d'expliciter les deux étapes sus-mentionnées afin de rendre compte de la décomposition du savoir mais une règle moins explicite est possible[101]. Cette règle alternative contracte ces deux choix en un seul choix. C'est-à-dire que pour un énoncé $C_G\varphi$ de **X**, **Y**, au lieu de choisir une séquence d'agents et par suite un point contextuel pour chacun de ces agents, peut directement choisir une chaîne de points contextuels où **X** doit défendre φ. Nous illustrons cette règle dans la Table 4.13.

Charge et/ou objet du choix	Énoncé de **X**	Challenge de **Y**	Défense de **X**
C_G, le challengeur peut choisir une chaîne de points contextuels $i_{a_1} i'...j_{a_n} j'$, cette chaîne peut être vide	$\mathcal{A}|i : C_G\varphi$	$\mathcal{A}|i : ?_{i_{a_1} i'...j_{a_n} j'}$	$\mathcal{A}|i_{a_1} i'...j_{a_n} j' : \varphi$

TABLE 4.13 – Règle alternative pour la connaissance commune

---

101. Cette règle alternative suit d'une discussion avec M. Rebuschi lors du 14ième Congrès de Logique, Méthodologie et Philosophie de la Science à Nancy, 19-26 juillet 2011.

En contractant les deux types de choix possibles (séquence d'agents et points contextuels) en un seul choix (une chaîne de points contextuels) cette règle permet dans certains cas de réduire la longueur d'une partie. Par exemple, avec la règle que nous avons présentée pour **DEMAL**, si le challengeur choisit une séquence de n agents, n paires de challenge-défense seront produites pour obtenir la formule φ [102]. Autant de paires challenge-défense sont requises que d'agents choisis. Par contre, avec la règle alternative pour l'opérateur de connaissance commune, comme le choix des agents et des points contextuels sont contractés en un seul choix, le défenseur doit immédiatement produire sa défense dans le dernier point contextuel de la chaîne. Autrement dit, là où n paires de challenge-défense sont nécessaires, la règle alternative ne requière qu'une seule défense.

Esquisse de preuve pour la règle alternative. Dans la Section 4.3, nous avons présenté une preuve de correction et complétude de **DEMAL** par rapport à **PAC**. A partir de la démonstration que nous avons faite pour l'opérateur C_G et pour l'opérateur K_a – que ce soit pour la correction ou pour la complétude – il est aisé de se rendre compte que la règle présentée dans la Table 4.13 préserve la preuve de correction et de complétude produite car cette règle ne fait que contracter deux règles de **DEMAL**.

4.4.3 Règles de l'opérateur d'annonce publique

La règle de particule pour l'opérateur d'annonce publique peut elle aussi être formulée d'une manière différente. La formulation alternative de la règle de particule pour l'opérateur d'annonce publique nous a été suggérée par S. Rahman – Table 4.14. Si cette formulation alternative peut apparaître plus simple au premier abord, premièrement elle rend la preuve de correction et complétude plus délicate et deuxièmement elle perd trace des annonces qui sont faites dans le cours de la partie.

La règle de particule. Le joueur **X** a le choix, il peut :

1. contre-attaquer le challengeur en lui demandant d'énoncer φ ($[?_\varphi]$) et/ou
2. se défendre en énonçant ψ.

---

102. Si φ n'est pas atomique. Si φ est atomique et que le **P**roposant est le défenseur, il est possible qu'il y ait n paires de challenge-défense moins une défense si l'**O**pposant n'a pas (encore) concédé cet atome.

*Chapitre 4 : La dialogique **DEMAL***

Charge et/ou objet du choix	Énoncé de **X**	Challenge de **Y**	Défense de **X**
$[\varphi]\psi$, le défenseur a le choix	$i : [\varphi]\psi$	$i : ?_{[\ ]}$	$i : [?_\varphi]$ ou $i : \psi$

TABLE 4.14 – Règle alternative pour l'opérateur d'annonce publique

La contre-attaque. Lorsque le défenseur choisit de contraindre son adversaire à énoncer φ, une autre règle de particule encadrant cet échange doit être précisée. Cette précision est apportée dans la Table 4.15.

Challenge de **X**	Défense de **Y**
$i : [?_\varphi]$	$i : \varphi$

TABLE 4.15 – Complément de la règle de particule Table 4.14

Cette règle de particule pour l'opérateur d'annonce apparaît dialogiquement comme étant plus naturelle car là où la règle que nous avons proposée s'émancipe du principe de sous-formule (avec la défense de **X** par $\neg\varphi$), la règle alternative le préserve. Cette règle offre une contre-attaque renvoyant la charge de la défense de la formule annoncée à la partie adverse (**Y**). Pour un énoncé de type $[\varphi]\psi$ de **X**, que ce soit avec $\neg\varphi$ ou $[?_\varphi]$, dans la formulation des règles la charge de φ revient au challengeur **Y**.

La défense. Si le joueur **X** ne choisit pas de contre-attaquer mais se défend avec ψ, deux règles structurelles doivent être précisées – Table 4.16 et 4.17.

Les règles structurelles. Une première règle (Table 4.16) vient préciser que, à la suite d'une défense ψ face à un challenge sur un opérateur d'annonce publique $[\varphi]\psi$, φ doit pouvoir être défendu dans tous les points contextuels. Une seconde règle structurelle (Table 4.17) doit porter sur les points contextuels choisis avant le challenge sur l'opérateur d'annonce et permet de distinguer les points contextuels qui ne pourront plus être utilisés à la suite de ce coup. Ces deux règles structurelles peuvent être rapprochées de la règle **SR-A** de **DEMAL**. Elles diffèrent néanmoins par le fait que les règles structurelles **SR-PA 1** et **2** se focalisent sur la question de l'introduction du point contextuel par rapport à la défense de l'annonce alors que la règle **SR-A** se concentre simplement sur le choix d'un point contextuel indépendamment de son introduction.

SR-PA.1 :	Si un joueur **X** énonce $[\varphi]\psi$ dans le point contextuel i et que ψ est une formule épistémique, alors **X** peut contraindre **Y** à énoncer φ dans chaque point contextuel que **Y** pourra introduire pour challenger ψ.

TABLE 4.16 – Règle structurelle d'annonce 1

SR-PA.2 :	Pour une formule $[\varphi]\psi$ énoncée dans le point contextuel i par le joueur **X** tel que ψ est une formule épistémique qui a déjà été challengée avec un point contextuel j, si **X** challenge l'opérateur épistémique avec le point contextuel j après l'annonce, **Y** peut contraindre **X** à énoncer la formule annoncée dans le point contextuel j.

TABLE 4.17 – Règle structurelle d'annonce 2

La règle structurelle **SR-PA1** permet à **X** de forcer **Y** à défendre une formule annoncée dans un point contextuel choisi après une défense vis-à-vis d'un opérateur d'annonce. Autrement dit après la défense d'un opérateur d'annonce, si **Y** introduit un point contextuel, il doit être en mesure de défendre la formule annoncée dans le point contextuel qu'il introduit. La règle **SR-PA2** a, quant à elle, pour but de tester la capacité d'un joueur à défendre la formule annoncée dans un point contextuel introduit avant l'annonce, si ce dernier choisit d'utiliser ce point contextuel après l'annonce. La règle **SR-A** de **DEMAL** permet de produire exactement ces mêmes tests sur les points contextuels : le joueur qui choisit un point contextuel après l'ajout d'une formule à la liste d'annonces peut se voir contraint de défendre la formule annoncée dans le point contextuel qu'il choisit.

Une différence apparaît de façon flagrante entre ces deux règles de particule pour cet opérateur : la liste d'annonces. La règle de particule utilisée pour **DEMAL** nécessite l'usage d'une liste d'annonce alors que la règle présentement discutée non.

Conclusion

Dans ce chapitre, nous avons formellement présenté **DEMAL** et nous l'avons illustré avec quelques exemples. Nous avons ensuite montré la correction et la complétude de **DEMAL** par rapport à la logique **PAC**. Néanmoins, certaines questions peuvent surgir à la suite de ce chapitre, notamment en raison des règles alternatives. Par exemple, la règle de particule alternative pour l'opérateur d'annonce publique et les deux règles structurelles qui lui sont associées n'imposent aucunement de recourir à la liste d'annonces comme nous l'avons fait dans **DEMAL**. Cette considération nous conduit à poser la question de la pertinence du recours à cette liste d'annonces, c'est principalement à cette question que le chapitre suivant est dédié.

Chapitre 5

De quelques spécificités de DEMAL

Résumé du chapitre : Dans ce chapitre nous interrogeons la pertinence de la liste d'annonces $\mathcal{A}$ définie dans la Section 4.2.1 du chapitre précédent et la notion d'*engagement* induite par le jeu sur les opérateurs d'annonces publiques dans un dialogue. A travers cette étude, c'est à la fois l'usage et la signification de la liste mais également la notion d'engagement imposée par cette liste qui sont précisés. Pour cela :
- Nous comparons des parties développées pour des formules avec annonces et leurs traductions respectives sans annonce. Cette réflexion nous mène à critiquer et réviser la formulation de notre règle SR-A.
- Nous mettons en lumière les principaux aspects de la liste d'annonces ainsi que l'impact que cette liste peut avoir sur certaines règles structurelles – notamment sur la restriction atomique **SR-2**.
- La nature de l'engagement possiblement produit par une annonce nous conduit à distinguer *engagement dans la partie* et *engagement sur la partie*. Alors que le premier représente une condition locale sur la partie, le second représente une contrainte plus forte : une condition portée directement sur la continuation de la partie.
- Cette distinction nous permet de comprendre l'incidence épistémique des annonces publiques. Elle révèle également l'irréductibilité du dynamisme des annonces dans un dialogue.

5.1 Avec ou sans annonce ?

Nous venons de le voir, il est possible de proposer une règle de particule pour l'opérateur d'annonce sans avoir nécessairement recours à cette liste d'annonce que nous avons introduite dans le chapitre précédent. De plus, toutes les formules comportant au moins un opérateur d'annonce publique peuvent être traduites dans des formules équivalentes ne comportant pas d'opérateur d'annonce publique. Dans ce cas, pourquoi privilégier les formulations avec annonce(s) à celles sans annonce et choisir d'utiliser la liste d'annonces ? Pourquoi ne pas simplement porter notre intérêt sur les formules sans annonce publique ? Ou alors pourquoi ne pas simplement utiliser la règle de particule alternative pour l'opérateur d'annonce, c'est-à-dire celle qui ne nécessite pas de recourir à la liste ?

Afin de répondre à ces questions, nous réalisons une comparaison entre plusieurs formules comportant au moins un opérateur d'annonce publique et leurs traductions équivalentes sans annonce. En développant et en comparant les deux parties obtenues pour chacune des deux formulations, nous montrons l'apport conceptuel et précisons la pertinence du recours à la liste d'annonces. Nous opérons ce travail en deux temps : nous portons premièrement notre attention sur l'incidence de la liste au niveau de la partie, puis sur la notion d'engagement pris par les joueurs durant la partie.

5.1.1 Les algorithmes de traduction

La traduction d'une formule comportant une annonce publique en une formule équivalente démunie d'annonce publique est réalisable grâce aux algorithmes de traduction de la logique **PAL**. Lorsque l'on regarde attentivement ces algorithmes de traduction, il est aisé de se rendre compte que pour toute formule de $\mathcal{L}_{\mathbf{PA}}$, il existe une traduction équivalente sans annonce ; soit une traduction dans $\mathcal{L}_{\mathbf{EL}}$.

Les Définitions 26 et 27 ainsi que les Lemmes 4 et 5 qui suivent sont issus de *Dynamic Epistemic Logic*[103]. La Définition 27 et le Lemme 4 permettent de démontrer dans le Lemme 5 que bien que les algorithmes de la Définition 26 ne traduisent pas nécessairement la formule initiale en une sous-formule, la traduction est néanmoins correcte.

Définition 26 (Traduction). La traduction $t : \mathcal{L}_{\mathbf{PA}} \to \mathcal{L}_{\mathbf{EL}}$ est définie comme suit :

---

103. Cf. van Ditmarsch *et al.* (2007), Définitions 7.20 et 7.21 p. 186–187 ainsi que les Lemmes 7.22 et 7.24 p. 188–189.

$$\begin{aligned}
t(p) &= p \\
t(\neg\varphi) &= \neg t(\varphi) \\
t(\varphi \wedge \psi) &= t(\varphi) \wedge t(\psi) \\
t(K_a \varphi) &= K_a t(\varphi) \\
t([\varphi]p) &= t(\varphi \to p) \\
t([\varphi]\neg\psi) &= t(\varphi \to \neg[\varphi]\psi) \\
t([\varphi]\psi \wedge \chi) &= t([\varphi]\psi \wedge [\varphi]\chi) \\
t([\varphi]K_a\psi) &= t(\varphi \to K_a[\varphi]\psi) \\
t([\varphi][\psi]\chi) &= t([\varphi \wedge [\varphi]\psi]\chi)
\end{aligned}$$

Définition 27 (Complexité). La complexité $c : \mathcal{L}_{\mathbf{PA}} \to \mathbb{N}$ est définie comme suit :

$$\begin{aligned}
c(p) &= 1 \\
c(\neg\varphi) &= 1 + c(\varphi) \\
c(\varphi \wedge \psi) &= 1 + max(c(\varphi), c(\psi)) \\
c(K_a\varphi) &= 1 + c(\varphi) \\
c([\varphi]\psi) &= (4 + c(\varphi)) \cdot c(\psi)
\end{aligned}$$

Lemme 4. *Pour toutes formules φ, ψ, et χ :*

1. $c(\psi) \geq c(\varphi)$ *si* $\varphi \in Sub(\psi)$
2. $c([\varphi]p) > c(\varphi \to p)$
3. $c([\varphi]\neg\psi) > c(\varphi \to \neg[\varphi]\psi)$
4. $c([\varphi]\psi \wedge \chi) > c([\varphi]\psi \wedge [\varphi]\chi)$
5. $c([\varphi]K\psi) > c(\varphi \to K[\varphi]\psi)$
6. $c([\varphi][\psi]\chi) > c([\varphi \wedge [\varphi]\psi]\chi)$

Lemme 5. *Pour toute formule $\varphi \in \mathcal{L}_{\mathbf{PA}}$:*

$$\vdash \varphi \leftrightarrow t(\varphi)$$

5.1.2 Exercices de traduction

Nous allons donc nous servir des algorithmes de traduction de la Définition 26, afin d'obtenir à partir d'une formule avec annonces publiques, une formulation équivalente sans annonce publique. Nous porterons arbitrairement notre attention sur les trois formules suivantes :

1. $[p]K_a p,$

2. $[p \wedge q]K_a K_b K_c(p \vee r)$,

3. $[p][p \vee q]K_a(q \to p)$.

Conformément aux algorithmes de traduction, les formules (1), (2) et (3) sont traduites comme suit :

1. $t[p]K_a p$
   $= t(p \to K_a[p]p)$
   $= t(p \to K_a(p \to p))$

La formule « après l'annonce publique que p, l'agent a sait que p » est traduite dans la proposition suivante : « si p alors l'agent a sait que si p alors p ». Le conditionnel matériel obtenu représente à ce titre ce que nous nommons *conditionnel strict conditionné* dans l'Annexe A.4.3.

2. $t([p \wedge q]K_a K_b K_c(p \vee r))$
   $= t(p \wedge q \to K_a[p \wedge q]K_b K_c(p \vee r))$
   $= t(p \wedge q \to K_a(p \wedge q \to K_b[p \wedge q]K_c(p \vee r)))$
   $= t(p \wedge q \to K_a(p \wedge q \to K_b(p \wedge q \to K_c[p \wedge q](p \vee r))))$
   $= t(p \wedge q \to K_a(p \wedge q \to K_b(p \wedge q \to K_c(p \wedge q) \to (p \vee r))))$

3. $t([p][p \vee q]K_a(q \to p))$
   $= t([p][p \vee q]K_a(q \to p))$
   $= t([p \wedge [p](p \vee q)]K_a(q \to p))$
   $= t([p \wedge (p \to (p \vee q))]K_a(q \to p))$
   $= t((p \wedge (p \to (p \vee q))) \to K_a[p \wedge (p \to (p \vee q))](q \to p))$
   $= t((p \wedge (p \to (p \vee q))) \to K_a((p \wedge (p \to (p \vee q))) \to (q \to p)))$

Au lecteur est laissée la possibilité de comparer les deux interprétations obtenues pour les formules (2) et (3). Nous nous tournons désormais vers la comparaison dialogique des formules initiales et de leur traduction respective.

5.2 La confrontation par le dialogue

C'est donc à partir de la confrontation des dialogues ayant pour thèses les formules suivantes :

1. (a) $[p]K_a p$, et
   (b) $p \to K_a(p \to p)$,
2. (a) $[p \wedge q]K_a K_b K_c(p \vee r)$ et
   (b) $p \wedge q \to K_a(p \wedge q \to K_b(p \wedge q \to K_c(p \wedge q) \to (p \vee r)))$, et
3. (a) $[p][p \vee q]K_a(q \to p)$ et
   (b) $(p \wedge (p \to (p \vee q))) \to K_a((p \wedge (p \to (p \vee q))) \to (q \to p))$

que nous allons tâcher de montrer les avantages et intérêts que revêt l'usage de la liste d'annonces.

5.2.1 De "simples" annonces

Les parties se jouent en conformité avec les règles de **DEMAL** définies au Chapitre 4. Pour des raisons de concision nous dénommons les dialogues de la manière suivante :

- $d_{([p]K_a p)}$ = Partie 1.a
- $d_{(p \to K_a(p \to p))}$ = Partie 1.b,
- $d_{([p \wedge q]K_a K_b K_c(p \vee r))}$ = Partie 2.a, et
- $d_{(p \wedge q \to K_a(p \wedge q \to K_b(p \wedge q \to K_c(p \wedge q) \to (p \vee r))))}$ = Partie 2.b.

	O			P	
				$\epsilon\|1 : [p]K_a p$	0
	$m := 1$			$n := 2$	
1	$\epsilon\|1 : ?_{[\ ]}$	0		$\epsilon\|1 : \neg p$	2
3	$\epsilon\|1 : p$	2		$\otimes$	
				$p\|1 : K_a p$	4
5	$p\|1 : ?_2^a$	4		$p\|1_a 2 : p$	8
7	$\epsilon\|1_a 2 : p$		5	$\epsilon\|1_a 2 : !_{(p)}$	6

TABLE 5.1 – Annonce simple, partie 1.a

Explications de la partie Table 5.1 : Comme pour tout dialogue, le jeu commence par l'énonciation de la thèse par le **P**roposant au coup 0. L'opérateur principal étant une annonce publique, l'**O**pposant demande au **P**roposant s'il est prêt à s'engager dans la proposition contenue dans l'opérateur d'annonce pour la suite du jeu. Conformément à la règle de particule de l'opérateur d'annonce, le **P**roposant peut soit décliner cet engagement ; soit accepter de s'engager vis-à-vis de cette proposition et être obligé de défendre la postcondition de l'annonce. Le **P**roposant choisit de décliner cet engagement au coup 2, ce qui contraint l'**O**pposant à lui-même prendre en charge la proposition contenue dans l'opérateur d'annonce (coup 3 lorsqu'il challenge la négation). Par conséquent, puisque le **P**roposant peut se défendre en utilisant la proposition p introduite par l'**O**pposant, il change sa défense en réponse au coup 1. Il ajoute la proposition p dans la liste d'annonces et décide maintenant de défendre que l'agent a sait que p. A partir de la situation initiale du jeu (point contextuel 1), l'**O**pposant challenge ce dernier énoncé en imposant au **P**roposant de défendre le savoir de l'agent a dans le point contextuel 2. Le **P**roposant doit alors énoncer la proposition p dans le point contextuel choisi par son adversaire, mais la restriction atomique l'en empêche.

Cependant puisque l'**O**pposant a introduit le point contextuel 2 au coup 5, le **P**roposant peut utiliser la règle **SR-A** pour le contraindre à énoncer p dans le point contextuel choisi (coup 6) ; ce que l'**O**pposant fait au coup 7, permettant ainsi au **P**roposant de remporter le dialogue (coup 8).

	O			**P**	
				$1 : p \to K_a(p \to p)$	0
	$m := 1$			$n := 2$	
1	$1 : p$	0		$1 : K_a(p \to p)$	2
3	$1 : ?_2^a$	2		$1_a 2 : p \to p$	4
5	$1_a 2 : p$	4		$1_a 2 : p$	6

TABLE 5.2 – Annonce simple, partie 1.b

Explications de la partie Table 5.2 : En challengeant le conditionnel matériel, l'**O**pposant commence par concéder la proposition p dans la situation initiale (point contextuel 1), suite à quoi il introduit une nouvelle situation pour l'agent a (coup 3). Dans ce nouveau point contextuel, il concède à nouveau la proposition p en challengeant le conditionnel matériel du coup 4 (coup 5). Le **P**roposant doit alors défendre la proposition p dans le point contextuel 2, ce qu'il peut aisément faire grâce à la concession que l'**O**pposant vient de lui faire. Le **P**roposant remporte donc le dialogue au coup 6.

Parties 1.a et 1.b : quelle(s) différence(s) ? Dans les deux parties, l'**O**pposant commence par concéder la proposition p dans le point contextuel 1. Dans la partie avec annonce, cela permet au **P**roposant de changer sa défense pour ajouter p à la liste d'annonces. Dès lors que l'**O**pposant ouvre un nouveau point contextuel, il est permis au **P**roposant de contraindre l'**O**pposant à énoncer p dans ce point contextuel (via la règle **SR-A**). En revanche l'équivalent de cette formule sans annonce oblige l'**O**pposant à prendre en charge l'antécédent du conditionnel matériel – formule "annoncée" dans la version non conditionnalisée – dans tous les points contextuels nouveaux qu'il ouvre. Mais le jeu autorisé par la règle de l'opérateur d'annonce ainsi que la règle structurelle **SR-A** accroissent la longueur du dialogue. Nous reviendrons sur ce point dans la Section 5.2.2.

Observons donc à présent les parties 2.a et 2.b.

	O				P	
					$\epsilon\|1 : [p \wedge q]K_aK_bK_c(p \vee r)$	0
	$m := 1$				$n := 2$	
1	$\epsilon\|1 : ?_{[\ ]}$	0			$\epsilon\|1 :\neg(p \wedge q)$	2
3	$\epsilon\|1 : p \wedge q$	2			$\otimes$	
					$p \wedge q\|1 : K_aK_bK_c(p \vee r)$	4
5	$p \wedge q\|1 : ?_2^a$	4			$p \wedge q\|1_a2 : K_bK_c(p \vee r)$	6
7	$p \wedge q\|1_a2 : ?_3^b$	6			$p \wedge q\|1_a2_b3 : K_c(p \vee r)$	8
9	$p \wedge q\|1_a2_b3 : ?_4^c$	8			$p \wedge q\|1_a2_b3_c4 : p \vee r$	10
11	$p \wedge q\|1_a2_b3_c4 : ?_\vee$	10			$p \wedge q\|1_a2_b3_c4 : p$	16
13	$\epsilon\|1_a2_b3_c4 : p \wedge q$		11		$\epsilon\|1_a2_b3_c4 : !_{(p \wedge q)}$	12
15	$\epsilon\|1_a2_b3_c4 : p$		13		$\epsilon\|1_a2_b3_c4 : ?_{\wedge 1}$	14

TABLE 5.3 – Annonce simple, partie 2.a

Explications de la partie Table 5.3 : Comme dans la partie de la Table 5.1, le **P**roposant choisit de ne pas s'engager dans la proposition $p \wedge q$, laissant ainsi la charge de le faire à son adversaire (coups 1 à 3). Les coups 4 à 10 concernent des choix de points contextuels relatifs aux savoirs des agents a, b et c (respectivement les points contextuels 2, 3 et 4). Pour se défendre du challenge du coup 11, le **P**roposant a besoin d'asserter une proposition atomique, ce que la règle **SR-2** lui interdit. Mais une des deux propositions qu'il pourrait choisir pour sa défense se trouve être dans la liste d'annonces. Il choisit donc, au coup 12 via la règle **SR-A**, de forcer l'**O**pposant à satisfaire son engagement vis-à-vis de la proposition $p \wedge q$ dans la situation 4 (coup 13). Il lui suffit ensuite de choisir le conjoint correspondant à l'atome dont il a besoin pour sa défense (coup 14) et ainsi remporter le dialogue (coup 16).

Explications de la partie Table 5.4 : Les couples challenge / défense du coup 1 au coup 12 sont similaires. L'**O**pposant commence par concéder les antécédents des conditionnels matériels énoncés par le **P**roposant, puis il choisit un nouveau point contextuel. Les antécédents de ces conditionnels sont donc concédés dans chacun des points contextuels du jeu : dans les situations 1, 2, 3 et 4. Le jeu change dans la situation 4 (ouverte au coup 11) où l'**O**pposant challenge la disjonction (coup 15). Pour défendre cette disjonction, le **P**roposant a besoin d'un des conjoints atomiques appartenant à l'antécédent concédé au coup 13. Le **P**roposant choisit le conjoint approprié pour sa défense et remporte le dialogue au coup 18.

	O			P	
				$1 : p \wedge q \rightarrow K_a(p \wedge q \rightarrow K_b(p \wedge q \rightarrow K_c((p \wedge q) \rightarrow (p \vee r))))$	0
	$m := 1$			$n := 2$	
1	$1 : p \wedge q$	0		$1 : K_a(p \wedge q \rightarrow K_b(p \wedge q \rightarrow K_c((p \wedge q) \rightarrow (p \vee r))))$	2
3	$1 : ?_1^a$	2		$1_a 2 : p \wedge q \rightarrow K_b(p \wedge q \rightarrow K_c((p \wedge q) \rightarrow (p \vee r)))$	4
5	$1_a 2 : p \wedge q$	4		$1_a 2 : K_b(p \wedge q \rightarrow K_c((p \wedge q) \rightarrow (p \vee r)))$	6
7	$1_a 2 : ?_3^b$	6		$1_a 2_b 3 : p \wedge q \rightarrow K_c((p \wedge q) \rightarrow (p \vee r))$	8
9	$1_a 2_b 3 : p \wedge q$	8		$1_a 2_b 3 : K_c((p \wedge q) \rightarrow (p \vee r))$	10
11	$1_a 2_b 3 : ?_4^c$	10		$1_a 2_b 3_c 4 : (p \wedge q) \rightarrow (p \vee r)$	12
13	$1_a 2_b 3_c 4 : p \wedge q$	12		$1_a 2_b 3_c 4 : p \vee r$	14
15	$1_a 2_b 3_c 4 : ?_\vee$	14		$1_a 2_b 3_c 4 : p$	18
17	$1_a 2_b 3_c 4 : p$		13	$1_a 2_b 3_c 4 : ?_{\wedge 1}$	16

TABLE 5.4 – Annonce simple, partie 2.b

Parties 2.a et 2.b : quelle(s) différence(s) ? Ce jeu répété de concession de l'antécédent, suivi de l'ouverture d'une nouvelle situation dans laquelle est de nouveau concédée la même proposition (l'antécédent) correspond à l'acte d'annonce dans la version avec annonce publique de cette formule. Alors que la version conditionnalisée force une répétition de la procédure, la version avec l'opérateur d'annonce publique permet de marquer la situation où l'engagement est pris – en ajoutant la formule à la liste – ainsi que celles pouvant suivre cet acte d'engagement.

5.2.2 Des annonces plus complexes...

La thèse de la partie Table 5.3 ne comportait que trois occurrences de l'opérateur K_a dans la postcondition, ce qui a contraint dans la version conditionnalisée de la formule, à répéter trois fois le jeu de concession de l'antécédent et d'ouverture d'un nouveau point contextuel. Qu'en est-il si l'on suppose que la postcondition comporte non pas trois occurrences de l'opérateur K_a, mais n occurrences de cet opérateur ? Dans les parties considérées jusqu'à présent, les thèses du **P**roposant ne comportaient qu'un seul opérateur d'annonce. Qu'advient-il si la thèse comporte plusieurs opérateurs d'annonces ? Intéressons nous premièrement à un cas où la thèse comporte dans sa postcondition n occurrences de l'opérateur K_a. Nous nous tournerons ensuite vers les cas où la thèse comporte plusieurs opérateurs d'annonce.

n-**opérateurs** K_a. Comme nous avons pu nous en rendre compte à travers les parties 2.a et 2.b, dans la version avec l'opérateur d'annonce, la proposition n'est énoncée par l'**Opposant** que lorsque ce dernier challenge la négation de la proposition annoncée défendue par le **Proposant** et lorsque le **Proposant** lui demande de lui rendre accessible cette condition dans un point contextuel donné (via **SR-A**). Or, dans la version conditionnalisée de cette formule, l'**Opposant** doit concéder cette même proposition autant de fois qu'il introduit de points contextuels. Si donc la postcondition comporte n occurrences de l'opérateur K_a, les coups 1 à 3 de la partie Table 5.4 devront être répétés n fois pour la traduction de cette formule, ce qui peut rapidement et considérablement accroître la longueur d'une partie.

n-**opérateurs d'annonces.** Considérons à présent une formule comportant plusieurs opérateurs d'annonces. Par exemple $[p][p \vee q]K_a(q \to p)$. En appliquant les algorithmes de traduction présentés dans la Section 5.1.1, nous obtenons la traduction suivante : $(p \wedge (p \to (p \vee q))) \to K_a((p \wedge (p \to (p \vee q))) \to (q \to p))$. Comme précédemment comparons les deux dialogues :

- $d_{([p][p\vee q]K_a(q\to p))}$ = Partie 3.a,
- $d_{((p\wedge(p\to(p\vee q)))\to K_a((p\wedge(p\to(p\vee q)))\to(q\to p)))}$ = Partie 3.b.

	O			**P**	
				$\epsilon\|1 : [p][p \vee q]K_a(q \to p)$	0
	$m := 1$			$n := 2$	
1	$\epsilon\|1 : ?_{[\,]}$	0		$\epsilon\|1 : \neg p$	2
3	$\epsilon\|1 : p$	2		$\otimes$	
				$p\|1 : [p \vee q]K_a(q \to p)$	4
5	$p\|1 : ?_{[\,]}$	4		$p\|1 : \neg(p \vee q)$	6
7	$p\|1 : p \vee q$	6		$\otimes$	
				$p;p \vee q\|1 : K_a(q \to p)$	8
9	$p;p \vee q\|1 : ?_2^a$	8		$p;p \vee q\|1_a 2 : q \to p$	10
11	$p;p \vee q\|1_a 2 : q$	10		$p;p \vee q\|1_a 2 : p$	16
13	$p\|1_a 2 : p \vee q$		11	$p\|1_a 2 : !_{(p \vee q)}$	12
15	$\epsilon\|1_a 2 : p$		13	$\epsilon\|1_a 2 : !_{(p)}$	14

TABLE 5.5 – Annonce complexe, partie 3.a

Explications de la partie Table 5.5 : Aux coups 2 et 6, le **Proposant** adopte la même stratégie de défense vis-à-vis du challenge sur l'opérateur d'annonce : il défend par la négation. Cette défense force l'**O**pposant à concéder la formule dans la portée de l'opérateur d'annonce. Le challenge du coup 11 force le **P**roposant à défendre une proposition atomique qui n'a pas encore été introduite dans la situation actuelle de jeu. Mais la liste d'annonces comporte la proposition $p \vee q$ et la proposition p dont le **P**roposant a besoin pour sa défense. Le **P**roposant peut donc se servir de la règle **SR-A** pour contraindre l'**O**pposant à lui donner p (coups 12 - 15). Le **P**roposant gagne l'échange au coup 16.

	O			P	
				$1 : (p \wedge (p \to (p \vee q))) \to$ $K_a((p \wedge (p \to (p \vee q))) \to$ $(q \to p))$	0
	$m := 1$			$n := 2$	
1	$1 : p \wedge (p \to (p \vee q))$	0		$1 : K_a((p \wedge (p \to (p \vee q))) \to$ $(q \to p))$	2
3	$1 : ?_2^a$	2		$1_a 2 : (p \wedge (p \to (p \vee q))) \to$ $(q \to p)$	4
5	$1_a 2 : p \wedge (p \to (p \vee q))$	4		$1_a 2 : q \to p$	6
7	$1_a 2 : q$	6		$1_a 2 : p$	10
9	$1_a 2 : p$		5	$1_a 2 : ?_{land1}$	8

TABLE 5.6 – Annonce complexe, partie 3.b

Explications de la partie Table 5.6 : Comme dans les précédentes parties avec la version conditionnalisée des formules avec annonces, l'**O**pposant concède l'antécédent du conditionnel matériel dans tous les points contextuels. Comme au coup 11 de la partie de la Table 5.5, le **P**roposant se voit contraint de défendre l'atome p qui n'a pas encore été introduit dans le cours de la partie. Il contre-attaque la conjonction du coup 5 au coup 8 en choisissant le premier conjoint et obtient ainsi la proposition p dans le point contextuel 1.2, ce qui lui permet de remporter le dialogue en se défendant au coup 10.

Parties 3.a et 3.b : quelle(s) différence(s) ? Alors que la version avec annonces garde chacune des annonces "intacte" ; dans la version conditionnalisée la formule qui faire l'objet de l'annonce est traduite dans une seule condition : l'antécédent du conditionnel matériel – de la thèse du **P**roposant. Cette condition est une conjonction de conditions dont le second conjoint est lui-même conditionné par la premier conjoint (qui représente la première annonce). Il est manifeste que la partie sans annonce est plus rapidement remportée par le **P**roposant : 10 coups contre 16 dans la version avec annonces. Il y a à cela deux raisons.

1. La possibilité de défendre par "$\neg annonce$" face à un challenge sur un opérateur d'annonce dédouble le nombre de coups : challenge - défense plus contre-attaque suivie du changement de la défense initiale – si le rang de répétition l'autorise.

2. La liste d'annonces étant un ensemble ordonné, conformément à la règle **SR-A**, les annonces ne peuvent être "récupérées" qu'une à une dans un point contextuel déterminé (soit deux applications de la règle si la liste contient deux annonces afin d'obtenir la première annonce dans un point contextuel particulier).

La première considérations suggère que la liste d'annonces offre la possibilité de distinguer clairement le niveau des parties du niveau stratégique du jeu. Le **P**roposant a en effet la possibilité de ne pas défendre par "$\neg annonce$", il n'a juste aucun intérêt stratégique à le faire [104]. La deuxième nous force quant à elle à nous poser des questions sur la règle **SR-A**. Au lieu de demander chaque élément de la liste un à un, n'est-il pas possible de choisir n'importe quel élément de cette liste d'annonces ? Nous répondons à cette question dans la Section 5.3.

Bilan. D'une part, si nous avons une postcondition avec un nombre n d'opérateurs K_a, la version conditionnalisée donne lieu à une partie longue et répétitive ; d'autre part plusieurs annonces augmentent elles aussi la longueur d'un dialogue à cause de la formulation actuelle de la règle **SR-A**. Cette longueur est également due à la règle de l'opérateur d'annonce publique qui, par la possible redistribution de la charge de la proposition annoncée, induit des coups supplémentaires par rapport à la règle du conditionnel matériel. Cette apparente redondance est explicitée et justifiée par une simple comparaison de la règle de l'opérateur d'annonce publique avec la règle pour le conditionnel matériel.

5.2.3 Partie et stratégie

Comparer les usages des règles de particule pour le conditionnel matériel et l'opérateur d'annonce permet d'expliquer l'apparente redondance induite par la règle de l'opérateur d'annonce en mettant en évidence la distinction entre le niveau des parties et le niveau stratégique du jeu. Pour le voir, supposons deux formules :

(a) $\varphi \rightarrow \psi$, et

---

[104]. Cf. Section 5.2.3.

(b) $[\varphi]\psi$.

Au cours de parties distinctes, ces formules sont énoncées par le joueur **X** et challengées par le joueur **Y**. Ces deux joueurs peuvent jouer selon différents niveaux. Ils peuvent jouer guidés par les règles d'usage des connecteurs et opérateurs ; ce que nous appelons le niveau de la partie (1.). Mais ils peuvent également jouer guidés par la victoire (2.). Ils adoptent alors un comportement stratégique dont la principale caractéristique consiste soit à concéder le moins de propositions possible, soit à en avoir le moins possible à défendre.

1. Le niveau de la partie.

(a) Pour challenger la proposition $\varphi \to \psi$ énoncée par **X**, **Y** doit obligatoirement prendre à sa charge la proposition φ, alors que **X** devra prendre en charge la proposition ψ pour se défendre. La règle de particule force la répartition de la charge des propositions constituant le conditionnel matériel : le challengeur prend en charge l'antécédent, alors que le conséquent reste à la charge du défenseur.

(b) Après le challenge de la proposition $[\varphi]\psi$ par **Y**, le défenseur **X** a le choix : il peut soit charger la liste d'annonces avec la proposition φ (que **Y** pourra lui demander de défendre par suite) et prendre en charge ψ ; soit refuser la charge de la proposition φ (en défendant $\neg\varphi$). En choisissant cette dernière option, **Y** aura à sa charge la justification de la proposition φ s'il conteste $\neg\varphi$.

Au niveau des parties, contrairement à la règle du conditionnel matériel, la règle de l'opérateur d'annonce publique ne force pas un partage de la charge des propositions avec d'une part antécédent/formule annoncée à la charge du challengeur et d'autre part conséquent/postcondition à la charge du défenseur. Le défenseur peut choisir de partager la charge ou alors prendre les deux propositions en charge.

2. Le niveau stratégique.

(a) Lorsque **X** énonce un conditionnel matériel, **Y** challenge en prenant à sa charge l'antécédent du conditionnel. Du point de vue stratégique, **X** a tout intérêt à ne pas défendre ψ immédiatement, mais à contre-attaquer (si possible [105]) la proposition φ en demandant à **Y** qui est en charge de cette proposition, de la défendre. Seulement s'il y parvient, **X** prendra en charge la défense de la proposition ψ.

---

105. Si la proposition est atomique, la contre-attaque n'est pas possible.

(b) Lorsque **X** défend un opérateur d'annonce publique, s'il veut avoir le moins possible de propositions à sa charge, son intérêt n'est pas de défendre ψ en faisant l'hypothèse de φ. Dans ce cas, il peut être contraint de devoir justifier φ et ψ. Du point de vue stratégique, il n'a aucun intérêt à faire ce choix. Il va plutôt refuser la charge de φ en répondant $\neg\varphi$ et ainsi contraindre son adversaire à prendre φ en charge.

Si les deux règles diffèrent au niveau de la partie, elles se rejoignent du point de vue stratégique sur la répartition des charges qu'elles autorisent. Le joueur énonçant la formule initiale n'a alors à charge que de justifier le conséquent/postcondition alors que la charge de l'antécédent/formule de l'annonce revient à son adversaire.

Dans la version sans annonce, l'antécédent est systématiquement donné par un challenge sur le conditionnel matériel. Dans la version avec annonces, il est permis au défenseur de refuser la charge de la formule de l'annonce par un jeu sur la négation. Mais après qu'une annonce est ajoutée à la liste, si un joueur **X** choisit un point contextuel différent pour challenger un opérateur épistémique, le joueur **Y** peut contraindre **X** à concéder le dernier élément de la liste dans le point contextuel qu'il a choisi [106].

5.3 La règle SR-A revisitée

La possibilité de refuser la charge de la formule annoncée (ce qui induit un jeu sur la négation) ainsi que la demande de l'élément appartenant à la liste sont des coups supplémentaires n'existant évidemment pas dans le jeu sans liste ni annonce. De plus, concernant l'allongement de la durée de la partie, les considérations que nous avons développées pour une partie avec n–opérateurs d'annonce publique semblent davantage mettre en cause la règle **SR-A**. Pour autant, il ne semble pas impossible de réduire la longueur des parties de dialogue avec annonces si toutefois nous modifions la règle **SR-A**. Nous rappelons la règle **SR-A** dans la Table 5.7.

Dans l'exemple développée dans la Table 5.5, au coup 11 l'**O**pposant concède en $1_a 2$ l'antécédent q (du conditionnel $q \to p$ du coup 10) et le **P**roposant doit défendre p dans ce même point contextuel. Or, cette proposition est atomique et bien que figurant dans la liste d'annonces, l'**O**pposant ne l'a pas directement concédée dans le point contextuel

---

[106]. Cf. Table 5.1 coup 6, Table 5.3 coup 12 et Table 5.5 coups 12 et 14 pour exemples.

> **SR-A** : Pour tout coup $\langle \mathbf{X} - \mathcal{A}|i : e\rangle$ tel que la liste $\mathcal{A}$ est non-vide, $\mathbf{Y}$ peut contraindre $\mathbf{X}$ à énoncer le dernier élément appartenant à $\mathcal{A}$ dans le point contextuel i ou j si $e =?_j$.

TABLE 5.7 – Règle structurelle **SR-A**

1_a2. La règle **SR-2** stipule qu'une proposition atomique ne peut être énoncée dans un point contextuel déterminé par le **P**roposant qu'à la condition exclusive que l'**O**pposant ait précédemment énoncé cette proposition dans ce point contextuel déterminé. Or, ce n'est pas le cas ici. Le **P**roposant ne peut donc pas se défendre avec p. Il demande un à un les éléments de la liste d'annonces dans l'unique but d'obtenir la proposition atomique p dans la situation 1_a2. Mais ne pouvant, par **SR-A**, demander que la dernière annonce et la liste étant constituée de deux annonces, le **P**roposant doit utiliser à deux reprises cette règle, ce qui génère deux coups dont un qui n'est pas directement utilisé pour la défense du **P**roposant. Si l'on considère un exemple où la liste est constituée de n propositions, il faut répéter cette requête n-fois afin d'obtenir la première proposition ajoutée à la liste. A contrario, dans la version conditionnalisée de cette formule (partie 3.b), la défense se fait en un coup. Le **P**roposant demande le premier conjoint – p (coup 8) – et remporte la partie au coup suivant (coup 10).

Notre intuition est que dans la partie 3.a le **P**roposant devrait pouvoir se défendre sans avoir à attendre que l'**O**pposant lui énonce p dans le point contextuel 1_a2. Si cette intuition est correcte, le **P**roposant remporterait la partie 3.a en 12 coups au lieu de 16. Il nous faut donc désormais explorer et démontrer le bien fondé de cette intuition.

5.3.1 Charge des formules annoncées au niveau stratégique

Le niveau de jeu stratégique nous a appris que le **P**roposant a tout intérêt à ne pas assumer l'annonce dans sa défense mais à faire en sorte que la charge de cette proposition revienne à l'**O**pposant. La règle de particule de l'opérateur d'annonce associée à au rang de répétition du **P**roposant ($n := 2$) permet de garantir que toute formule ajoutée à la liste d'annonces par le **P**roposant à partir d'un point contextuel i est introduite dans le point contextuel i par l'**O**pposant. C'est ce que nous démontrons dans la Proposition 2.

Proposition 2. Toute formule ajoutée à la liste d'annonces à partir d'un point contextuel i est introduite dans le point contextuel i par l'**O**pposant.

Démonstration. Nous démontrons la Proposition 2 à partir d'un point contextuel arbitraire i dans lequel le **P**roposant énonce un opérateur d'annonce publique $[\varphi]\psi$ lors d'une partie d_Δ.

Soit $\langle \mathbf{P} - \mathcal{A}|i : [\varphi]\psi \rangle \in d_\Delta$, par conséquent
$\langle \mathbf{O} - \mathcal{A}|i : ?_{[\ ]} \rangle \in d_\Delta$.
Conformément à la règle de particule, le **P**roposant a le choix :

1. $\langle \mathbf{P} - \mathcal{A}|i : \neg\varphi \rangle \in d_\Delta$ ou

2. $\langle \mathbf{P} - \mathcal{A} \bullet \varphi|i : \psi \rangle \in d_\Delta$.

Considérons le choix (1).

Si $\langle \mathbf{P} - \mathcal{A}|i : \neg\varphi \rangle \in d_\Delta$, alors
$\langle \mathbf{O} - \mathcal{A}|i : \varphi \rangle \in d_\Delta$.
Étant donné son rang de répétition $n := 2$, le **P**roposant peut changer sa défense précédente pour :

$\langle \mathbf{P} - \mathcal{A} \bullet \varphi|i : \psi \rangle \in d_\Delta$: le **P**roposant ajoute φ à la liste d'annonces alors que φ a été introduit par l'**O**pposant dans le point contextuel i lors d'un coup précédent.

Considérons le choix (2).

Si $\langle \mathbf{P} - \mathcal{A} \bullet \varphi|i : \psi \rangle \in d_\Delta$, alors
$\langle \mathbf{O} - \mathcal{A}|i : !_{(\varphi)} \rangle \in d_\Delta$.
Le **P**roposant peut ne pas se défendre immédiatement et grâce à son rang de répétition $n := 2$, il peut changer sa défense précédente pour :

$\langle \mathbf{P} - \mathcal{A}|i : \neg\varphi \rangle \in d_\Delta$, alors
$\langle \mathbf{O} - \mathcal{A}|i : \varphi \rangle \in d_\Delta$, et
$\langle \mathbf{P} - \mathcal{A}|i : \varphi \rangle \in d_\Delta$: le **P**roposant parvient à se défendre du coup précédent non défendu parce que l'**O**pposant introduit φ dans le point contextuel i.

□

Corollaire 1. Toutes les propositions atomiques de la liste sont introduites par l'**O**pposant.

Démonstration. Si toutes les formules de la liste sont introduites par l'**O**p-posant, *a fortiori*, toutes les formules atomiques de la liste sont introduites par ce joueur.

□

5.3.2 Existe-t-il un ordre nécessaire d'exécution de SR-A ?

Nous venons de voir que, du point de vue stratégique, tous les éléments atomiques de la liste sont introduits par l'**Opposant**. Nous allons désormais interroger l'ordre de ces éléments demandés par la règle **SR-A**. Cette règle doit-elle nécessairement s'appliquer à la dernière formule de la liste ou bien est-il possible d'envisager de pouvoir demander n'importe quel élément atomique de la liste, indépendamment de l'ordre d'introduction ? Étant donné que cette règle peut être appliquée consécutivement sur le dernier élément de la liste et ce autant de fois qu'il y a d'éléments, il doit être possible de choisir n'importe quel élément atomique de la liste sans que cela ait une incidence sur le cours de la partie, autre que sa longueur.

Proposition 3. Si la formule n'est pas supprimée de la liste lors de sa demande de justification, l'ordre dans lequel un joueur demande un élément atomique de la liste n'affecte pas le cours de la partie.

Démonstration. Nous distinguons deux cas pour cette démonstration. Premièrement un cas plus simple où la liste est exclusivement constituée de formules atomiques et deuxièmement un cas en apparence plus complexe constitué d'une liste mixte, c'est-à-dire contenant des formules atomiques et complexes.

Supposons : $\langle \mathbf{X} - \mathsf{a}_1, \mathsf{a}_2, \mathsf{a}_3, \mathsf{a}_4 | i : e \rangle \in d_\Delta$.

1. soit $\langle \mathbf{X} - p_1, p_2, p_3, p_4 | i : e \rangle \in d_\Delta$

    par itération de la règle **SR-A** nous obtenons :
    - $\langle \mathbf{Y} - p_1, p_2, p_3 | i : !_{(p_4)} \rangle \in d_\Delta$,
    - $\langle \mathbf{X} - p_1, p_2, p_3 | i : p_4 \rangle \in d_\Delta$,
    - $\langle \mathbf{Y} - p_1, p_2 | i : !_{(p_3)} \rangle \in d_\Delta$,
    - $\langle \mathbf{X} - p_1, p_2 | i : p_3 \rangle \in d_\Delta$,
    - $\langle \mathbf{Y} - p_1 | i : !_{(p_2)} \rangle \in d_\Delta$,
    - $\langle \mathbf{X} - p_1 | i : p_2 \rangle \in d_\Delta$,
    - $\langle \mathbf{Y} - \epsilon | i : !_{(p_1)} \rangle \in d_\Delta$,
    - $\langle \mathbf{X} - \epsilon | i : p_1 \rangle \in d_\Delta$.

    Les formules atomiques p_1, p_2, p_3, p_4 se voient toutes énoncées au point contextuel i. Ces formules étant atomiques, nous sommes assurés du fait qu'il ne sera pas possible de changer de point contextuel à partir d'elles, seul un opérateur épistémique K_a permet un changement de point contextuel[107]. Par conséquent l'ordre dans

---

107. Cf. règles de particule des opérateurs épistémiques définies au Chapitre 4, Table 4.2, p. 61.

lequel est demandé une formule atomique n'a pas d'incidence sur le déroulement de la partie. Il est donc possible de libéraliser **SR-A** au moins pour les listes constituées uniquement de formules atomiques.

2. soit $\langle \mathbf{X} - \mathsf{a}_1, \mathsf{a}_2, \mathsf{a}_3, \mathsf{a}_4 | i : e \rangle \in d_\Delta$. Par itération de la règle **SR-A**, nous obtenons le même développement que dans le point 1, soit : les formules $\mathsf{a}_1, \mathsf{a}_2, \mathsf{a}_3, \mathsf{a}_4$ sont toutes énoncées au point contextuel i. Mais contrairement au cas 1, un élément de liste peut conduire à un changement de point contextuel. Considérons que $\mathsf{a}_2 := p, \mathsf{a}_4 := K_a\varphi$ et que la règle **SR-A** soit libéralisée, autrement dit que le joueur **Y** puisse choisir n'importe quel élément atomique de la liste. Si **Y** choisit le deuxième élément de la liste : p, nous avons dans ce cas trois possibilités de réécriture de la liste pour la défense de **X**.

   - La défense consiste en $\langle \mathbf{X} - \mathsf{a}_1 | i : p \rangle \in d_\Delta$. Le problème est que dans ce cas nous perdons les éléments ajoutés à la liste postérieurement à p et compte tenu de la formule, il ne sera pas possible de les récupérer. Il faudrait pour cela que ces formules soient conjointes à p et qu'elles soient de nouveau ajoutées à la liste. Cette manière d'écrire la défense n'est donc pas correcte.
   - La défense consiste en $\langle \mathbf{X} - \mathsf{a}_1, \mathsf{a}_3, K_a\varphi | i : p \rangle \in d_\Delta$. Si **Y** demande ensuite le dernier l'élément $K_a\varphi$, nous obtenons :
   $\langle \mathbf{X} - \mathsf{a}_1, \mathsf{a}_3 | i : K_a\varphi \rangle \in d_\Delta$, puis
   $\langle \mathbf{Y} - \mathsf{a}_1, \mathsf{a}_3 | i :?^a_j \rangle \in d_\Delta$, et
   $\langle \mathbf{X} - \mathsf{a}_1, \mathsf{a}_3 | i_a j : \varphi \rangle \in d_\Delta$.
   Ici se pose un problème : comment récupérer l'élément p ? Cet élément ayant été ajouté à liste avant l'élément $K_a\varphi$, p doit pouvoir être justifié dans tout point contextuel suivant. Or ce n'est pas possible dans le point contextuel $i_a j$. Cette manière d'écrire la défense n'est donc pas correcte.
   - La défense consiste en $\langle \mathbf{X} - \mathsf{a}_1, p, \mathsf{a}_3, K_a\varphi | i : p \rangle \in d_\Delta$ – ici l'élément p, bien que réintroduit dans le point contextuel i, n'est pas supprimé pour autant de la liste. Ainsi, la partie peut se poursuivre comme suit :
   $\langle \mathbf{X} - \mathsf{a}_1, p, \mathsf{a}_3 | i : K_a\varphi \rangle \in d_\Delta$, puis
   $\langle \mathbf{Y} - \mathsf{a}_1, p, \mathsf{a}_3 | i :?^a_j \rangle \in d_\Delta$, et
   $\langle \mathbf{X} - \mathsf{a}_1, p, \mathsf{a}_3 | i_a j : \varphi \rangle \in d_\Delta$.
   Dans ce cas de figure, l'élément p reste disponible pour être demandé dans le point contextuel $i_a j$.

Une liste constituée uniquement d'éléments atomiques permet une libéralisation de la règle **SR-A** dans la mesure où il n'y aura pas de changement de point contextuel. Ce type de liste reste néanmoins un cas très particulier. Le cas le plus général de listes avec éléments atomiques et/ou complexes impose une condition : ne pas effacer de la liste un élément réintroduit dans le cours d'une partie.

□

La Proposition 3 nous permet donc de réécrire la règle **SR-A** correctement libéralisée – cf. Table 5.8. Nous montrons dans la section suivante que la réécriture de cette règle a un impact direct sur la restriction atomique **SR-2**.

SR-A* :	Pour tout coup $\langle \mathbf{X} - \mathcal{A}\|i : e \rangle$ tel que la liste $\mathcal{A}$ est non-vide, $\mathbf{Y}$ peut contraindre $\mathbf{X}$ à énoncer n'importe quel élément appartenant à $\mathcal{A}$ dans le point contextuel i ou j si $e = ?_j$. **Remarque** : dans sa défense, $\mathbf{X}$ ne doit pas supprimer de la liste l'élément choisi par $\mathbf{Y}$.

TABLE 5.8 – Règle structurelle **SR-A***

5.3.3 Quel impact sur la règle SR-2 ?

Il nous reste à mesurer l'impact de la règle **SR-A*** sur la règle **SR-2**. La règle **SR-2** nous stipule que le **P**roposant ne peut énoncer une formule atomique dans un point contextuel déterminé qu'à la condition que l'**O**pposant ait lui-même énoncé cette formule atomique dans ce point contextuel préalablement. Pour autant, il semblerait que la Proposition 3 vienne quelque peu bousculer cette règle.

Proposition 4. Le **P**roposant peut énoncer un atome dans $\mathcal{A}\|i$ si et seulement si l'**O**pposant l'a introduit au préalable dans le point contextuel i ou si cet atome appartient à $\mathcal{A}$.

Démonstration. Étant donné que tout atome de la liste est introduit par l'**O**pposant (Corollaire 1 de la Proposition 2) et que les éléments atomiques de la liste peuvent être demandés indépendamment de leur ordre d'introduction (Proposition 3), il nous est permis de conclure que le **P**roposant pourra toujours obtenir que l'**O**pposant énonce un élément atomique p dans un point contextuel i, même si celui-ci a été ajouté à la liste dans un point contextuel autre. Le **P**roposant est donc justifié à pouvoir énoncer cet élément atomique dans le point contextuel i sans être auparavant obligé de contraindre l'**O**pposant à le faire.

□

La Proposition 4 nous invite à reformuler la règle **SR-2** d'une manière plus permissive pour le **P**roposant (cf. Table 5.9 ci-dessous).

SR-2* :	Le **P**roposant peut énoncer un atome dans le point contextuel i préfixé de la list $\mathcal{A}$ si l'**O**pposant a introduit cet atome dans le point contextuel i ou si cet atome est un élément de $\mathcal{A}$.

TABLE 5.9 – Règle structurelle **SR-2***

La Proposition 4 et la règle **SR-2*** qui en découle manifestent le caractère "persistant" des formules atomiques intégrées à la liste d'annonces. Alors que les engagements pris par les joueurs sont usuellement locaux, c'est-à-dire contextualisés, ceux pris lors du jeu sur un opérateur d'annonce semblent davantage porter sur le déroulement postérieur de la partie que sur un engagement contextuel. Nous explorerons plus en détail cette caractéristique des engagements découlant des annonces publiques dans les Sections 5.5 et 5.6. Pour le moment, nous allons concentrer notre attention sur la question du dynamisme induit par la liste d'annonces sur la notion de point contextuel.

5.4 Liste et dynamisme

Dans le Chapitre 4, Section 4.2, Définition 14, nous avons introduit et décrit la notion de point conceptuel. Dans la Section 4.2.1, nous avons préfixé le point contextuel d'une liste d'annonces. Nous allons, à travers cette section, interroger le dynamisme produit sur le point contextuel par l'adjonction de cette liste. Nous commençons tout d'abord par mettre en évidence l'aspect dynamique du point contextuel. Alors qu'au Chapitre 3 nous avons critiqué la notion de dynamisme à l'œuvre dans **PAL**, cette section amorce les prémisses d'une réflexion sur le dynamisme de **DEMAL**.

5.4.1 Un dynamisme localisé

Le point contextuel dans lequel le **Proposant** énonce la thèse qu'il veut défendre est arbitraire. C'est ensuite le déroulement de la partie qui va déterminer les formules attribuées par un joueur à un point contextuel donné. Le point contextuel de départ évolue donc selon le déroulement de la partie, c'est-à-dire des coups produits par les joueurs. Considérons une partie ayant pour thèse : $((p \rightarrow q) \wedge p) \rightarrow q$.

	O			**P**	
				$\epsilon\|1 : ((p \rightarrow q) \wedge p) \rightarrow q$	0
	$m := 1$			$n := 2$	
1	$\epsilon\|1 : (p \rightarrow q) \wedge p$	0		$\epsilon\|1 : q$	8
3	$\epsilon\|1 : p$		1	$\epsilon\|1 : ?_{\wedge 2}$	2
5	$\epsilon\|1 : p \rightarrow q$		1	$\epsilon\|1 : ?_{\wedge 1}$	4
7	$\epsilon\|1 : q$		5	$\epsilon\|1 : p$	6

TABLE 5.10 – Construction de point contextuel à travers les coups des joueurs

Nous décrivons ci-dessous le point contextuel 1 coup après coup.

Coup 0 : 1 := $\langle \mathbf{P} - \epsilon|1 : ((p \rightarrow q) \wedge p) \rightarrow p \rangle$

Coup 1 : 1 := $\langle \mathbf{P} - \epsilon|1 : ((p \rightarrow q) \wedge p) \rightarrow p \rangle$; $\langle \mathbf{O} - \epsilon|1 : (p \rightarrow q) \wedge p \rangle$

Coup 2 : 1 := $\langle \mathbf{P} - \epsilon|1 : ((p \rightarrow q) \wedge p) \rightarrow p \rangle$; $\langle \mathbf{O} - \epsilon|1 : (p \rightarrow q) \wedge p \rangle$; $\langle \mathbf{P} - \epsilon|1 : ?_2 \rangle$

Coup 3 : 1 := $\langle \mathbf{P} - \epsilon|1 : ((p \rightarrow q) \wedge p) \rightarrow p \rangle$; $\langle \mathbf{O} - \epsilon|1 : (p \rightarrow q) \wedge p \rangle$; $\langle \mathbf{P} - \epsilon|1 : ?_2 \rangle$; $\langle \mathbf{O} - \epsilon|1 : p \rangle$

Coup 4 : 1 := $\langle \mathbf{P} - \epsilon|1 : ((p \rightarrow q) \wedge p) \rightarrow p \rangle$; $\langle \mathbf{O} - \epsilon|1 : (p \rightarrow q) \wedge p \rangle$; $\langle \mathbf{P} - \epsilon|1 : ?_2 \rangle$; $\langle \mathbf{O} - \epsilon|1 : p \rangle$; $\langle \mathbf{P} - \epsilon|1 : ?_1 \rangle$

Coup 5 : 1 := $\langle \mathbf{P} - \epsilon|1 : ((p \rightarrow q) \wedge p) \rightarrow p \rangle$; $\langle \mathbf{O} - \epsilon|1 : (p \rightarrow q) \wedge p \rangle$; $\langle \mathbf{P} - \epsilon|1 : ?_2 \rangle$; $\langle \mathbf{O} - \epsilon|1 : p \rangle$; $\langle \mathbf{P} - \epsilon|1 : ?_1 \rangle$; $\langle \mathbf{O} - \epsilon|1 : p \rightarrow q \rangle$

Coup 6 : 1 := $\langle \mathbf{P} - \epsilon|1 : ((p \rightarrow q) \wedge p) \rightarrow p \rangle$; $\langle \mathbf{O} - \epsilon|1 : (p \rightarrow q) \wedge p \rangle$; $\langle \mathbf{P} - \epsilon|1 : ?_2 \rangle$; $\langle \mathbf{O} - \epsilon|1 : p \rangle$; $\langle \mathbf{P} - \epsilon|1 : ?_1 \rangle$; $\langle \mathbf{O} - \epsilon|1 : p \rightarrow q \rangle$; $\langle \mathbf{P} - \epsilon|1 : p \rangle$;

Coup 7 : 1 := $\langle \mathbf{P} - \epsilon|1 : ((p \rightarrow q) \wedge p) \rightarrow p \rangle$; $\langle \mathbf{O} - \epsilon|1 : (p \rightarrow q) \wedge p \rangle$; $\langle \mathbf{P} - \epsilon|1 : ?_2 \rangle$; $\langle \mathbf{O} - \epsilon|1 : p \rangle$; $\langle \mathbf{P} - \epsilon|1 : ?_1 \rangle$; $\langle \mathbf{O} - \epsilon|1 : p \rightarrow q \rangle$; $\langle \mathbf{P} - \epsilon|1 : p \rangle$; $\langle \mathbf{O} - \epsilon|1 : q \rangle$

Coup 8 : 1 := $\langle \mathbf{P} - \epsilon|1 : ((p \rightarrow q) \wedge p) \rightarrow p \rangle$; $\langle \mathbf{O} - \epsilon|1 : (p \rightarrow q) \wedge p \rangle$; $\langle \mathbf{P} - \epsilon|1 : ?_2 \rangle$; $\langle \mathbf{O} - \epsilon|1 : p \rangle$; $\langle \mathbf{P} - \epsilon|1 : ?_1 \rangle$; $\langle \mathbf{O} - \epsilon|1 : p \rightarrow q \rangle$; $\langle \mathbf{P} - \epsilon|1 : p \rangle$; $\langle \mathbf{O} - \epsilon|1 : q \rangle$; $\langle \mathbf{P} - \epsilon|1 : q \rangle$

Entre le coup 0 et le coup 8, le point contextuel 1 a gagné en précision. Il a été construit par les deux joueurs à travers leur interaction. Dans cet exemple, nous nous sommes cantonnés à un seul point contextuel, mais ce processus de construction est le même pour tout point contextuel. Autrement dit chaque point contextuel d'une partie se construit par et grâce à l'interaction des deux joueurs. Néanmoins, ce processus de construction du point contextuel par les formules qui y sont énoncées au fur et à mesure du déroulement de la partie reste local. C'est-à-dire que cette construction ne tient que dans ce point contextuel particulier. Sans liste d'annonces – ou avec une liste vide – lors d'un changement de point contextuel, les formules énoncées dans le point contextuel précédent ne sont pas importées dans le suivant. C'est pour cette raison que nous pouvons considérer que ce processus dynamique est un dynamisme local car les conditions ajoutées sur le point contextuel ne vont pas au delà du point contextuel lui-même.

Définition 28 (Dynamisme local). Par dynamisme *local* nous désignons le processus de construction du point contextuel.

5.4.2 Un dynamisme globalisé

Alors qu'avec une liste d'annonces vide le dynamisme reste localisé au processus de construction du point contextuel, si l'on considère une liste d'annonces non vide, la règle **SR-A*** force d'une certaine manière l'introduction des formules contenues dans la liste dans le point contextuel suivant, ce qui bien évidemment modifie la nature du dynamisme sous-jacent. Effectivement, lors du choix d'un point contextuel autre que celui actuel, la règle **SR-A*** offre la possibilité de mettre en place une procédure permettant de vérifier la capacité du joueur – faisant ce choix – à défendre un ou plusieurs éléments appartenant à la liste d'annonces. Par conséquent ce joueur ne peut utiliser le point contextuel choisi qu'à la condition d'être en mesure d'y justifier les formules appartenant à la liste. La liste permet de dépasser le dynamisme local du point contextuel en forçant l'importation des formules contenues dans la liste au point contextuel choisi. De plus, la règle **SR-2*** – qui découle de la règle **SR-A*** – va bien au delà puisqu'elle autorise l'usage de formules atomiques par le Proposant avant que l'Opposant ne les introduise (à condition que ces formules figurent dans la liste d'annonces). Les règles **SR-A*** et **SR-2*** suggèrent que le dynamisme n'est plus cette fois un dynamisme *local*, mais un dynamisme *global*. Ce dynamisme peut être dit global dans la mesure où il porte non pas sur la construction du point contextuel lui-même, mais sur la construction de tous les points contextuels futurs. La liste, au fur et à mesure que des formules y sont intégrées, impose des conditions sur la partie : elle restreint les possibilités de choix des points contextuels [108]. La partie développée dans la Table 5.11 illustre ce point.

	O			P	
				$\epsilon\|1 : [p \wedge q]K_a(p \to q)$	0
	$m := 1$			$n := 2$	
1	$\epsilon\|1 :?_{[\ ]}$	0		$\epsilon\|1 : \neg(p \wedge q)$	2
3	$\epsilon\|1 : p \wedge q$	2		$\otimes$	
				$p \wedge q\|1 : K_a(p \to q)$	4
5	$p \wedge q\|1 :?_2^a$	4		$p \wedge q\|1_a 2 : p \to q$	6
7	$p \wedge q\|1_a 2 : p$	6		$p \wedge q\|1_a 2 : q$	8

TABLE 5.11 – Liste et choix de point contextuel – partie 1

Explications de la partie Table 5.11 : L'**O**pposant, dans cette partie, importe la liste d'annonces dans le point contextuel 2 qu'il choisit pour l'agent a au coup 5 : ce point contextuel doit vérifier $p \wedge q$. De plus, au coup 8, le **P**roposant grâce à la règle **SR-2*** peut se permettre de défendre directement avec l'atome q sans attendre que l'**O**pposant ait explicitement concédé cet atome dans le point contextuel $1_a 2$. A travers cette partie, nous voyons bien que les formules ajoutées à la liste agissent comme une restriction sur le choix des points contextuels, ce que nous avons désigné par le terme de dynamisme global.

Définition 29 (Dynamisme global). Par dynamisme *global* nous désignons les conditions apportées sur le choix des points contextuels.

5.4.3 La liste comme histoire des engagements

La conjonction du dynamisme local et du dynamisme global permet de penser la liste d'annonces comme un historique des engagements explicites pris durant la partie. En ce sens, la liste représente aussi bien une mémoire du jeu que la manifestation d'un jeu sous hypothèse.

Mémoire du jeu. La liste manifeste une différence dans le "statut" des propositions qu'elle contient. D'un côté, la liste d'annonces représente une forme d'historique des engagements explicites pris par les joueurs au cours de la partie. Cette histoire des engagements est à la fois globale et

---

[108]. L'idée de conditions sur la partie est davantage développée dans les Sections 5.5.2 et 5.6.3.

ordonnée. Elle est globale dans la mesure où elle retrace l'ensemble des engagements explicites pris dans la partie et représente en ce sens une mémoire de toutes les annonces qui ont été faites à un moment précis du jeu. Elle est également ordonnée car les propositions y sont intégrées les unes après les autres : la liste se construit au fur et à mesure de la partie – en fonction à la fois des formules jouées et des choix des joueurs. Derrière l'opérateur d'annonces, c'est le mécanisme d'échange (challenger/défendre) et de choix (assumer la charge de l'annonce/rejeter la charge de l'annonce) qui est responsable de sa construction. Le dynamisme de l'opérateur d'annonces apparaît dès le niveau propositionnel, dans la construction de la liste.

L'acte d'annonce n'est pas une opération sur un modèle, mais une attitude particulière d'un joueur par rapport à un type déterminé de propositions. D'un autre côté, les versions conditionnalisées (des annonces avec postcondition épistémique K_a) nous ont systématiquement contraints à itérer un jeu de concession de l'antécédent d'un conditionnel matériel suivi de l'introduction d'un nouveau point contextuel dans lequel la concession est de nouveau effectuée. La liste d'annonce constitue le pendant dialogique de la manifestation syntaxique de la survivance de la proposition annoncée dans chaque contexte. Par exemple, dans la formule $p \wedge q \to K_a(p \wedge q \to K_b(p \wedge q \to K_c((p \wedge q) \to (p \vee r))))$, nous pouvons clairement voir que du point de vue syntaxique la proposition $p \wedge q$ de l'antécédent apparaît ensuite dans la portée de chaque opérateur K_a ce qui encode le fait que la proposition $p \wedge q$ "survit" aux transitions épistémiques.

Un jeu sous hypothèse. Si la liste représente une mémoire des engagements, elle permet également de mettre en évidence le jeu sous hypothèse. Toute proposition est énoncée dans le cours de la partie sous l'hypothèse des propositions contenues dans la liste. Tout coup concernant la postcondition d'un opérateur d'annonce doit respecter cette proposition, c'est-à-dire qu'un joueur peut se voir contraint par son adversaire de justifier la ou les propositions de la liste s'il choisit de changer de point contextuel. Le jeu sur l'annonce dissimule donc une forme de conditionnalisation de la suite de la partie, ce que précisément la liste explicite alors que les versions conditionnalisées ne le manifestent qu'indirectement. Les coups 11 et 7 respectivement des parties 3.a et 3.b manifestent ce point. Au coup 11, de la partie 3.a l'**O**pposant concède q dans le point contextuel 1_a2 préfixé de la liste d'annonces chargée des propositions p et $p \vee q$, c'est-à-dire que q est concédée sous les hypothèses p et $p \vee q$. En revanche, au coup 7 de la partie 3.b la proposition q est concédée dans le point contextuel $1_a 2$, sans plus d'information sur le contenu du la situation $1_a 2$.

Dans les Sections suivantes nous développons davantage la nature des engagements induits par un opérateur d'annonce publique au niveau des joueurs du dialogue.

5.5 Annonce et engagement

Dans une partie, lorsqu'un joueur énonce une formule, il s'engage [109]. Il s'engage si cet énoncé n'est pas atomique car son adversaire dispose de moyen pour challenger cet énoncé via la règle de particule appropriée. Puisque cette remarque prend son origine dans les règles de particule et parce que nous avons formulé une règle de particule pour l'opérateur d'annonce publique, cet opérateur représente également une forme d'engagement, engagement que nous avons qualifié d'explicite au Chapitre 4 (cf. Table 4.5). Mais si cet opérateur engage les joueurs, nous venons de voir dans la section précédente que cet engagement est différent des engagements auxquels mènent les règles de particule des autres constantes logiques ; ce qui nous amène à la question suivante : si le joueur qui énonce $[\varphi]\psi$ s'engage à défendre cette formule, de quel type est cet engagement ?

5.5.1 Différents types d'engagements

Si nous souhaitons chercher le ou les types d'engagements pouvant être induits par un opérateur d'annonce publique, il nous faut rappeler et préciser les différents types d'engagements possibles que nous avons déjà évoqués dans la Section 4.1.1. D. Walton et E. Krabbe, dans *Commitment in Dialogue : Basic Concept of Interpersonal Reasoning*[110], recensent trois types d'engagements :

1. les concessions,
2. les assertions, et
3. les engagements indirects [111].

Une concession est un engagement "faible" dans la mesure où ce type d'engagement n'induit aucune charge de preuve. *Concéder*, c'est s'engager à ne pas objecter si la partie adverse utilise la concession. Contrai-

---

109. Cf. Chapitre 4, Section 4.1.3.
110. Cf. Walton et Krabbe (1995), p. 186–187.
111. Nous traduisons "dark-side commitment" par "engagement indirect" en contraste avec les concessions et les assertions qui représentent des engagements directes.

rement à la concession, l'assertion est un engagement qui implique une charge de preuve. *Asserter*, c'est s'engager à défendre si la partie adverse demande des justifications vis-à-vis de l'assertion. Le troisième type d'engagement peut, en un sens, être rapproché des assertions dans la mesure où il peut amener à devoir défendre un énoncé. Pour notre propos, nous ne considérons que les deux premiers types d'engagements que nous mettons en rapport avec la forme d'engagement que le jeu sur un opérateur d'annonce implique.

Assertion et annonce. Si pour se défendre d'un challenge vis-à-vis d'un opérateur d'annonce le joueur ajoute la formule à la liste d'annonces, son adversaire peut lui demander une justification via **SR-A*** et/ou challenger la postcondition avec la règle de particule appropriée. En ce sens, suivant la définition de D. Walton et E. Krabbe, ce choix de défense peut être considéré comme étant une assertion : le défenseur a l'obligation de défendre la formule ajoutée à la liste et/ou la postcondition. Mais, si le défenseur choisit de ne pas s'engager dans la défense de la formule annoncée, la défense de cette formule revient à son adversaire lorsqu'il challenge la négation. Dans ce cas ce n'est pas le défenseur qui se commet dans une assertion de la formule annoncée, mais c'est le challengeur lui-même qui devra par suite éventuellement être amené à défendre cette formule.

Concession et annonce. Si l'annonce représente une assertion par l'engagement à défendre qu'elle représente, elle peut, dans un cas particulier, mener à une concession de la part de l'**O**pposant. Supposons par exemple que le **P**roposant énonce $[p]\psi$ alors que la proposition atomique p n'a pas encore été introduite par l'**O**pposant. Le **P**roposant se défend avec $\neg p$, ce qui contraint l'**O**pposant à *concéder* p par son challenge sur la négation [112]. Nous considérons que c'est une concession de l'**O**pposant pour deux raisons :

1. Dans la mesure où il n'y a pas de règle de particule pour attaquer une formule atomique, l'**O**pposant ne peut pas être engagé dans la défense de cette formule : c'est une concession. Le **P**roposant ne peut, par conséquent, pas attaquer ce coup ; il peut uniquement réutiliser cette formule pour sa propre défense.

---

112. Le **P**roposant peut se défendre en ajoutant p à la liste d'annonces, mais par **SR-A*** l'**O**pposant peut le contraindre à énoncer p, ce que le **P**roposant ne pourra pas faire. En raison de son rang de répétition ($n := 2$), il changera donc sa défense pour $\neg p$, d'où notre choix d'opter immédiatement pour cette défense possible.

2. Seul l'**O**pposant est autorisé à introduire de nouvelles formules atomiques dans le cours d'une partie – sauf si cette formule appartient à la liste [113] – le **P**roposant ne le peut pas en raison de la restriction atomique (**SR-2***) : c'est une concession de l'**O**pposant.

Dans un dialogue, une formule $[\varphi]\psi$ peut donc conduire soit à un acte d'assertion, soit à une concession. Cet opérateur représente une concession de l'**O**pposant uniquement si la proposition de l'annonce est atomique. Mais que la formule de l'annonce soit atomique ou complexe, cet opérateur introduit une possible redistribution des engagements. Le joueur qui énonce $[\varphi]\psi$ peut choisir qui prend en charge la défense de φ. Si ce point est notable, ce n'est pas la seule particularité que cet opérateur offre dans une dialogue.

5.5.2 Engagement et contexte

Dans la Section 5.4.2 nous avons évoqué l'idée de conditions sur la partie que nous avons abordée à partir des points contextuels. Dans cette section, nous reprenons cette notion de conditions sur la partie mais en l'appréhendant à partir des engagements pris par les joueurs.

Chaque engagement dans un dialogue modal est par définition contextuel, c'est-à-dire que l'engagement du joueur est à relativiser par rapport à un point contextuel déterminé. Par exemple lorsque l'**O**pposant concède une formule atomique p dans un point contextuel i, cette formule est uniquement concédée dans ce point contextuel i, elle n'est pas concédée dans le point contextuel i'. Si le **P**roposant peut utiliser cette formule atomique pour défendre sa propre argumentation, il ne le peut que dans le point contextuel i. Tout autre usage de cette formule lui est simplement interdit. La contextualisation des concessions vaut également pour les assertions : un joueur qui asserte φ à un point contextuel i peut seulement être obligé de défendre φ dans ce point contextuel [114]. Pour cette raison nous désignons un engagement relativisé à un point contextuel particulier par : *engagement local*. Il s'agit d'un engagement localement pris *dans* la partie.

En revanche défendre un opérateur d'annonce en ajoutant la formule annoncée à la liste représente un *engagement global*, un engagement *sur* la partie. C'est un engagement pris sur la partie dans la mesure où il

---

113. Ce qui signifie que l'**O**pposant a introduit cette formule atomique auparavant. Cf. Section 5.3.1 et plus particulièrement le Corollaire 1.
114. Ce point peut sembler contradictoire si $\varphi := K_a\psi$, mais lorsque **X** asserte $K_a\psi$ au point contextuel i, il doit défendre cette assertion en défendant ψ pour n'importe quel point contextuel i' choisi par son adversaire à partir du point i. L'assertion épistémique du joueur **X** est donc bien localisée au point i.

doit être respecté – dans le sens être défendu – pour le reste de la partie. En effet, la liste d'annonces impose (via **SR-A***) des conditions sur les points contextuels introduits pour les deux joueurs. C'est parce qu'un opérateur d'annonce impose une contrainte sur les points contextuels introduits par suite, que nous considérons qu'est induit un engagement global, un engagement sur la partie par opposition aux engagements locaux qui ne reste que contextuels.

Si dans la littérature modèle théorique les actes de communication – les annonces publiques – proviennent d'un dieu omniscient, parfois du Pape, ou en tout cas toujours d'une source infaillible et véridique, l'approche dialogique permet de comprendre une annonce publique comme étant un acte d'engagement pris par les joueurs sur le déroulement d'une partie dialogique.

5.5.3 Engagement sur la partie et itération locale

Dans la Section 5.2 nous avons déjà abordé la question de l'itération de l'engagement local. Un engagement sur la partie et l'itération d'un engagement dans la partie n'engage pas un/les joueur(s) de la même manière. Un engagement sur la partie contraint les deux joueurs – si l'un des deux introduit un nouveau point contextuel, le point choisi doit respecter la liste des engagements sur la partie (la liste $\mathcal{A}$) – alors que l'engagement local pris suite à un challenge sur un conditionnel matériel n'engage que localement le challengeur. L'itération de l'engagement local contraint à une répétition de l'antécédent du conditionnel matériel dans *chaque* nouveau point contextuel. En comparaison un engagement sur la partie peut être demandé par l'adversaire (via **SR-A***) uniquement dans des points contextuels *choisis*. Une fois la condition prise sur la partie, il n'est pas nécessaire de la réintroduire, elle peut ne l'être que dans certains points contextuels selon les intérêts des joueurs.

Qui plus est, même si aucun point contextuel n'est par suite introduit, l'engagement sur la partie ne se laisse pas réduire à un simple engagement dans la partie. C'est ce que manifeste les différents usages qu'il peut être fait des engagements globaux.

5.6 Des usages possibles des engagements globaux

Si une annonce donne lieu à un engagement global lorsque la formule annoncée est ajoutée à la liste, cet engagement peut également être utilisé localement. A travers cette section nous tachons de montrer l'irréductible distinction entre engagement *sur* la partie et engagement *dans* la partie à travers la notion d'usage.

5.6.1 Engagement sur la partie et usage local

Afin d'illustrer la différence entre usage local et usage global d'un engagement provenant d'une annonce, nous discutons une instanciation de l'axiome "permanence atomique" à travers deux parties :

1. $[q \wedge r]p \to ((q \wedge r) \to p)$ – Table 5.12, et
2. $((q \wedge r) \to p) \to [q \wedge r]p$ – Table 5.13.

Permanence atomique partie 1. $[q \wedge r]p \to ((q \wedge r) \to p)$

	O			P	
				$\epsilon\|1 : [q \wedge r]p \to ((q \wedge r) \to p)$	0
	$m := 1$			$n := 2$	
1	$\epsilon\|1 : [q \wedge r]p$	0		$\epsilon\|1 : (q \wedge r) \to p$	2
3	$\epsilon\|1 : q \wedge r$	2		$\epsilon\|1 : p$	6
5	$q \wedge r\|1 : p$		1	$\epsilon\|1 : ?_{[\ ]}$	4

TABLE 5.12 – Permanence atomique partie 1

Explications de la partie Table 5.12 : Au coup 3, l'**O**pposant challenge le conditionnel matériel. Parce que le conséquent de ce conditionnel est atomique, le **P**roposant ne peut pas se défendre pour le moment. Par conséquent, il contre-attaque le coup 1 de l'**O**pposant. Conformément à la règle de particule sur l'opérateur d'annonce publique, ce dernier a le choix : il peut soit refuser de se commettre dans l'annonce, soit l'ajouter à la liste et concéder p. Mais s'il choisit de ne pas se commettre dans l'annonce en niant $q \wedge r$, il se contredit par rapport au coup 3. Il ajoute donc $q \wedge r$ à la liste et concède p, ce qui permet au **P**roposant de gagner la partie au coup 6.

Remarque. Au coup 3, l'**O**pposant s'engage localement dans la partie sur la défense de $q \wedge r$. C'est-à-dire qu'il s'engage à défendre $q \wedge r$ uniquement dans le point contextuel 1. Par contre au coup 5, l'**O**pposant en ajoutant $q \wedge r$ à la liste met une condition sur la partie. Désormais si l'**O**pposant ou le **P**roposant décide de choisir un nouveau point contextuel à partir du point contextuel 1, ce joueur peut être amené à devoir énoncer $q \wedge r$ dans ce point contextuel si son adversaire l'y contraint.

Mais étant donné que cette partie ne comporte aucun engagement à caractère modal (pas d'opérateur épistémique K_a) nul autre point contextuel ne peut être introduit et le **P**roposant ne peut donc que contraindre l'**O**pposant (via **SR-A***) à énoncer l'élément $q \wedge r$ de la liste dans le point contextuel 1 : ce que ce dernier a déjà fait au coup 3 par son engagement local. Par conséquent il apparaît ici que l'engagement global sur la partie ne peut être utilisé que localement, c'est-à-dire comme engagement dans la partie et non sur la partie.

Permanence atomique partie 2. $((q \wedge r) \rightarrow p) \rightarrow [q \wedge r]p$

	O			P	
				$\epsilon\|1 : ((q \wedge r) \rightarrow p) \rightarrow [q \wedge r]p$	0
	$m := 1$			$n := 2$	
1	$\epsilon\|1 : (q \wedge r) \rightarrow p$	0		$\epsilon\|1 : [q \wedge r]p$	2
3	$\epsilon\|1 : ?_{[\,]}$	2		$\epsilon\|1 : \neg(q \wedge r)$	4
5	$\epsilon\|1 : q \wedge r$	4		$\otimes$	
7	$\epsilon\|1 : p$		1	$\epsilon\|1 : q \wedge r$	6
	—			$q \wedge r\|1 : p$	8

TABLE 5.13 – Permanence atomique partie 2

Explications de la partie Table 5.13 : Au coup 1, l'**O**pposant challenge le conditionnel matériel et le **P**roposant se défend en énonçant le conséquent de ce conditionnel (coup 2). Le **P**roposant choisit ensuite de ne pas s'engager dans l'annonce de $q \wedge r$ et se défend donc du challenge du coup 3 par $\neg(q \wedge r)$. C'est alors l'**O**pposant qui se retrouve commis dans l'assertion de $q \wedge r$ dans le point contextuel 1 lorsqu'il challenge la négation (coup 5). Au coup 6, le **P**roposant challenge le conditionnel matériel du coup 1. L'**O**pposant pourrait ici choisir de contre-attaquer la conjonction du coup 6, mais le **P**roposant parviendrait à se défendre en contre-attaquant à son tour le coup 5 ; il choisit donc de se défendre. Après la défense correspondante de l'**O**pposant (coup 7), le **P**roposant use de son rang de répétition pour changer sa défense vis-à-vis du challenge du coup 3 et se défend désormais en ajoutant $q \wedge r$ à la liste et gagne la partie au coup 8. Si l'**O**pposant utilise la règle **SR-A*** pour contraindre le **P**roposant à défendre l'engagement global envers $q \wedge r$, il ne peut le contraindre à le défendre que dans le point contextuel 1. Le **P**roposant pourrait dans ce cas utiliser le coup 5 pour défendre localement son engagement global.

Remarque. Au coup 5, $q \wedge r$ représente un engagement pris dans la partie par l'**O**pposant. A ce stade du jeu il est seul à devoir défendre $q \wedge r$ dans le point contextuel 1. Quand le **P**roposant énonce $q \wedge r$ au coup 6, ce dernier devient lui aussi commis localement dans la défense de $q \wedge r$ au point contextuel 1. Au coup 8, le **P**roposant ajoute $q \wedge r$ à la liste et ce faisant $q \wedge r$ devient un engagement sur la partie. Pour autant le **P**roposant ne risque pas de devoir justifier cet engagement en dehors du point contextuel 1 car il n'y a dans cette partie aucun opérateur modal. Il ne peut être fait qu'un usage local de la règle **SR-A***. La partie pourrait comporter un coup 9 où l'**O**pposant ferait usage de cette règle, mais la justification fournie par le **P**roposant serait la même que celle qu'il pourrait donner pour le coup 6 à partir du coup 5.

Bilan. Dans les deux parties ci-dessus, bien que les engagements pris sur la partie ne sont utilisés ou ne peuvent être utilisés que localement dans le point contextuel 1, ces engagements ne sont pas pour autant réduits à des engagements locaux. Un engagement pris sur la partie ne change pas de nature même s'il n'est utilisé que localement, il reste un engagement global : c'est seulement l'usage qui peut en être fait qui change – il peut être utilisé seulement localement et non globalement.

5.6.2 Engagement sur la partie et usage global

Dans la Table 5.14 nous présentons un exemple pour illustrer l'usage global d'un engagement découlant d'un opérateur d'annonce.

	O			P	
				$\epsilon\|1 : [p]K_a p$	0
	$m := 1$			$n := 2$	
1	$\epsilon\|1 : ?_{[\ ]}$	0		$\epsilon\|1 : \neg p$	2
3	$\epsilon\|1 : p$	2		$\otimes$	
				$p\|1 : K_a p$	4
5	$p\|1 : ?_2^a$	4		$p\|1_a 2 : p$	8
7	$p\|1_a 2 : p$		5	$\epsilon\|1_a 2 : !_{(p)}$	6

TABLE 5.14 – L'annonce comme condition de justification du savoir

Explications de la Table 5.14 : Au coup 1, l'**O**pposant challenge la thèse et le **P**roposant refuse de s'engager dans la formule annoncée et choisit donc de se défendre avec $\neg p$ (coup 2). Au coup suivant (coup 3), l'Opposant challenge la négation du coup 2 en énonçant p. Suite à ce coup, le Proposant (en vertu de son rang de répétition $n := 2$) change sa défense précédente et ajoute la formule de l'annonce à la liste en s'engageant dans la défense de la postcondition (coup 4). Au coup 5, l'Opposant challenge l'opérateur épistémique K_a en introduisant un nouveau point contextuel pour l'agent a : la situation 2. En raison de la règle **SR-2***, le Proposant ne peut pas produire sa défense pour le moment. Par contre, comme l'Opposant a introduit le point contextuel 2 à partir d'un point contextuel préfixé par une liste d'annonces non-vide, le Proposant tire partie de l'engagement global faisant suite à l'ajout de p dans la liste d'annonces en utilisant la règle **SR-A*** pour forcer son adversaire à énoncer p dans ce nouveau point contextuel (coup 6). L'Opposant s'exécute au coup 7, ce qui permet au Proposant de se défendre au coup 8 et de remporter la partie.

C'est donc parce que le Proposant utilise la formule ajoutée à la liste d'annonce – soit la formule qui a été annoncée – qu'il parvient à se défendre contre le challenge de l'Opposant portant sur $K_a p$. Ces différentes considérations nous invite à penser que la globalité de l'engagement issue d'un opérateur d'annonce semble provenir de la règle **SR-A***.

5.6.3 Engagement sur la partie et postcondition épistémique

A travers l'exemple de la Table 5.14 nous avons pu voir l'importance du rôle joué par la règle structurelle **SR-A*** pour la défense de l'énoncé $K_a p$ du Proposant. Que se passe-t-il si nous modifions cette règle ? Supposons que la règle soit formulée telle qu'elle est donnée dans la Table 5.15. Elle garantit dans ce cas uniquement la possibilité de pouvoir contraindre l'adversaire à défendre les éléments de la liste dans le point contextuel i mais pas dans un point contextuel i' différent de i. Les conséquences de ce défaut sont illustrées dans la Table 5.16.

Explications de la partie Table 5.16 : Que constatons nous dans la partie développée dans la Table 5.16 ? Sans la règle **SR-A*** "complète", les joueurs ne peuvent pas utiliser la dimension globale de l'engagement offert par l'opérateur d'annonce – il n'est pas possible de "tester" le point contextuel que l'Opposant choisit à partir du point contextuel 1 alors que celui-ci est préfixé d'une liste contenant l'élément p. Par conséquent, la concession sur p reste localisée au point contextuel 1. Le

SR-A* restreinte :	Pour tout coup $\langle \mathbf{X} - \mathcal{A}\|i : e\rangle$ (où la séquence $\mathcal{A}$ est non-vide), $\mathbf{Y}$ peut contraindre le joueur $\mathbf{X}$ à énoncer n'importe quel élément a de la liste dans le point contextuel i. **Remarque** : dans sa défense, $\mathbf{X}$ ne doit pas supprimer de la liste l'élément choisi par $\mathbf{Y}$.

TABLE 5.15 – **SR-A*** restreinte

	O			P	
				$\epsilon\|1 : [p]K_a p$	0
	$m := 1$			$n := 2$	
1	$\epsilon\|1 : ?_{[\ ]}$	0		$\epsilon\|1 : \neg p$	2
3	$\epsilon\|1 : p$	2		$\otimes$	
				$p\|1 : K_a p$	4
5	$p\|1 : ?_2^a$	4		—	

TABLE 5.16 – **SR-A*** restreinte dans une partie

problème est que la postcondition est épistémique et le **P**roposant ne peut pas obtenir l'atome dont il a besoin pour se justifier dans le point contextuel 2. L'aspect global de l'engagement, la condition p mise sur la partie est nécessaire pour la justification de la postcondition épistémique $K_a p$.

Restreindre la règle **SR-A*** tel que nous l'avons fait dans la Table 5.15 change la signification d'une annonce publique. Cela réduit l'annonce à un engagement local, un engagement dans la partie. La partie qui suit de cette restriction est similaire à la partie ayant pour thèse $p \to K_a p$ – Table 5.17. Dans les deux parties, le **P**roposant ne peut pas défendre $K_a p$ à partir de la concession p localisée au point contextuel 1.

	O			P	
				$\epsilon\|1 : p \to K_a p$	0
	$m := 1$			$n := 2$	
1	$\epsilon\|1 : p$	0		$\epsilon\|1 : K_a p$	2
3	$\epsilon\|1 : ?_2^a$	2		—	

TABLE 5.17 – Annonce + **SR-A*** restreinte = conditionnel matériel

Explications de la partie Table 5.17 : L'Opposant concède p dans le point contextuel 1, puis il introduit le point contextuel 2 en challengeant l'opérateur épistémique K_a. Le problème pour le Proposant est que la concession de l'Opposant est localisée au point contextuel 1 et que pour se défendre il aurait besoin que p soit également concédé au point contextuel 2. Comme le Proposant ne dispose d'aucun moyen pour obtenir p au point contextuel 2, il perd.

Remarque. Dans les parties Tables 5.16 et 5.17, l'Opposant aurait pu choisir le point contextuel 1 pour son challenge. Et dans ce cas particulier, le Proposant aurait pu mener à terme sa défense et gagner. Néanmoins, les concessions p, respectivement au coup 3 dans la Table 5.16 et au coup 1 dans la Table 5.17, n'auraient pas été autre que des engagements locaux. De plus, la victoire du Proposant n'interviendrait alors qu'en raison d'un coup sous-optimal de la part de son adversaire. Ce choix sous-optimal ne changerait donc strictement rien quant à l'existence d'une stratégie de victoire pour l'Opposant, ce que le Proposant n'a pas.

Bilan. La globalité d'un engagement issue d'un opérateur d'annonce publique et la règle structurelle **SR-A*** sont donc intimement liées : sans cette règle, la globalité est perdue, autrement dit la nature de l'engagement ne peut être que locale. Cette règle structurelle permet un usage double de ce type d'engagement : soit local – engagement *dans* la partie, soit global – engagement *sur* la partie.

Alors que les dialogues mettent en évidence cette différence d'usage, l'irréductible distinction de nature de l'engagement – pris sur ou dans la partie – est perdue dans l'approche modèle théorique de l'opérateur d'annonce publique.

5.7 Annonce et savoir : des propriétés communes ?

Comme nous venons de le voir, l'opérateur d'annonce publique révèle, dans un dialogue, une forme d'engagement qui lui est spécifique. La spécificité de cette forme d'engagement apparaît être nécessaire et parfaitement appropriée pour justifier un énoncé épistémique relatif à cette annonce. Nous explorons à présent l'origine de cet proximité apparente entre opérateur d'annonce et opérateur épistémique.

5.7.1 La piste de la postcondition

Selon la syntaxe de **PAC**[115], un opérateur d'annonce publique peut avoir trois types de postcondition :
1. une formule booléenne,
2. une formule épistémique, ou
3. un opérateur d'annonce.

Dans la section précédente, nous avons vu qu'une postcondition booléenne ne permet pas de mettre en lumière la spécificité des engagements globaux car ils ne restent utilisés que de manière locale en raison du défaut d'au moins un opérateur épistémique (K_a). La dimension globale de la règle **SR-A*** se manifeste uniquement lorsqu'un autre point contextuel est choisi pour challenger une formule épistémique. Qu'en est-il du troisième type de postcondition possible ? L'axiome "annonce et composition" : $[\varphi][\psi]\chi \leftrightarrow [\varphi \wedge [\varphi]\psi]\chi$ nous fournit des éléments de réponse. Les deux annonces φ et ψ sont contractées en une seule annonce ayant pour postcondition χ. Par conséquent la question de la nature de la postcondition dépend de la nature de la formule χ :

1. Si χ est une formule booléenne, l'engagement sur la partie ne pourra être utilisé que de manière locale.
2. Si χ est une formule épistémique, l'engagement sur la partie pourra être utilisé localement et globalement.
3. Si χ est un opérateur d'annonce, une fois de plus cela dépendra de la nature de la postcondition de cet opérateur d'annonce.

Nous représentons ce schéma de décomposition dans la Table 5.18, où '$[\varphi]$' est un opérateur d'annonce, '$p, \neg, \wedge, \vee, \rightarrow$' représentent les formules booléennes et 'K_a' l'opérateur épistémique.

Seuls les deux premiers types de postcondition – booléenne et épistémique – sont concernés par la question de la nature de l'engagement auquel peut conduire l'annonce. Le dernier type de postcondition : un opérateur d'annonce déplace cette question sur la nature de sa propre postcondition. Il nous est donc permis de conclure que seule une postcondition épistémique permet de pleinement révéler l'aspect global d'un engagement que peut impliquer un opérateur d'annonce.

5.7.2 Des propriétés structurelles partagées ?

Dans la Section 5.6.3, nous avons pu constater qu'avec une version restreinte de la règle **SR-A***, le Proposant est mis en difficulté pour

---
115. Cf. Chapitre 2, Section 2.5.1.

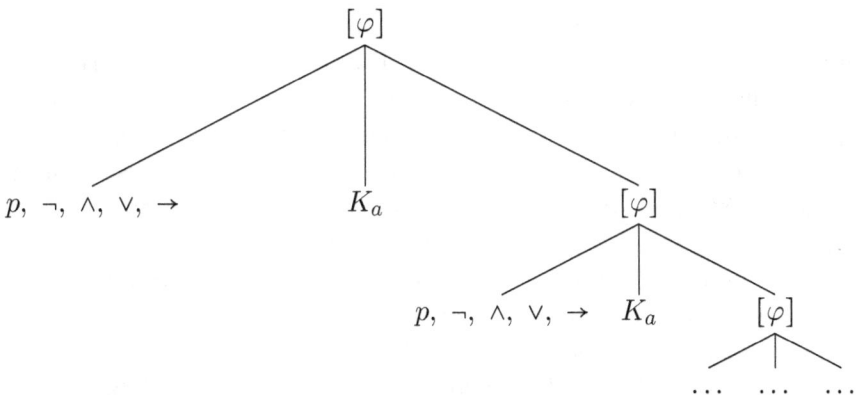

Table 5.18 – Postconditions possibles pour un opérateur d'annonce

défendre son énoncé épistémique. Dans la Section 5.7.1, nous venons de montrer que seule une postcondition épistémique permet de révéler le caractère global d'engagements suivant le jeu sur un opérateur d'annonce publique. Ces deux sections pointent des caractéristiques partagées par les opérateurs épistémiques et les opérateurs d'annonces publiques. Ces caractéristiques partagées apparaissent dès le niveau des règles. Les règles de particule représentent les conditions d'usage de ces deux types de constantes logiques dans un dialogue et se focalisent principalement sur le question du choix et de sa charge :

Opérateur épistémique K_a : le choix revient au challengeur, ce dernier doit choisir un point contextuel dans lequel la défense doit être faite.

Opérateur d'annonce : le choix revient au défenseur, il choisit qui prend en charge la défense de la formule qui fait l'objet de l'annonce.

Ce n'est donc pas directement à travers la charge du choix que les règles manifestent les caractéristiques partagées entre opérateur épistémique et opérateur d'annonce. En revanche, si l'on accorde davantage d'attention aux règles structurelles, ces caractéristiques partagées apparaissent. D'une part, la règle structurelle pour l'opérateur épistémique spécifie des restrictions sur les points contextuels pouvant être choisis. Cette restriction sur les choix possibles représente la contrepartie dialogique de la logique $\mathbb{S}5$. La réflexivité – propriété structurelle permettant de différencier le savoir de la croyance (du point de vue de la théorie des modèles) – est dialogiquement traduite par la possibilité de pouvoir choisir pour l'agent a le point contextuel dans lequel l'énoncé épistémique est produit. Autrement dit, la défense d'un énoncé épistémique doit pouvoir être faite dans n'importe quel point contextuel pour un agent déterminé, y compris le point contextuel de cet énoncé. D'autre part, la règle structurelle **SR-A*** liée à l'opérateur d'annonce publique garantit que la formule ajoutée à la liste doit pouvoir être défendue dans le point contextuel à partir duquel elle est ajoutée à la liste. Ce point précis dissimule une forme de réflexivité qui est une caractéristique essentielle du savoir – de l'opérateur épistémique K_a [116]. Non seulement la formule ajoutée à la liste doit pouvoir être défendue dans le point contextuel à partir duquel elle est ajoutée, mais elle doit également pouvoir être défendue dans les points contextuels choisis ultérieurement à cet ajout – c'est précisément ce que met en évidence la version restreinte de la règle **SR-A*** de la Section 5.6.3.

Les règles structurelles pour l'opérateur épistémique K_a et l'opérateur d'annonce révèlent une caractéristique commune : à partir d'un point contextuel i, une formule ajoutée à la liste d'annonce ou une formule dans la portée d'un opérateur épistémique doit pouvoir être justifiée dans ce point contextuel i ou dans tout autre point contextuel i' choisi pour à partir de i.

Conclusion

A travers ce chapitre, nous sommes partis d'une comparaison entre parties avec annonces et parties sans annonces pour des formules équivalentes. Le cas des annonces complexes nous a montré que la formulation de la règle **SR-A** n'était pas optimale. Nous sommes donc parvenus à la formulation libéralisée de cette règle dans la règle **SR-A***. Cette reformulation nous a ensuite conduit à modifier la restriction atomique **SR-2** pour une version plus permissive pour le **P**roposant (**SR-2***).

Alors que dans le Chapitre 3, nous avons pris le parti de critiquer le caractère dynamique de la logique **PAL** ; nous avons ici essayé de montrer que **DEMAL** bénéficie d'un double dynamisme que **PAL** ne possède pas : le dynamisme local du processus de construction du point contextuel et l'irréductibilité du dynamisme d'un engagement pris sur la partie (mis en évidence grâce à la liste $\mathcal{A}$). Bien qu'il est logiquement permis d'établir une correspondance entre l'itération d'une formule à travers différents points contextuels et une formule ajoutée à la liste d'annonce, l'ajout d'une formule à la liste d'annonces témoigne d'une différence de nature quant à l'engagement pris par les joueurs par rapport à cette formule. Cette distinction de nature de l'engagement représente

---

[116]. Dans le Chapitre 6, Section 6.5.1 nous revenons sur la réflexivité induite par l'opérateur d'annonce.

la contrepartie dialogique de la différence entre la logique épistémique statique (**EL**) et une logique épistémique dynamique (**PAL**).

Par conséquent si la dynamique des langages de **PAL** peut être réduite à une logique épistémique statique (**EL**) par l'ajout de condition, la contrepartie dialogique de ce dynamisme – le changement de nature des engagements – est irréductible. Il est irréductible car la dynamique se situe au niveau des joueurs et non au niveau du langage logique. C'est la pratique de la logique qui est dynamique. De plus l'approche modèle théorique réduit les annonces publiques à des opérations sur des modèles tandis que l'approche dialogique les considère comme des engagements pris par des joueurs au sein d'un processus argumentatif. Cette dernière différence permet de redécouvrir la signification de la logique des actes de communication. Dans la dialogique, une annonce redevient un acte de communication sous la forme d'un engagement particulier qui perdure à travers les points contextuels choisis par suite.

Troisième partie

Le dynamisme des conditions juridiques en dialogue

Chapitre 6

Condition suspensive et la dynamique de DEMAL

Résumé du chapitre : A travers ce chapitre nous explorons la possibilité de reconstruire le conditionnel moral étudié par Leibniz à l'aide de l'opérateur d'annonce publique des logiques épistémiques **PAL** ainsi de que son interprétation dialogique **DEMAL** que nous avons présentée et discutée dans les chapitres précédents. L'ensemble des considérations que nous développons nous mène à proposer les bases d'un nouveau système dialogique : **DLLC**. Pour cela, il nous faut :
- Recenser les critères circonscrits par A. Thiercelin permettant à Leibniz de formuler le conditionnel moral à partir de la notion logique de proposition conditionnelle.
- Nous tâchons de montrer la proximité de ces critères avec la sémantique des opérateurs d'annonces tout en soulignant les similitudes et échos que certains de ces critères ont avec la notion de condition suspensive du droit contemporain.
- Si la plupart de ces critères sont satisfaits par la sémantique de l'opérateur d'annonce, un critère – le critère (viii) – représente une difficulté. Ce critère nous permet de révéler la pertinence du cadre dialogique pour cette étude.

6.1 Condition juridique et dynamisme épistémique

Leibniz dans ses écrits de jeunesse a eu pour projet de désambiguïser la notion juridique de *condition* – condition qu'il désigne par *condition morale*[117]. Son idée n'est pas de produire une énième définition du concept particulier de condition (définitions déjà nombreuses, voire incomplètes aux dires de Leibniz), mais plus de « tenter d'accéder à ce rocher par un autre côté[118] ». La condition morale était alors principalement considérée comme un *ajout* (sur une proposition) et non pas pensée en soi. Leibniz renverse cette conception en proposant de penser la condition morale comme la partie d'une proposition conditionnelle. Ce changement de perspective sur la notion de condition morale permet de mettre à contribution la théorie logique concernant les propositions conditionnelles. La signification de la conditionalité morale peut se voir explicitée et étudiée par rapport à une proposition conditionnelle logique.

Les réflexions que Leibniz a développées dans cette veine revêtent un intérêt particulier par rapport à l'étude que nous avons pu mener jusqu'à présent sur la problématique de la dynamique épistémique. Classiquement les conditions suspensives sont, dans le droit, abordées à travers la problématique de l'existence en considérant fictivement que la condition existe véritablement. Au besoin le statut de la condition peut rétroactivement être reconsidéré. Leibniz propose quant à lui de déplacer le problème du champ de l'ontologie à une problématique épistémique. La question liée aux conditions de suspension du droit n'est plus alors un problème d'existence, pouvant être réelle ou fictive a posteriori, mais est pensée comme un défaut de connaissance.

Sans avoir la prétention d'enquêter dans le système leibnizien, comme ont déjà pu remarquablement le faire M. Armgardt[119] et A. Thiercelin[120] dans leurs travaux respectifs, nous souhaitons proposer une alternative originale pour la compréhension de la conditionnalité suspensive à travers la dynamique de la logique épistémique.

Présentation de l'exemple. Pour des raisons pratiques nous utilisons tout au long de ce chapitre un exemple sur lequel nous prenons appui et à partir duquel nous raisonnons. Considérons l'exemple suivant « si un

---

117. La conditionnalité morale dont traite Leibniz est aussi communément désignée par *condition suspensive*.
118. Cf. Leibniz (1964), VI i 101 ; 370.
119. Cf. Armgardt (2001) qui représente le premier travail visant à logiquement comprendre et reconstruire les intentions de Leibniz dans les recherches que ce dernier a menées à propos de la conditionnalité morale.
120. Cf. Thiercelin (2009a), Thiercelin (2009b) et Thiercelin (2011).

navire vient d'Asie, je (Primus) donne et lègue 100 pièces à Secundus » :
la proposition B, « je (Primus) donne et lègue 100 pièces à Secundus »
est suspendue par la proposition A, : « un navire vient d'Asie » ; soit A
implique et suspend B. Que la valeur de vérité de la proposition B se
retrouve suspendue à la proposition A signifie que tant que n'est pas certifiée la valeur de vérité de la proposition A – à l'origine de la suspension
– la valeur de vérité de la proposition suspendue B demeure non connue.
Cette conditionnalité morale fait alors naître un engagement.

Engagement unilatéral et contrat. Il peut découler de l'énoncé « si
un navire vient d'Asie, je (Primus) donne et lègue 100 pièces à Secundus »
soit :

1. un engagement unilatéral de volonté, ou
2. un contrat.

Cet énoncé fait naître un engagement unilatéral de volonté si Secundus
ne manifeste pas sa propre volonté. Dans ce cas, seul Primus est engagé
vis-à-vis de Secundus. Il existe néanmoins quelques cas particuliers où le
silence de Secundus peut faire naître un contrat :
 – La manifestation de volonté de Primus (donner 100 pièces) est prise
    dans l'intérêt exclusif de Secundus et représente une offre inespérée
    pour ce dernier.
 – Le silence de Secundus fait suite à une habitude provenant de la
    manifestation de volonté de Primus et de Secundus (reconduction
    tacite de la manifestation de volonté de Secundus).
 – L'offre de Primus prend appui sur l'existence d'usages professionnels connus à la fois de Primus et de Secundus.

En de pareilles circonstances, le silence du Secundus s'interprète comme
une manifestation implicite de sa volonté. Il ne s'agit alors pas d'un
engagement unilatéral de volonté émanant de Primus, mais bien d'un
contrat où les volontés de Primus et Secundus sont considérées comme
manifestées. Lors d'un contrat, contrairement à l'engagement unilatéral
de volonté, l'engagement peut être réciproque. C'est-à-dire qu'alors que
Primus, par la manifestation de sa volonté, se retrouve nécessairement
engagé vis-à-vis de Secundus, ce dernier peut lui aussi se retrouver engagé vis-à-vis de Primus (ce qui est par définition impossible avec un
engagement unilatéral de volonté).

Si engagement unilatéral de volonté et contrat sont à différencier sur
les modalités de leur établissement, tous deux mènent à des obligations
conditionnées. Pour cette raison, dans notre travail, nous utilisons indistinctement le terme d'*obligation conditionnelle* pour parler du produit

émanant d'un engagement unilatéral de volonté ou d'un contrat. L'obligation conditionnelle est, dans l'Article 1168 du Code civil, déterminée par deux types de conditions : la condition suspensive et la condition résolutoire[121]. Les réflexions que nous menons dans ce chapitre portent uniquement sur les obligations conditionnelles suspensives[122]. L'obligation conditionnelle suspensive représente donc un lien existant entre Primus et Secundus, lien en vertu duquel Primus doit exécuter de manière volontaire ou forcée ce qu'il a promis à Secundus si un navire arrive d'Asie. Si le navire arrive, et seulement dans ce cas, Primus est obligé de donner 100 pièces et Secundus peut l'y contraindre. Ainsi dans la proposition : « Si un navire vient d'Asie, je (Primus) donne et lègue 100 pièces à Secundus », Primus joue le rôle du débiteur, Secundus du créditeur, les 100 pièces représentent les bénéfices émanant de l'obligation conditionnelle alors que la venue d'un navire d'Asie est la condition de suspension de ces bénéfices. Par conséquent, les bénéfices de Secundus (l'obtention des 100 pièces) se retrouvent être suspendus à la venue d'un navire d'Asie – la condition suspensive.

6.1.1 Certification et annonce publique

Un point central de l'argumentation de Leibniz consiste à faire de la condition suspensive, bien qu'épistémiquement incertaine au moment de sa formulation, une proposition qui soit certifiable. C'est-à-dire une proposition dont la valeur de vérité est non connue mais tout de même déterminée : elle est soit vraie, soit fausse. Un « Prophète » possédant la connaissance des futurs contingents (dont fait partie la condition) connaît par avance la valeur de vérité de cette proposition. Si la proposition à l'origine de la suspension est pendant un certain temps incertaine, c'est parce qu'au moment de sa formulation la détermination qu'elle revêt est épistémiquement ignorée. Ce qui fait défaut au moment de sa formulation c'est la mise à jour effective de cette valeur de vérité et non le fait qu'elle en possède une ou non. Cette mise à jour, cet accès à la valeur de vérité de la proposition, causant la fin de la suspension, passe par ce que Leibniz nomme la *certification*. Il s'agit du moment où l'incertitude quant à la valeur de vérité de la condition suspensive est levée, au moment

---

121. Dans la Section 6.1.3 nous nous intéressons davantage à quelques articles du Code civil français (1804).
122. Lorsque dans ce chapitre nous utilisons le terme d'obligation conditionnelle, c'est uniquement des obligations conditionnelles assorties d'une condition suspensive dont nous traitons. Dans le Chapitre 8 nous développons quelques considérations sur l'obligation conditionnelle assortie d'une condition résolutoire.

où le prophète *annonce* la valeur de vérité de cette proposition [123]. L'acte de certification débouche sur un *droit pur* s'il s'avère que la condition suspensive est remplie, ou sur *un droit nul* si elle est invalidée ; tant que la certification n'a pas eu lieu, le droit demeure *suspendu*.

Cet acte de certification et la valeur épistémique qu'il revêt est primordial dans la caractérisation du conditionnel suspensif : il ne suffit pas que la condition soit satisfaite, il faut encore qu'une preuve de la satisfaction de cette condition puisse être établie. L'acte de certification semble trouver une résonance particulière dans l'acte d'annonce ou événement épistémique des logiques de **PAL**. L'opérateur d'annonce publique, que nous avons étudié dans les chapitres précédents, informe des agents épistémiques de la valeur de vérité d'une proposition dont ils pouvaient jusqu'à présent ignorer la valeur. Cette annonce ne peut être effectuée que si certaines conditions sont remplies. Par conséquent la pertinence du rapprochement entre annonce et certification peut être mesurée à travers la comparaison des conditions et conséquences qu'implique une annonce publique des logiques épistémiques avec celles caractérisant le concept de certification déterminé par Leibniz.

6.1.2 Condition suspensive : une définition logique

Dans « Conditions, conditionnels, droits conditionnels : l'articulation du jeune Leibniz [124] », A. Thiercelin met en évidence les différents critères ou conditions que dénombre Leibniz pour cette modalité particulière qu'est la condition suspensive juridique. Munis des caractéristiques de la conditionnalité suspensive décrites par Leibniz et recensées par A. Thiercelin, nous souhaitons rechercher la forme de conditionnelle qui soit la plus appropriée par rapport à ces critères d'exigences. De nombreuses formes de conditionnalité semblent pouvoir convenir, mais toutefois peu parvienne à satisfaire tous les critères d'exigence. A. Thiercelin dans son article a lui-même entrepris cette investigation, cependant nous nous proposons d'opter pour une approche quelque peu différente.

Avant d'entreprendre de rechercher quelle est la forme de conditionnalité la plus appropriée pour capturer la notion juridique de condition suspensive dans un langage formel, nous dressons la liste des critères d'exigences à laquelle elle doit satisfaire [125]. Ces critères sont au nombre de huit :

---

123. Elle peut être soit vraie, soit fausse. Si elle s'avère vraie, le droit est considéré comme *pur* ; si elle s'avère fausse, le droit est considéré comme étant nul.
124. Cf. Thiercelin (2009a).
125. Ces différents critères sont ceux que nous pouvons relevés dans Thiercelin (2009a).

(i) L'antécédent doit impliquer et suspendre le conséquent d'un conditionnel suspensif.

(ii) Le conséquent d'un conditionnel suspensif ne peut pas être vrai si l'antécédent ne l'est pas.

(iii) Le conséquent d'un conditionnel suspensif ne peut pas être sa propre condition.

(iv) La valeur du conséquent d'un conditionnel suspensif n'est connue que lorsque l'antécédent est certifié.

(v) S'il est certain que l'antécédent d'un conditionnel suspensif est vrai, le conséquent est vrai également.

(vi) S'il est certain que l'antécédent d'un conditionnel suspensif est faux, le conséquent est faux également.

(vii) Une contradiction logique ne peut constituer l'antécédent d'un conditionnel suspensif.

(viii) Une tautologie ne peut pas être le conséquent d'un conditionnel suspensif.

Si l'on prête attention à ces huit critères, nous pouvons noter que les critères (i) et (ii) sont primordiaux. Ils déterminent la nature de la relation conditionnelle entre antécédent et conséquent (i) tout en précisant que le conséquent ne peut pas être vrai si l'antécédent ne l'est pas (ii). Les six autres conditions complètent les deux précédentes en spécifiant la nature du conséquent (iii et viii) et de l'antécédent (vii) ainsi que les conditions de vérité du conditionnel suspensif (iv, v et vi).

Nous menons la suite de notre étude en deux temps. Nous commençons premièrement par rechercher la notion de condition suspensive à travers différentes formes de conditionnalité tout en montrant les limites auxquelles ces formes de propositions conditionnelles sont confrontées. Puis, dans un second temps nous nous tournons davantage vers cette question du dynamisme épistémique afin de mesurer si les spécificités de l'opérateur d'annonce publique sont appropriées pour capturer la notion de condition définie par Leibniz.

6.1.3 Condition : définition logique et Code civil

Avant de rechercher une forme logique appropriée pour capturer la signification de cette proposition conditionnelle particulière, nous mettons en évidence les rapprochements que l'on peut faire entre les travaux de Leibniz sur la conditionnalité morale et la notion de condition et de suspension du droit contemporain français. Non seulement Leibniz et le Code civil se rejoignent sur la problématique du défaut épistémique vis-à-vis de la condition juridique, mais certains des critères présentés ci-dessus se retrouvent également pour partie ou en substance dans différents articles du Code civil français (1804).

De l'importance de l'ignorance. Il est intéressant de noter, concernant le défaut épistémique à propos de la valeur de vérité de la condition de suspension, que le droit contemporain reconnaît également cette caractéristique dans le Code civil. L'Article 1168 définit la condition d'une manière générale comme étant un événement futur et incertain – Table 6.1..

Art. 1168	L'obligation est conditionnelle lorsqu'on la fait dépendre d'un événement futur et incertain, soit en la suspendant jusqu'à ce que événement arrive, soit en la résiliant, selon que l'événement arrivera ou n'arrivera pas.

TABLE 6.1 – Article 1168 du Code civil

Toutefois si les réflexions de Leibniz sur le caractère incertain de la condition se retrouvent dans l'Article 1168 du Code civil français (1804), la nature de l'événement incertain fait naître une divergence. Selon Leibniz précisément parce que cette condition est incertaine, elle ne peut être un événement futur. Le rejet des événements futurs pour condition d'obligation conditionnelle s'explique par sa conception déterministe des vérités. Si une telle condition – une condition basée sur un événement futur – nous apparaît incertaine, cette condition est néanmoins déjà déterminée [126]. Contrairement à Leibniz qui considère le défaut de connaissance de la valeur de vérité de la condition de suspension à partir de la notion de déterminisme, le Code civil ne présuppose aucun déterminisme.

Pour autant l'Article 1181 rejoint le défaut épistémique pointé par Leibniz à travers la définition de la condition suspensive – Table 6.2. Une fois de plus c'est le caractère "incertain" mais surtout "inconnu" de l'événement qui est mis en avant à travers cet article car il y est précisé qu'un « événement actuellement arrivé », soit un événement passé, peut mettre en suspens une obligation si cet événement est « encore inconnu des parties ». Si l'événement est futur il doit être incertain, autrement

---

126. Cf. Théorème 241, Leibniz (1964), A VI i 241 ou Thiercelin (2009b), p. 131–134 sur la question de la condition suspensive et des événements futurs.

dit pas encore connu, si l'événement est passé, il ne doit pas déjà être connu.

Art. 1181	L'obligation contractée sous une condition suspensive est celle qui dépend ou d'un événement futur et incertain, ou d'un événement actuellement arrivé, mais inconnu des parties. Dans le premier cas, l'obligation ne peut être exécutée qu'après l'événement. Dans le second cas, l'obligation a son effet du jour où elle a été contractée.

TABLE 6.2 – Article 1181 du Code civil

L'événement correspondant à la condition suspensive peut être indifféremment passé ou futur, l'important est que cet événement ne soit pas connu des parties. Si cet événement est incertain et inconnu, ce n'est que relativement à la connaissance d'agents épistémiques (créditeur/débiteur). C'est précisément et exclusivement dans ce défaut épistémique que l'obligation conditionnelle contractée sous une condition suspensive prend naissance, que ce soit chez Leibniz ou dans le droit contemporain français [127]. L'événement à l'origine de la condition doit être inconnu des contractants, autrement dit, ils ne doivent pas être en mesure de déterminer la valeur de vérité de la proposition représentant cette condition.

Critères (vi), (vii) et Articles 1176, 1177, 1172. Concernant le critère (vi), c'est dans les Articles 1176 et 1177 (respectivement Tables 6.4 et 6.3) que nous retrouvons indirectement ce critère.

L'Article 1176 stipule que « l'obligation [...] contractée sous la condition qu'un événement arrivera [...] n'est censée défaillie que lorsqu'il est devenu certain que l'événement n'arrivera pas ». L'Article 1177 porte quant à lui sur l'obligation contractée sur la négation de l'arrivée d'un événement : « l'obligation [...] contractée sous la condition qu'un événement n'arrivera pas [...], elle [*la condition*] n'est accomplie que lorsqu'il

---

127. Il n'en va pas ainsi dans le code civil du Québec qui précise dans l'Article 1498 « N'est pas conditionnelle l'obligation dont la naissance ou l'extinction dépend d'un événement qui, à l'insu des parties, est déjà arrivé au moment où le débiteur s'est obligé sous condition. » – cf. Code civil du Québec (1991).

Art. 1176	Lorsqu'une obligation est contractée sous la condition qu'un événement arrivera dans un temps fixe, cette condition est censée défaillie lorsque le temps est expiré sans que l'événement soit arrivé. S'il n'y a point de temps fixe, la condition peut toujours être accomplie ; et elle n'est censée défaillie que lorsqu'il est devenu certain que l'événement n'arrivera pas.

TABLE 6.3 – Article 1176 du Code civil

Art. 1177	Lorsqu'une obligation est contractée sous la condition qu'un événement n'arrivera pas dans un temps fixe, cette condition est accomplie lorsque ce temps est expiré sans que l'événement soit arrivé : elle l'est également, si avant le terme il est certain que l'événement n'arrivera pas ; et s'il n'y a pas de temps déterminé, elle n'est accomplie que lorsqu'il est certain que l'événement n'arrivera pas.

TABLE 6.4 – Article 1177 du Code civil

est certain que l'événement n'arrivera pas ». Dans les deux cas l'obligation est réputée fausse uniquement s'il est certain que la condition est fausse, ce qui correspond au critère (vi).

Nous retrouvons une trace du critère (vii) dans l'Article 1172 (Table 6.5) qui rend nulle toute convention dont la condition est une chose impossible. Par définition, une contradiction logique représente une impossibilité, une condition de ce type invalide donc automatiquement l'obligation conditionnelle en la rendant nulle.

6.2 Quelques conditionnalités décevantes...

A travers cette section, nous allons brièvement recenser quelques formes de relations conditionnelles et tâcher de montrer en quoi ces formes échouent à être des candidates satisfaisantes pour le type de conditionnelle définie par les critères de la Section 6.1.2. Certaines de

| Art. 1172 | Toute condition d'une chose impossible, ou contraire aux bonnes mœurs, ou prohibée par la loi est nulle, et rend nulle la convention qui en dépend. |

TABLE 6.5 – Article 1172 du Code civil

ces différentes formes de conditionnalité sont plus amplement développées et comparées avec l'opérateur d'annonce publique dans l'Annexe A.

6.2.1 Le conditionnel matériel

La façon la plus naïve, mais aussi celle qui apparaît en premier lieu lorsqu'il s'agit de traiter un conditionnel, consiste à essayer d'interpréter la notion juridique de condition suspensive dans le langage formel par le biais d'un conditionnel matériel de la forme « si A alors B ». Cette forme de conditionnalité est ce que l'on pourrait considérer comme la forme la plus primitive. En apparence, cela semble pouvoir satisfaire aux exigences de la conditionnalité via le « si ... alors » : « *si* un navire vient d'Asie *alors* je (Primus) donne et lègue 100 pièces à Secundus ».

Il n'y a guère besoin d'une étude approfondie pour se rendre compte que le conditionnel matériel ne peut pas être celui usité pour formaliser le droit conditionnel. Une simple étude des conditions de vérité de ce conditionnel suffit pour s'en convaincre. Une proposition de la forme « Si A alors B », soit « $A \to B$ » (où $\to$ est le conditionnel matériel de la logique propositionnelle classique), n'admet bien évidemment que deux valuations possibles : le vrai ou le faux. Parmi les cas rendant la proposition « $A \to B$ » vraie, un cas nous donne la proposition « A » fausse alors que la proposition « B » est vraie. Ce qui signifie que si l'on interprète la condition juridique sur le modèle du conditionnel matériel, dans la proposition « si un navire vient d'Asie alors je (Primus) donne et lègue 100 pièces à Secundus », Secundus serait dans son droit le plus légitime s'il réclamait le lègue des 100 pièces alors même qu'aucun navire n'est arrivé d'Asie. Ce que bien évidemment ne veut pas Primus. Ce dernier veut justement faire dépendre ce lègue de 100 pièces à la venue d'un navire d'Asie. Ce point met en évidence le fait que le critère d'exigence (ii) ne peut être satisfait par le conditionnel matériel. Par transformation du conditionnel matériel « $A \to B$ » en une proposition disjonctive de la forme « $\neg A \vee B$ », il apparaît que la conditionnalité juridique ne peut être équivalente au conditionnel matériel. « $\neg A \vee B$ » revient à dire à Secundus : « soit la condition suspensive n'est pas remplie, soit tu obtiens le lègue ». On peut alors penser que ce dernier n'a aucun intérêt à faire en sorte que la condition soit remplie, et ainsi il peut être en droit de réclamer son dû sans démontrer que la condition suspensive est satisfaite. Si la condition de suspension n'est pas vérifiée, c'est l'autre membre de la disjonction qui doit l'être, soit les bénéfices.

Par conséquent nous pouvons considérer que cette forme de conditionnalité non seulement ne tisse aucun lien entre antécédent et conséquent, entre condition suspensive et bénéfice, mais aussi et surtout les rend antagonistes [128].

6.2.2 Le bi-conditionnel

Pour les raisons susmentionnées, le conditionnel matériel de la logique classique ne peut donc pas être la conditionnalité que nous cherchons pour formaliser la condition suspensive du droit. Cette forme de conditionnalité ne possède, ou plus précisément ne met en place, aucun lien entre la condition suspensive (l'antécédent) et l'objet de la suspension (l'antécédent ou bénéfice). Une solution simple à ce défaut de lien consiste à faire dépendre la proposition B de la proposition A mais également la proposition A de la proposition B. Autrement dit, si A implique et suspend B, B doit également impliquer que A soit satisfait, soit $A \leftrightarrow B$ tel que : $(A \rightarrow B) \wedge (B \rightarrow A)$.

Cette forme de conditionnelle conduit néanmoins à quelques problèmes :

1. elle reproduit les lacunes du conditionnel matériel,
2. elle nécessite des conditions d'usage pragmatique,
3. elle conduit à certaines difficultés logiques.

Considérons premièrement que les propositions A et B sont toutes deux fausses, dans ce cas la proposition $(A \rightarrow B) \wedge (B \rightarrow A)$ est trivialement vraie pour les raisons exposées dans la Section 6.2.1. Deuxièmement, considérons que les propositions A et B sont toutes deux vraies. Nous obtenons bien dans ce cas « Si un navire arrive d'Asie alors je (Primus) donne et lègue 100 pièces à Secundus et si un je (Primus) donne et lègue 100 pièces à Secundus alors un navire arrive d'Asie ». Si le premier

---

128. Pour les raisons que nous avons discutées dans l'Annexe A.3.2, nous ne traitons pas du conditionnel strict. Qui plus est, comme M. Armgardt le fait remarquer (Armgardt (2001), p. 140–141) une proposition conditionnelle suspensive est une disposition, c'est-à-dire une proposition conditionnelle directement liée à la volonté d' – au moins – une personne. Par conséquent, ce type de proposition ne peut être exprimé par : « il est nécessaire que 'si p, alors q' »($\Box(p \rightarrow q)$) ; la volonté d'un agent n'est pas l'expression d'une nécessité.

membre de la conjonction semble raisonnable, la lecture du second est moins évidente. Le lègue des 100 pièces est mis comme condition de l'arrivée du navire. Mais le fait que Primus donne 100 pièces à Secundus ne peut faire arriver un navire d'Asie, le lègue ne peut pas être la condition de succès de la condition suspendue, il doit en être l'aboutissement, la conclusion.

Ce que le bi-conditionnel vise, c'est le lègue de Primus à *l'unique* condition qu'un navire soit arrivé d'Asie ou *parce qu'*un navire est arrivé d'Asie. Mais à cet effet, il faut ajouter une condition pragmatique précisant que le second conjoint doit être considéré uniquement lorsque le premier conjoint est satisfait ; qui plus est ce conjoint doit être satisfait avec la proposition A vraie. Or, le formalisme logique de ce bi-conditionnel ne peut intégrer cette dimension temporelle de satisfaction. La conjonction classique permet une lecture indépendante des deux conjoints [129].

Enfin, le concept de bi-conditionnalité mène à des difficultés certaines. Admettons $A \leftrightarrow B$, où A signifie « un navire arrive d'Asie » et B « je (Primus) donne et lègue 100 pièces à Secundus ». Supposons désormais la proposition $\neg A \leftrightarrow B$, où $\neg A$ signifie « aucun navire arrive d'Asie ». Nous obtenons $A \leftrightarrow B$ et $B \leftrightarrow \neg A$, soit par transitivité $A \leftrightarrow \neg A$, ce qui n'est pas, logiquement, des plus désirables. On pourrait ici objecter que deux propositions contraires (A et $\neg A$) ne peuvent pas être (en même temps) la condition suspensive d'un même bénéfice (B). Mais une fois de plus cela nécessiterait l'ajout d'un critère pragmatique sur la conditionnalité. Pour autant, même sans passer par un exemple aussi radical (négation de la condition de suspension pour la formulation d'une obligation conditionnelle), le même problème continue de se poser. Supposons la proposition $C \leftrightarrow B$, où C signifie « je (Primus) vends ma maison ». A partir de $A \leftrightarrow B$ et $C \leftrightarrow B$, par transitivité sur la bi-conditionnalité, nous obtenons $A \leftrightarrow C$, soit « un navire arrive d'Asie si et seulement si je (Primus) vends ma maison », ce qui n'est pas le but initialement recherché.

Si l'intérêt premier du bi-conditionnel est d'établir un lien entre antécédent et conséquent que ne permet pas le conditionnel matériel, il conduit à des difficultés non désirées. Qui plus est indépendamment de ces difficultés, il nécessite de faire appel à des conditions pragmatiques que nous pouvons intégrer directement dans le formalisme logique via une autre forme de conditionnelle [130]. Le bi-conditionnel ne parvient pas

---

129. Une conjonction de type séquentielle serait pour cela plus appropriée.

130. Cette forme de conditionnalité est celle induite par l'opérateur d'annonce publique qui comporte implicitement une dimension temporelle, il y a toujours un *avant* et un *après* l'annonce (cf. Section 6.3.3). C'est ce que force l'évaluation du conséquent dans le sous-modèle (du point de vue de la théorie des modèles) et la possibilité d'être

à instaurer un lien entre antécédent et conséquent de manière satisfaisante.

6.2.3 La convertibilité

La nature du lien de la conditionnalité suspensive exige une certaine forme de convertibilité de A et de B puisque si A implique et suspend B, alors $\neg A \to \neg B$. Cette notion de convertibilité réclame d'ériger la formule suivante au rang de principe – cf. Table 6.6 ci-dessous.

$$\text{Convertibilité} : (A \to B) \to (\neg A \to \neg B)$$

TABLE 6.6 – Principe de convertibilité

Ce principe est désigné par le terme *thèse de la convertibilité*. Cette thèse induit qu'avec le conditionnel convertible si l'antécédent est faux, le conséquent l'est également. Il semblerait que ce point soit précisément ce que recherche Leibniz puisqu'il semble avoir dans l'analyse de la conditionnalité suspensive une forme de liaison négative dans la proposition. A savoir « si un navire vient d'Asie alors je (Primus) donne et lègue 100 pièces à Secundus » peut être traduit sans trahir le droit par « si aucun navire ne vient d'Asie alors je (Primus) ne donne et ne lègue pas 100 pièces à Secundus ». Cette thèse de la convertibilité possède donc l'avantage de satisfaire les critères d'exigence (v) et (vi).

Ce principe de convertibilité permet de resserrer le lien entre « A » et « B » et de véritablement faire dépendre la proposition B de sa condition suspensive A. Le problème est que si A implique et suspend B, B implique et suspend A. La convertibilité semble bien être le prix à payer pour avoir la liaison la plus serrée possible entre A et B qu'exige la sécurité juridique. Or ce lien semble être trop strict puisqu'il revient à faire de B sa propre condition en induisant une confusion entre condition et conditionné – cf. Table 6.7.

Si nous reprenons notre exemple : « Si je (Primus) donne et lègue 100 pièces à Secundus alors je (Primus) donne et lègue 100 pièces à Secundus ». Or il semble évident que la proposition A et la proposition B doivent diverger. Dans le cas contraire, l'obligation conditionnelle serait

---

contraint de justifier la formule ajoutée à la liste d'annonces (du point de vue de la dialogique).

> 1. $(A \to B) \to (\neg A \to \neg B)$ thèse de la convertibilité
> 2. $(A \to B) \to (B \to A)$ contra-position sur le conséquent de 1.
> 3. $(\neg A \to \neg B) \to (\neg B \to \neg A)$ convertibilité du conséquent de 2.
> 4. $(B \to A) \to (A \to B)$ contra-position antécédent/conséquent de 3.
> 5. $B \to B$ transitivité sur 4.

TABLE 6.7 – Limite de la convertibilité

des plus triviales dans la mesure où elle serait toujours valide et par conséquent d'aucun intérêt du point de vue du droit. Bien que la thèse de la convertibilité permette de satisfaire les critères (v) et (vi), elle le fait au détriment du critère (iii). Elle ne peut donc à son tour prétendre correspondre à la conditionnalité suspensive du droit conditionnel que Leibniz recherche.

6.2.4 Le conditionnel connexe

Une alternative à la thèse de la convertibilité analyse la conditionnalité juridique non plus cette fois comme un conditionnel convertible mais en tant que conditionnel connexe[131]. Ce point nous conduit à substituer au principe de convertibilité les deux règles suivantes :

> Seconde thèse connexe de Boèce : $(A \to B) \to \neg(A \to \neg B)$
> Seconde thèse connexe d'Aristote : $(A \to B) \to \neg(\neg A \to \neg B)$

TABLE 6.8 – Seconde thèse connexe de Boèce et d'Aristote

Appréhender la conditionnalité juridique à travers l'analyse connexe de la conditionnalité juridique possède deux avantages. Premièrement, elle permet de rendre compte du fait que dans B suspendu par A, la liaison entre A et B est très stricte sans pour autant que A et B soient convertibles et par conséquent risquer de faire de B sa propre condition. Les critères (v) et (vi) sont donc respectés sans invalider le critère (iii). Deuxièmement, le conditionnel connexe possède une caractéristique qui lui est propre, à savoir qu'antécédent et conséquent ne peuvent être que

---

[131]. L'usage de ce conditionnel est celui retenu par A. Thiercelin dans Thiercelin (2009b).

des propositions logiquement contingentes. Autrement dit, il n'est pas possible qu'une contradiction logique soit l'antécédent d'un conditionnel connexe, ni même qu'une tautologie en soit le conséquent. Ce deuxième point est intéressant pour notre propos dans la mesure où il permet de satisfaire aux exigences (vii) et (viii).

La conditionnalité connexe semble donc être un excellent candidat vis-à-vis des exigences que nous avons pour capturer la conditionnalité juridique dans un langage formel. Cependant la logique sous-jacente à cette forme de conditionnalité n'est pas la logique classique ; elle n'est pas non plus une extension de la logique classique. Ces deux points nous contraignent à devoir fonder notre approche à partir d'une logique résolument non-classique. D'une part la conditionnalité connexe satisfait des exigences que d'autres formes de conditionnalités invalident, mais d'autre part le prix à payer peut être considéré comme coûteux. De surcroît, le conditionnel connexe nous apprend rien quant au changement de statut épistémique pouvant s'opérer pour la condition suspensive et la condition suspendue lors de la certification. Il néglige totalement le caractère dynamique par rapport à la connaissance de la condition, le rôle épistémique de l'acte de certification de Leibniz, de l'événement du droit contemporain.

Bilan. Comme nous avons pu le voir, le conditionnel matériel qui semble proche de la conditionnalité juridique, est, dans une certaine mesure, le pire des candidats étant donné que ses conditions de vérité vont à l'encontre de la conditionnalité juridique. La deuxième forme de conditionnalité que nous avons vue, le bi-conditionnel fait naître des difficultés indésirables. La conditionnalité convertible, permet quant à elle de résoudre le manque de lien entre A et B criant dans le conditionnel matériel, mais si elle y parvient ce n'est pas sans contrepartie. Cette contrepartie est lourde de conséquences pour notre recherche puisqu'elle conduit à faire de B sa propre condition, contredisant ainsi le critère (iii). De leur côté les thèses connexes permettent de trouver un juste milieu entre le conditionnel matériel et la thèse de la convertibilité. Mais une fois encore, le prix à payer est non négligeable. Ces thèses nous contraignent à sortir du champ de la logique classique pour nous emmener vers des logiques d'une autre nature. Qui plus est, en dépit de leurs avantages ou inconvénients, aucune de ces formes de conditionnalité ne nous dit quoi que ce soit quant à la nature de A et B durant la suspension et après la suspension. Autrement dit, ces différentes formes conditionnelles négligent totalement l'originalité leibnizienne sur la question du dynamisme épistémique concernant le traitement du droit conditionnel.

6.3 L'annonce publique

L'opérateur d'annonce publique représente une alternative originale aux formes de conditionnalité que nous venons de considérer. Elle nous permet à la fois de ne pas sortir du cadre des logiques classiques, tout en permettant d'expliquer la nature dynamique du changement de statut épistémique de la proposition B durant la suspension jusqu'à la certification de la proposition A.

6.3.1 Annonce publique, pourquoi ?

Aussi étonnant que cela puisse être l'opérateur d'annonce publique (de **PAL**) offre une forme de conditionnalité qui semble appropriée pour satisfaire la liste des critères définis pour la conditionalité suspensive (Section 6.1.2). Cet opérateur ne possède pas qu'une structure conditionnelle, il possède également des caractéristiques ou propriétés qui influent sur les opérateurs épistémiques, permettant ainsi de modifier le savoir des agents en annonçant publiquement la valeur de vérité d'une proposition[132]. Néanmoins, il est tout à fait légitime de se demander pourquoi essayer d'interpréter ou de reconstruire la notion de conditionnalité suspensive à travers celle d'annonce publique peut se révéler pertinent. Les premiers éléments de réponses nous sont directement fournis par la sémantique de l'opérateur d'annonce publique. En effet, la sémantique de cet opérateur induit naturellement la satisfaction de bon nombre des critères d'exigences définissant la conditionnilité suspensive. D'autres proviennent directement de l'usage de cet opérateur dans sa reconstruction dialogique.

Avant d'entamer cette recherche, nous précisons comment interpréter la condition suspensive à travers l'opérateur d'annonce publique. Formule annoncée et postcondition de l'opérateur d'annonce doivent respectivement être comprises comme l'antécédent et le conséquent du modèle de conditionnel que nous recherchons. Pour reprendre notre exemple avec Primus et Secundus, le contenu de l'annonce correspond à « un navire arrive d'Asie », soit à la condition de suspension. La postcondition, quant à elle, modélise les conséquences de l'annonce, soit pour Secundus le lègue des 100 pièces par Primus en raison de la venue du navire, autrement dit les bénéfices ou la condition suspendue. Le caractère public de l'annonce ne doit pas non plus être mécompris. Bien que nous utilisons l'opérateur d'annonce publique pour des considérations juridiques, le vocabulaire utilisé à cet effet est hérité des logiques épistémiques (telles qu'elles sont décrites au Chapitre 2). L'annonce n'est dite publique que dans la mesure

---

132. Cf. Section 5.7 du Chapitre 5.

où tous les agents impliqués dans le langage logique reçoivent simultanément l'information véhiculée par la proposition annoncée. Le qualificatif "public" de l'annonce ne possède donc aucune caractéristique juridique pouvant par ailleurs exister.

6.3.2 Structure conditionnelle de l'annonce

La sémantique modèle théorique de l'opérateur d'annonce[133] ainsi que la règle de particule de cet opérateur[134] témoignent de sa structure conditionnelle. Prenant appui ici sur la sémantique dialogique de cet opérateur, nous rappelons dans la Table 6.9 sa règle de particule.

Constante logique	X Énoncé	Y Challenge ?	X Défense !
$[\varphi]\psi$, le défenseur a le choix pour sa défense	$\mathcal{A}\|i : [\varphi]\psi$	$\mathcal{A}\|i :?_{[\ ]}$	$\mathcal{A}\|i : \neg\varphi$ ou $\mathcal{A} \bullet \varphi\|i : \psi$

TABLE 6.9 – Opérateur d'annonce publique

La règle particule décompose l'usage de cet opérateur en différentes étapes. Premièrement, il y a l'énonciation de l'opérateur d'annonces par **X** (opérateur que nous interprétons comme étant une obligation conditionnelle sous condition suspensive). Vient ensuite la demande de justification – le challengeur (**Y**) demande *si* il s'engage dans la défense de la condition suspensive. Le défenseur peut alors choisir de s'engager (en répondant $\mathcal{A} \bullet \varphi|\ i : \psi$) ou refuser de le faire (en répondant $\mathcal{A}|\ i : \neg\varphi$). Il peut refuser de s'engager dans la défense de la condition suspensive pour deux raisons. La première provient de la structure même de l'opérateur d'annonce ; **X** n'énonce pas autre chose que *si la condition φ est satisfaite alors ψ*. Deuxièmement, **X** peut opposer ce refus pour une question de capacité. C'est-à-dire qu'il peut refuser de s'engager dans cette défense s'il sait qu'il ne dispose pas des ressources pour pouvoir y subvenir ou s'il n'a aucun intérêt à s'engager dans la défense de cette proposition. L'avantage de la règle de particule est qu'elle nous permet de penser la proposition suspensive d'une manière originale : le caractère suspendu de cette proposition s'explique dans le cours d'une partie par un coup pas encore joué, un engagement global pas encore pris[135]. Lorsque le joueur

---

133. Cf. Chapitre 2, Section 2.4.2 ou Section 6.4.1 de ce chapitre pour un rappel de la définition modèle théorique de cet opérateur.
134. Règle que nous avons présentée et discutée au Chapitre 4.
135. Cf. Chapitre 5 concernant le type d'engagement que représentent les engagements globaux.

X s'engage à défendre la condition suspensive, l'ajout de la condition à la liste d'annonces équivaut à l'acte de certification [136].

L'interactivité entre le défenseur et son challengeur permet de rendre compte du caractère conditionnel de ce type d'obligation et de la suspension en l'absence de conditions suffisantes pour établir la certification de la condition suspensive. Les échanges entre les deux joueurs permettent également de représenter l'acte de certification par l'ajout de la condition suspensive à la liste $\mathcal{A}$.

Remarques sur la certification. Selon Leibniz, la certification de la condition ne peut se produire que si la condition "existe" ou est vraie ; dans notre exemple, l'arrivée du navire d'Asie fait que désormais « un navire arrive d'Asie » est une proposition vraie. Mais comme le précise A. Thiercelin dans sa dissertation doctorale, Leibniz souligne que : « parfois l'on dit que la condition est en suspens lorsqu'elle a certes existé ou fait défaut, mais que cela est encore incertain, auquel cas il voudrait mieux dire qu'elle est suspendue » [137]. A. Thiercelin poursuit « il se peut donc qu'une condition existe – le navire est arrivé d'Asie – mais que son événement ne se soit pas encore produit au sens où on l'on ne sait pas encore » [138]. Notre opérateur permet de réinterpréter la citation de A. Thiercelin tout en lui restant des plus fidèles de la manière suivante : il se peut donc que la précondition de l'annonce soit satisfaite – il est vrai que le navire est arrivé d'Asie – mais que son annonce n'est pas encore été exécutée. Par conséquent tant que la vérité de la proposition « un navire arrive d'Asie » n'est pas annoncée, aucun savoir ne peut être modifié. Si l'annonce de l'arrivée de ce navire n'est pas faite (ce qui équivaut à la certification), la condition suspendue reste en suspens et Secundus demeure ignorant de l'arrivée du navire d'Asie. L'acte d'annonce est requis pour amener l'arrivée du navire d'Asie à la connaissance de Secundus.

Tant que cette annonce n'est pas faite, il ne peut que prétendre obtenir les 100 pièces promises à l'arrivée de ce navire. Les bénéfices demeurent suspendus de la même manière que si aucun navire n'arrive d'Asie durant le vivant de Secundus, ce sont les héritiers de ce dernier qui deviendront légataires de l'engagement pris par Primus [139].

---

136. L'acte de certification suppose que **X** parvient à défendre la condition ajoutée à la liste en cas de requête en ce sens de la part de son adversaire.
137. Citation extraite de la Définition 52 – Cf. Leibniz (1964), A VI i 71-95 ou Thiercelin (2011), p. 141.
138. Cf. Thiercelin (2009b), p. 141.
139. Sauf bien évidemment s'il est précisé que cet engagement n'est pris qu'exclusivement à l'égard de Secundus.

6.3.3 Annonce et dynamique épistémique

A la différence des quelques formes de conditionnalité auxquelles nous nous sommes intéressés dans la Section 6.2 de ce chapitre, l'opérateur d'annonce publique permet d'introduire un dynamisme épistémique. Pour une plus ample explication des propriétés épistémiques de l'opérateur d'annonce publique nous renvoyons aux Chapitres 3 et 5, respectivement Sections 3.2 et 5.7, nous nous contentons ici d'en rappeler les lignes directrices.

Du point de vue de la théorie des modèles, lorsqu'une annonce publique est faite, celle-ci opère une distinction entre les situations du modèle satisfaisant la formule annoncée et les situations ne la satisfaisant pas. Les situations ne satisfaisant pas la formule annoncée sont supprimées du modèle, seules les situations la satisfaisant avant son annonce sont gardées. La conjonction de cette opération sur le modèle et de la relation d'équivalence entre les situations épistémiques force le caractère épistémique des annonces publiques. Ces situations représentant des alternatives épistémiques, l'opérateur d'annonce supprime également l'accès aux propositions de ces situations ; ce qui permet de modifier la connaissance des agents [140]. En ce sens, l'acte d'annonce introduit implicitement une dimension temporelle : *avant* l'annonce l'agent peut ignorer si la proposition annoncée est vraie ou fausse, *après* cette annonce, ce n'est plus le cas [141].

Dans le cours d'une partie dialogique, le caractère épistémique d'un opérateur d'annonce publique se manifeste par son aspect global [142]. L'aspect global d'un engagement induit par une annonce publique rejoint la règle de particule de l'opérateur épistémique K_a qui requiert que la proposition dans sa portée doit être justifiée dans n'importe quel point contextuel choisi par l'adversaire. Ainsi, un engagement global doit pouvoir être justifié dans n'importe quelle situation du jeu choisie après l'acte d'engagement – c'est-à-dire lorsque la formule annoncée est ajoutée à la liste d'annonce [143]. Cet engagement global correspond à une forme de restriction sur le jeu, la suite du jeu est "conditionnée" par cet engagement, dans le sens où il s'agit d'une condition mise sur la partie [144]. Après cet engagement les joueurs ne peuvent plus ignorer cet acte d'engagement, ils doivent le respecter pour les points contextuels qu'ils choisissent ou

---

140. Cf. Table A.12, Annexe A pour une représentation modèle théorique de ce phénomène.
141. Sauf en cas d'échec de la mise à jour, c'est-à-dire lorsque la proposition annoncée devient fausse par sa publicité. Cf. Chapitre 3, Section 3.1.2.
142. Cf. Chapitre 5, Sections 5.6.2, 5.6.3 et 5.7.
143. Cf. Table 6.9 : Règle de particule de l'opérateur d'annonce publique, p. 159.
144. Cf. Chapitre 5, Section 5.5.

introduisent. C'est précisément sur ce point que l'engagement global rejoint le concept de certification leibnizien : une fois certifié que le navire est arrivé d'Asie, il devient impossible de faire comme si aucun navire n'était arrivé.

6.4 Annonce et conditionnalité suspensive

A travers cette section nous allons confronter l'opérateur d'annonce publique avec les différents critères du conditionnel suspensif dénombrés dans la Section 6.1.2. Nous partitionnons ces critères en quatre thématiques :
- nature de la relation conditionnelle, critère (i) ;
- conditions de satisfaction de la relation conditionnelle, critères (ii), (iv), (v) et (vi) ;
- nature de l'antécédent, critère (vii) ;
- nature du conséquent, critères (iii) et (viii).

6.4.1 Nature de la relation conditionnelle

Il est à noter que l'opérateur d'annonce n'est pas un conditionnel comme ceux que nous avons pu voir dans la Section 6.2. Un conditionnel est généralement un connecteur qui met en relation deux propositions. Or l'annonce publique n'est pas un connecteur mais un opérateur, un opérateur qui met en relation deux propositions ; et cet opérateur possède une structure conditionnelle. Cette structure conditionnelle est visible dans la sémantique modèle théorique de cet opérateur :

$$\mathcal{M}, w \vDash [\varphi]\psi \quad \text{ssi} \quad \mathcal{M}, w \vDash \varphi \quad implique \quad \mathcal{M}|\varphi, w \vDash \psi$$

TABLE 6.10 – Sémantique modèle théorique de l'opérateur d'annonce

Pour une formule $[\varphi]\psi$, la satisfaction de la postcondition est conditionnée par la satisfaction de la formule φ contenue dans l'opérateur d'annonce. Tout tant que l'annonce de φ n'est pas faite, la postcondition reste suspendue. Nous avons donc bien ici un antécédent, la formule devant être annoncée, qui implique et suspend le conséquent, la postcondition. Par conséquent le critère (i) de notre conditionnel suspensif est validé par la sémantique de l'opérateur d'annonce publique.

6.4.2 Conditions de satisfaction de la relation conditionnelle

La sémantique de l'annonce publique précise donc que l'implication de la postcondition n'intervient qu'à la condition où l'annonce est faite. Ce qui signifie que la valeur de vérité de la postcondition n'est impliquée par la formule annoncée que lorsque cette dernière est annoncée publiquement. Cet acte d'annonce publique, qui revient à annoncer que la valeur de vérité de la formule annoncée est le vrai, correspond à ce que Leibniz désigne sous le concept de *certification*. C'est ici le critère (v) qui s'avère être satisfait : la valeur du conséquent d'un conditionnel suspensif – la postcondition – n'est connue que lorsque l'antécédent est certifié.

Considérons à présent les critères (v) et (vi). Ces deux critères concernent la valeur de vérité que doit revêtir le conséquent du conditionnel suspensif en fonction de la valeur de vérité de l'antécédent. Si l'antécédent est vrai, le conséquent doit l'être également (v) ; inversement si l'antécédent est faux, le conséquent doit être lui aussi faux (vi). **PAL** impose un caractère véridique aux annonces publiques : ne peuvent être annoncées que des propositions vraies. Néanmoins dans van Ditmarsch et al. (2007), le cas d'une annonce fausse est abordé. Si l'on suppose qu'une annonce fausse est faite, cette annonce pose problème car après l'acte d'annonce ne peuvent être conservées dans le modèle que les situations dans lesquelles cette annonce est vraie. Or, si l'annonce est fausse dans la situation à partir de laquelle elle est annoncée, cette situation ne peut plus faire partie du modèle considéré après l'acte d'annonce. Par conséquent, il est impossible d'attribuer une valeur de vérité à la postcondition. C'est par ailleurs afin d'éviter ce genre de problème qu'est mise sur l'annonce cette condition de vérité [145]. Soit, si la condition suspensive venait à être certifiée par le faux, les bénéfices ne pourraient être vrais. Le critère (vi) se trouve être satisfait indirectement. Le critère (v) est lui directement satisfait, c'est-à-dire que si la condition suspensive est satisfaite par le vrai, son conséquent est vrai également (cf. la définition sémantique ci-dessus).

Le critère (ii) est quant à lui quelque peu plus difficile à satisfaire. Il précise que le conséquent d'un conditionnel suspensif ne peut pas être vrai si l'antécédent ne l'est pas. Or, il semble tout à fait possible de considérer un modèle dans lequel la postcondition d'un opérateur d'annonce publique est satisfaite alors que la formule annoncée ne l'est pas. Dans la Table 6.11, le modèle représenté dans la figure 1 et la situation s_1, on pourrait croire que la postcondition ψ de l'annonce est satisfaite parce

---
145. Cf. Chapitre 3, Section 3.1.3.

que la situation s_1 vérifie ψ. Pour autant, la sémantique de l'annonce publique nous dit $\mathcal{M}, w \vDash [\varphi]\psi$ ssi $\mathcal{M}, w \vDash \varphi$ *implique* $\mathcal{M}|\varphi, w \vDash \psi$. C'est-à-dire que la postcondition doit être évaluée dans le sous-modèle généré après l'annonce publique. Or, dans la situation s_1, l'annonce ne peut être vraie car cette situation satisfait $\neg\varphi$ et non pas φ (ce qui est la condition de possibilité d'exécution de l'annonce). Par conséquent, à partir de la situation s_1, il n'est pas possible d'obtenir $\mathcal{M}|\varphi, s_1 \vDash \psi$ puisque, comme nous l'avons noté ci-dessus, si φ venait à être annoncée, la situation s_1 serait supprimée du modèle de la figure 1.

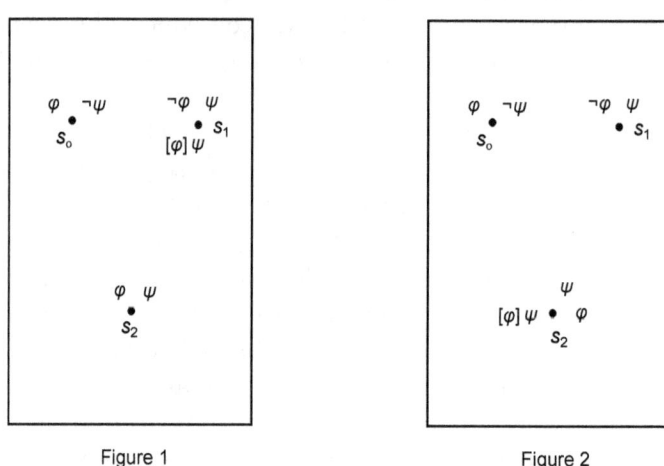

Figure 1   Figure 2

TABLE 6.11 – Dépendance du conséquent par rapport à l'antécédent

Si désormais nous considérons la situation s_2 du modèle de la figure 2 : ψ est vraie indépendamment de φ. Mais, si φ est annoncée, ψ doit alors être évaluée dans le sous-modèle généré par l'annonce, or en s_2 l'annonce peut être faite car $\mathcal{M}, s_2 \vDash \varphi$; l'annonce implique donc $\mathcal{M}|\varphi, s_2 \vDash \psi$. Par conséquent, la postcondition de l'annonce publique (conséquent de notre conditionnel suspensif) ne peut pas être satisfaite si la formule annoncée (antécédent de notre conditionnel suspensif) ne l'est pas. Le critère (ii) est donc satisfait car la postcondition ne peut être satisfaite que si la formule annoncée l'est au préalable.

6.4.3 Nature de l'antécédent

Le critère (vii) impose une condition sur la nature de l'antécédent. Ce critère stipule que l'antécédent ne peut pas être une contradiction logique. Si l'on considère le conditionnel matériel, il est aisé de comprendre pourquoi cette condition est requise. Nous avons noté dans la

Section 6.2.1 de ce chapitre qu'un conditionnel matériel est trivialement satisfait si l'antécédent est faux. Or par définition, une contradiction est toujours fausse. Une contradiction en antécédent d'un tel conditionnel rendrait trivial la relation conditionnelle entre l'antécédent et le conséquent. Du point de vue de l'annonce publique (et de la condition de vérité imposée sur les propositions qui peuvent être annoncées), il apparaît qu'une contradiction logique ne peut pas faire l'objet d'une annonce publique. La condition minimale requise pour qu'une formule puisse être annoncée à partir d'une situation est que cette formule soit satisfaite dans cette situation. Or, une contradiction ne peut être satisfaite dans aucune situation. Une contradiction ne peut donc tout simplement pas être annoncée. La condition de véracité imposée sur les annonces publiques fait du critère (vii) un critère respecté par cet opérateur.

6.4.4 Nature du conséquent

Le critère (iii) selon lequel le conséquent d'un conditionnel suspensif ne peut pas être sa propre condition, est stipulé pour éviter la trivialité [146]. Si B était sa propre condition, l'obligation conditionnelle ne serait d'aucune espèce d'intérêt et ne correspondrait en rien à la conditionnalité juridique que nous cherchons à capturer. Une obligation conditionnelle de type $[B]B$ semble triviale puisqu'elle revient à exprimer quelque chose qui ressemblerait à : « si je (Primus) donne et lègue 100 pièces à Secundus, alors je (Primus) donne et lègue 100 pièces à Secundus ». En plus d'apparaître triviale, cette forme d'obligation laisse penser qu'elle est tautologique. Néanmoins, même si cette forme peut paraître tautologique, $[\varphi]\varphi$ n'est pas un principe valide de la logique **PAL**. Pourquoi ? Simplement parce qu'annoncer φ alors même que φ est vraie peut, par le simple fait de l'énoncer, rendre cette proposition fausse. Il s'agit du cas typique d'un cas de mise à jour infructueuse [147]. Ceci a pour avantage de faire du critère (iii) un critère respecté par l'opérateur d'annonce publique.

Il nous reste à considérer le critère (viii) qui précise qu'une tautologie ne peut pas être le conséquent d'un conditionnel suspensif. Ce critère est plus délicat à satisfaire avec le traitement actuel que subit l'annonce publique dans **PAL**. La raison est simple : l'axiomatique de **PAC** déroule tous les axiomes et règles d'inférences valides au regard de la séman-

---

146. Trivialité à laquelle mène la thèse de la convertibilité convertible, cf. Section 6.2.3.
147. Cf. Chapitre 3, Section 3.1.2 et Chapitre 4, Section 4.2.3 où est présenté un dialogue ayant pour thèse une proposition de type Moore. Les annonces booléennes ne sont pas concernées par ce risque de mise à jour infructueuse.

tique[148]. Le problème est que justement cette axiomatique nous donne les moyens de ne pas satisfaire cette dernière condition. Dans les règles d'inférences, nous avons :

$$\text{De } \varphi \text{ nous pouvons inférer } [\psi]\varphi$$

TABLE 6.12 – Nécessitation de l'annonce

A partir d'une proposition φ valide, n'importe quelle annonce ψ peut être faite. Autrement dit, une annonce ne peut pas modifier la valeur de vérité d'une proposition valide. Si les bénéfices de l'obligation conditionnelle sont avérés être nécessairement vrais, nous pouvons prétendre que n'importe quelle condition y a donné lieu. Si les bénéfices d'une obligation conditionnelle correspondent à une tautologie, il est aisé de se rendre compte que par définition, nous pouvons mettre comme condition n'importe quelle proposition, sans risquer de modifier la valeur de vérité de cette tautologie. Le risque est ici de perdre le lien entre conditionné et condition de suspension, c'est-à-dire qu'avec une tautologie comme conséquent d'un conditionnel suspensif, ce dernier est vrai indépendamment de l'antécédent de ce conditionnel.

Un problème de pertinence semble s'enraciner ici. Nous le développons davantage dans la section suivante. Pour le moment, nous pouvons conclure cette section sur le fait que sept des huit critères revendiqués pour la conditionnalité suspensive sont satisfaits par l'opérateur d'annonce publique.

6.5 Interprétation de la modalité

Avant toute discussion concernant l'interprétation de la modalité dans la postcondition d'un opérateur d'annonce publique, nous renvoyons à l'Annexe A.4 où est discutée la différence entre postcondition booléenne et postcondition modale. Concernant notre étude du conditionnel suspensif, nous nous intéressons uniquement aux postconditions modales. Usuellement, l'opérateur modal de **PAL** est épistémiquement interprété, or dans Magnier et Rahman (2012) nous lui donnons une interprétation déontique. Nous souhaitons ici rediscuter cette interprétation. Laquelle de ces deux interprétations est la plus appropriée concernant la

---

148. Cf. Chapitre 2, Table 2.3, p. 25 pour une présentation complète de ces axiomes.

conditionnalité suspensive, l'interprétation épistémique ou l'interprétation déontique ? Nous prenons appui pour cette discussion sur l'exemple de Primus et de Secundus dont nous précisons les contours ci-dessous.

Exemple. Si nous suivons l'analyse du conditionnel suspensif ainsi que celle du concept de certification, nous pouvons comprendre « Si un navire arrive d'Asie, Primus doit donner 100 pièces à Secundus » de deux manières différentes :

1. « Après la certification de l'arrivée d'un navire d'Asie, quelque soit la situation Primus donne 100 pièces à Secundus », ce que nous formalisons par $[A] \square_{Primus} B$.

2. « Si un navire arrive d'Asie, quelque soit la situation Primus, après la certification de cette arrivée, donne 100 pièces à Secundus », ce que nous formalisons par $A \to \square_{Primus} [A] B$ [149].

Dans les formulations (1) et (2), nous avons interprété l'opérateur modal $\square$ par *quelle que soit la situation* afin de rester le plus général possible pour le moment. Le choix de l'interprétation à donner à cet opérateur est discuté dans les sections qui suivent. Mais nous pouvons d'ores et déjà prétendre que la formulation (1) et la formulation (2) sont équivalentes car elles ne sont que des instanciations de l'axiome "savoir et annonce" [150] – ce que nous vérifions dans le déroulement des parties de dialogues dans la Section 6.7.

6.5.1 Conditionnalité suspensive et interprétation déontique

Dans Magnier et Rahman (2012), nous avons opté pour une interprétation déontique de la modalité de la postcondition de l'opérateur d'annonce matérialisant l'obligation de Primus envers Secundus. Nous utilisons un opérateur déontique "$\mathbf{O}_a$" que nous interprétons par "*l'agent a doit...*" [151]. Dans le cadre de notre exemple, cela revient à interpréter :

– $[A]\mathbf{O}_p B$ par "*après la certification de l'arrivée du navire d'Asie, Primus doit donner 100 pièces à Secundus*" ;

---

149. Pour des questions de lisibilité nous réduirons par suite "*modalité$_{Primus}$*" à "*modalité$_p$*".
150. Cf. Chapitre 2, Table 2.2, p. 23.
151. L'interprétation "*l'agent a doit...*" peut se comprendre comme étant une abréviation pour "*quelle que soit la situation, l'agent a...*", autrement dit le choix de la situation revient à l'adversaire. Par conséquent la règle de particule pour cet opérateur est identique à celle de l'opérateur K_a.

- $A \to \mathbf{O}_p[A]B$ par "*si un navire arrive d'Asie, Primus doit, après la certification de l'arrivée de ce navire, donner 100 pièces à Secundus*".

Cette seconde formulation ($A \to \mathbf{O}_p[A]B$) met en évidence un phénomène que nous avons mentionné précédemment dans la Section 6.3.2 : que le navire soit arrivé – A – n'est pas une condition suffisante pour que Primus doive donner les 100 pièces à Secundus. Il faut également que cet événement "arrivée du navire d'Asie" soit certifié/annoncé ($[A]$).

D'un point de vue modèle théorique, la relation d'accessibilité épistémique de **PAL** est remplacée par une relation déontique. Le problème est qu'une relation d'accessibilité déontique suppose la sérialité ($\mathbb{D}$) alors que **PAL** suppose la réflexivité. Cette propriété $\mathbb{D}$: $\Box\varphi \to \Diamond\varphi$ exprime le fait que si quelque chose est obligatoire alors cette chose est permise. Pour autant, en supposant les propriétés $\mathbb{K}$ et $\mathbb{D}$ (respectivement distributivité et sérialité), l'ajout de l'opérateur d'annonce publique dans le langage nous permet de récupérer la réflexivité $\mathbb{T}$ car la sémantique de cet opérateur force la réflexivité[152]. Pour le démontrer, il faut au préalable démontrer que $[\varphi]\bot \leftrightarrow \neg\varphi$. Dans la Table 6.13 est démontrée l'implication de gauche à droite.

1.	$[\varphi]\bot$	Hypothèse
2.	$\bot \leftrightarrow (p \wedge \neg p)$	Log. prop. classique
3.	$[\varphi](p \wedge \neg p)$	Log. prop classique sur 1. et 2.
4.	$[\varphi]p \wedge [\varphi]\neg p$	Axiome de réduction sur 3.
5.	$(\varphi \to p) \wedge (\varphi \to \neg p)$	Log. prop. classique sur 4.
6.	$\neg\varphi$	

TABLE 6.13 – $[\varphi]\bot \to \neg\varphi$

Le même raisonnement permet de démontrer que $\neg\varphi \to [\varphi]\bot$. Par conséquent $[\varphi]\bot \leftrightarrow \neg\varphi$. Grâce à cela, il est possible de démontrer que l'axiome $\mathbb{T}$ est dérivable de $\mathbb{K}, \mathbb{D}$ + **PAL**, ce qui est montré dans la Table 6.14.

Dans la Section 6.3 nous avons mis en avant le fait que l'opérateur d'annonce publique modifiait la relation d'accessibilité épistémique en supprimant des situations du modèle. Qu'en est-il alors avec une rela-

---

[152]. Cf. Balbiani *et al.* (2012) et Chapitre 5, Section 5.7.2 sur le caractère réflexif de l'opérateur d'annonce publique.

1. $\neg \mathbf{O}_a \bot$	Axiome $\mathbb{D}$
2. $[\varphi]\neg \mathbf{O}_a \bot$	Nécessitation sur 1.
3. $\varphi \to \neg[\varphi]\mathbf{O}_a \bot$	Axiome de réduction sur 2.
4. $\varphi \to \neg(\varphi \to \mathbf{O}_a[\varphi]\bot)$	Axiome de réduction sur 3.
5. $\varphi \to \neg(\varphi \to \mathbf{O}_a \neg \varphi)$	Dérivation de Table 6.13 sur 4.
6. $\varphi \to (\varphi \land \neg \mathbf{O}_a \neg \varphi)$	Log. prop. classique sur 5.
7. $\varphi \to \neg \mathbf{O}_a \neg \varphi$	Log. prop. classique sur 6.
8. $\mathbf{O}_a \neg \varphi \to \neg \varphi$	Contraposition sur 7.

TABLE 6.14 – $\mathbb{K}, \mathbb{D}$ + **PAL** implique $\mathbb{T}$

tion d'accessibilité déontique ? La réduction du modèle induite par l'exécution d'un opérateur d'annonce public est indépendante de la relation d'accessibilité épistémique. Une annonce publique modifie le modèle, ce qui a pour conséquence de modifier les relations d'accessibilité du modèle. La modification des relations n'est qu'une conséquence de l'acte d'annonce. La réduction s'opère par une mise à jour du modèle et non pas par une mise à jour des relations d'accessibilités comme cela peut-être le cas dans certaines logiques. Nous pouvons donc assumer que par principe la relation d'accessibilité déontique se retrouve également modifiée par la restriction du modèle. Cela pourrait laisser penser à une difficulté concernant la propriété essentielle de la logique déontique, la sérialité, dans la mesure où la mise à jour peut supprimer des situations nécessaires pour cette relation d'accessibilité. Mais, grâce à la réflexivité provenant de l'opérateur d'annonce publique, nous avons quoiqu'il arrive au moins une situation qui reste accessible depuis elle-même ; ce qui nous garantit que même dans un modèle avec une seule situation, cette situation sera toujours connectée au moins à elle-même [153]. Ce point nous permet de maintenir possible l'interprétation déontique de la modalité de la postcondition.

6.5.2 Opérateur épistémique et conditionnalité suspensive

Dans la Section 6.1, nous avons mis en évidence l'importance de l'apport novateur de Leibniz sur le caractère épistémique concernant le problème du droit conditionnel. Or selon l'approche développée dans

---

153. Par conséquent, la règle structurelle **SR-K** que nous avons formulée pour l'opérateur K_a (cf. 4, Définition 20, page 71) peut être utilisée de manière similaire pour l'opérateur $\mathbf{O}_a$.

Magnier et Rahman (2012) et discutée dans la section précédente, la caractéristique épistémique se voit être complètement effacée par des considérations déontiques. En choisissant l'approche déontique, ne risque-t-on pas de perdre le défaut épistémique, caractéristique de la condition suspensive ?

Selon Leibniz, l'acte de certification est un événement qui intervient après l'instauration d'un droit conditionnel, autrement dit après la formulation de l'obligation conditionnelle. Nous avons dans notre interprétation assimilé cet acte de certification à l'acte d'annonce publique qui est, dans un dialogue, un acte d'engagement spécifique produit par un joueur. Cette certification révèle, met à jour, la valeur de vérité d'une proposition et impose une condition sur la continuation de la partie du dialogue. Ce n'est pas que cette valeur de vérité était jusqu'alors indéterminée, elle était déterminée mais simplement inconnue, inaccessible à des agents épistémiques. C'est ce défaut, cette carence épistémique que l'acte de certification vient combler en offrant un accès épistémique à la valeur de vérité de la proposition à l'origine de la suspension. C'est pour cette raison que l'opérateur d'annonce publique, en forçant la satisfaction de la proposition annoncée, nous a paru être la forme de conditionnalité la plus appropriée. Il permet de capturer la signification donnée par Leibniz à la notion de conditionnalité morale en modifiant les relations d'accessibilités épistémiques par la réduction du modèle.

L'exemple de Primus et de Secundus donne alors lieu à l'interprétation épistémique suivante :

- $[A]K_s B$: *"après la certification de l'arrivée du navire d'Asie, Secundus sait qu'il a le droit de recevoir les 100 pièces promises par Primus"*.
- $A \rightarrow K_s[A]B$: *"si un navire arrive d'Asie alors Secundus sait qu'après la certification de l'arrivée de ce navire il a le droit de recevoir les 100 pièces promises par Primus"*.

Par conséquent la certification par l'acte d'annonce public donne lieu à une modification du savoir de Secundus. Ici, on constate que pour Secundus la certification vient directement modifier sa connaissance. Il sait, après la certification qu'il a le droit d'obtenir les 100 pièces promises par Primus. Le problème est que l'on peut aisément objecter qu'il possédait ce savoir bien avant la certification. C'est précisément ce que produit le droit conditionnel : savoir qu'un droit peut-être obtenu si la condition suspensive est satisfaite[154]. Autrement dit, l'interprétation épistémique de la modalité dans la postcondition n'apporte pas un éclairage suffisam-

---

154. C'est ce que montre $A \rightarrow K_s[A]B$, Secundus sait qu'après la certification de l'arrivée du navire, il a le droit de recevoir les 100 pièces.

ment satisfaisant sur la problématique de la condition suspensive puisque après certification, elle n'apporte rien de plus qu'une connaissance qui était déjà établie avant. Seul le statut du savoir est modifié : de savoir conditionnel, il devient un savoir, mais ce savoir ne nous dit rien sur la question du droit. Pour Secundus, savoir qu'il a le droit d'obtenir les 100 pièces n'est pas équivalent à effectivement obtenir les 100 pièces. L'interprétation épistémique semble ici trouver une limite par rapport à la question du droit conditionnel.

6.5.3 Quelle(s) différence(s) ?

Alors que l'interprétation déontique tend à nous laisser penser que nous perdons le caractère épistémique que Leibniz met en avant concernant son analyse de la condition suspensive, l'interprétation épistémique ne nous fait rien gagner sur le plan juridique, elle apporte juste un changement au niveau du statut du savoir : de conditionnel le savoir devient effectif.

Ces deux interprétations nous invitent à penser la distinction entre *savoir que l'on a un droit* (sur 100 pièces à l'arrivée d'un navire d'Asie dans le cas de Secundus) et l'*effectivité de ce droit*. Savoir que l'on a un droit en suspens n'est pas équivalent à avoir la pleine jouissance de ce droit. D'une part, il s'agit d'une connaissance alors que de l'autre il s'agit d'un fait.

L'interprétation déontique au détriment du caractère épistémique ? La certification impose une contrainte vis-à-vis d'un comportement qui devient obligatoire par la satisfaction de la condition suspensive (donner les 100 pièces à l'arrivée d'un navire d'Asie). L'interprétation déontique semble donc être la plus appropriée. Mais dans ce cas ne perdons-nous pas la dynamique épistémique de la condition suspensive pointée par Leibniz (et par le Code civil français) ?

Pour répondre à cette question, il faut se demander sur quoi précisément porte ce caractère épistémique. S'agit-il de la modification du savoir des agents induite par l'annonce ou uniquement de la connaissance de l'événement sans pour autant prendre la mesure de la modification que cette annonce produit sur le savoir des agents ? Autrement dit, la dynamique épistémique porte-t-elle sur les modifications possibles du savoir suite à la certification ou se limite-t-elle simplement à la connaissance de cet événement ?

Reconsidérons l'exemple de Primus et de Secundus. D'un côté, la certification de l'arrivée du navire met à jour ce fait : Primus et Secundus en prennent par conséquent connaissance. La certification introduit ce fait dans la connaissance de ces deux agents. D'un autre côté, cette certification oblige à un certain comportement déterminé par l'obligation conditionnelle – donner 100 pièces à Secundus. Il ne s'agit pas ici d'un caractère épistémique mais bien d'une attitude déontique : une obligation. Le caractère épistémique auquel s'intéresse Leibniz porte uniquement sur ce qui est certifié et non pas sur l'impact que peut revêtir cette certification.

L'aspect épistémique pointé par Leibniz reste donc préservé même si on adopte l'interprétation déontique. Nous pouvons donc retenir l'interprétation déontique en préservant l'intérêt épistémique de la condition suspensive.

6.6 PAL, pertinence et usage limité des ressources

Le critère (viii) de la conditionnalité suspensive pose un problème dans la mesure où il introduit une notion de pertinence ; or **PAL** s'intéresse aux effets que les actes de communication ont sur le savoir mais n'a aucune considération sur la notion de pertinence. La section suivante est dédiée à ce problème et aux avantages et inconvénients des solutions possibles pour satisfaire ce critère.

6.6.1 La linéarité au secours de la pertinence

Dans Magnier et Rahman (2012), pour satisfaire aux exigences de pertinence, nous soulevons le problème suivant : est-il suffisant de combiner la logique **PAL** avec une logique incluant des considérations sur la pertinence ? Le problème est que la logique **PAL** est une approche modèle-théorique alors que les logiques de la pertinence sont des approches preuve-théoriques. Faut-il donc étendre la logique **PAL** avec de nouveaux opérateurs ou bien changer les conditions d'usage des constantes logiques de **PAL** pour lui donner une dimension pertinente ?

C'est cette dernière solution qui est retenue dans Magnier et Rahman (2012) : nous modifions la signification des constantes logiques en les soumettant à des considérations de la dialogique linéaire. La logique dialogique permet de combiner les sémantiques de différentes logiques au sein d'un même et unique cadre. La solution que nous proposons est issue de Rahman (2002) où nous trouvons le principe dialogique linéaire (**PL**) suivant :

1. une formule dans un dialogue doit être utilisée au moins une fois ;

2. une formule dans un dialogue doit être utilisée au plus une fois.

Ce principe vient apporter une restriction à la règle de victoire **SR-3**. Pour gagner, un joueur doit jouer le dernier coup mais également avoir épuisé les formules de son adversaire. Autrement dit, selon ce principe, tout dialogue dans lequel une formule serait utilisée plus d'une fois ou moins d'une fois n'est pas remporté par le joueur jouant le dernier coup, car non-conforme au principe de linéarité **PL**. Suivant **PL**, le **P**roposant ne peut remporter une partie sans avoir utilisé toutes les formules énoncées par l'**O**pposant. Ce principe offre une garantie vis-à-vis d'une absence possible de lien entre l'antécédent et le conséquent d'un conditionnel. Ainsi les redondances et la possibilité de pouvoir remporter une partie sans utiliser une formule donnée sont avortées. Ce principe force donc la sémantique d'un conditionnel car l'antécédent ne peut pas être une contradiction logique et le conséquent ne peut pas être une tautologie. Dans les deux cas, si (1) l'antécédent est une contradiction ou si (2) le conséquent est une tautologie, une partie ne peut être remportée sans utiliser les formules du conséquent (pour le cas 1) ou sans utiliser les formules de l'antécédent (cas 2). Nous illustrons le mécanisme de **PL** dans la Table 6.15.

	O			**P**	
				$\epsilon\|1 : q \to (p \vee \neg p)$	0̸
	$m := 1$			$n := 2$	
1	$\epsilon\|1 : q$	0		$\epsilon\|1 : p \vee \neg p$	2̸
3̸	$\epsilon\|1 : ?_\vee$	2		$\epsilon\|1 : \neg p$	4
5̸	$\epsilon\|1 : p$	4		$\epsilon\|1 : p$	6

TABLE 6.15 – Conséquent tautologique

Explications de la Table 6.15 : A travers cette partie, il apparaît clairement que suivant **PL**, le **P**roposant ne gagne pas car une ressource de l'**O**pposant reste inutilisée (coup 1), ce qui invalide le point 1 de **PL**. Cela signifie que le **P**roposant, pour construire sa défense, n'a pas recours à toutes les formules qui lui sont données par l'**O**pposant. Il ne lui est pas nécessaire d'utiliser l'antécédent (q) pour gagner car le conséquent étant une tautologie ($p \vee \neg p$), il peut toujours le défendre indépendamment de l'antécédent.

Par conséquent, selon le principe **PL**, si l'on suppose un conditionnel suspensif avec un conséquent tautologique, le **P**roposant ne peut pas remporter le dialogue uniquement à partir de ce conséquent ; c'est-à-dire sans avoir recours à l'antécédent donné par l'**O**pposant. Si l'on suppose que la thèse est une annonce publique, les conséquences sont identiques. Ainsi le critère (viii) se voit satisfait en invalidant la possibilité de gagner une partie pour un conditionnel suspensif dont le conséquent est une tautologie [155].

Ressources à usage limité. Introduire ce principe de linéarité dont nous faisons mention ci-dessus pour le combiner avec la dialogique **DE-MAL** nous permet également d'introduire la dimension de *ressources*. Qu'une formule dans le cours d'un dialogue ne puisse être utilisée au plus qu'une seule fois impose que cette formule ait un usage limité : c'est une ressource à usage unique. La question de ressource est liée à un problème plus général abordé par Endicott [156]. Puisque le nombre d'application d'une norme juridique est, en général, indéterminé, les normes doivent être formulées en termes vagues. Mais cela ne signifie pas pour autant que les ressources impliquées sont considérées comme étant illimitées. Considérons l'engagement pris par Primus envers Secundus. Cet engagement stipule que Primus donnera à Secundus 100 pièces si un navire arrive d'Asie. Cela ne signifie pas que Primus donnera 100 pièces à Secundus à l'arrivée de chaque navire arrivant d'Asie. Autrement dit, cet engagement comporte une ressource limitée, prévalant certes pour tout navire, mais un seul d'entre eux pourra donner lieu à la certification de l'arrivée d'un navire d'Asie : le premier qui arrivera. Une fois ce navire arrivé, la ressource *l'arrivée d'un navire d'Asie* est épuisée pour l'obtention des 100 pièces. Plus aucun navire arrivant d'Asie ne pourra donner lieu aux bénéfices auxquels Secundus a droit.

6.6.2 Engagement sur la partie et usage limité des ressources

Comme nous venons de le voir, le principe dialogique de linéarité permet, en plus d'introduire des considérations de pertinence, de rendre compte de la notion de ressource très utile pour l'application d'une norme juridique que peut représenter une obligation conditionnelle. Ce principe permet de capturer le fait que la certification, soit pour notre exemple : l'arrivée du navire d'Asie, ne puisse être opérée au plus qu'une et une seule fois.

---

155. Le principe **PL** satisfait également naturellement le critère (vii), nous n'en faisons pas explicitement mention ici car ce critère est déjà par ailleurs satisfait, cf. Section 6.4.3, p. 164.

156. Cf. Endicott (2011).

Pour autant, la règle de particule de l'opérateur d'annonce publique, indépendamment de **PL**, induit également une idée d'unicité dans l'acte d'engagement particulier qu'elle opère. L'acte d'engagement par rapport à la formule φ, que nous identifions à l'acte de certification lorsque cette formule est ajoutée à la liste $\mathcal{A}$, ne peut s'opérer qu'une et une seule fois. Après un challenge sur un opérateur d'annonce, le défenseur a le choix. Il peut soit refuser de se commettre dans la défense de φ ou se commettre dans la défense de ψ tout en assumant φ dans la liste $\mathcal{A}$. En supposant qu'il choisisse la première possibilité, c'est-à-dire refuser de se commettre dans la défense de φ, il peut lui être permis par la suite de changer cette défense pour choisir la deuxième possibilité [157]. S'il choisit de se défendre en utilisant la deuxième possibilité, c'est-à-dire d'assumer φ dans la liste $\mathcal{A}$, selon les mêmes considérations que précédemment, il peut être permis à ce joueur de revenir sur son choix et ainsi de changer sa défense pour l'autre possibilité. La première possibilité part d'une liste non-chargée par φ pour ensuite ajouter φ dans la liste alors que la seconde part d'une liste chargée par φ pour ensuite considérer une situation différente dans laquelle φ n'est pas dans la liste. On pourrait croire que φ est ajoutée deux fois à la liste $\mathcal{A}$, mais il n'en est rien. Ces deux possibilités sont représentées dans des parties abstraites de la Table 6.16 où :

- **X** et **Y** sont les joueurs pouvant aussi bien être l'**O**pposant que le **P**roposant ;
- $n, n+i, n+j, n+k$ représentent l'ordre des coups dans le dialogue.

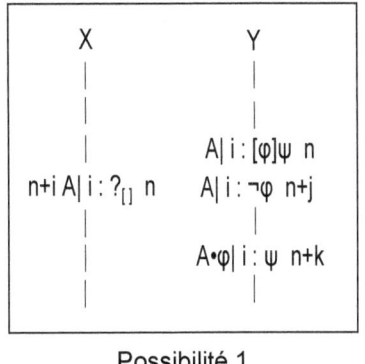 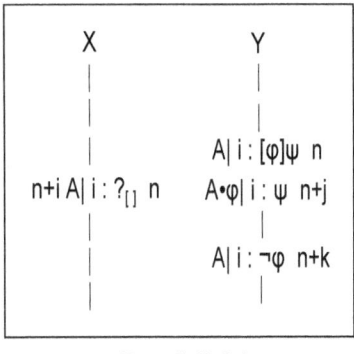

TABLE 6.16 – Changement possible de défense de l'annonce

---

157. Il est permis à un joueur de répéter une défense ou une attaque en fonction de son rang de répétition cf. Chapitre 4, Section 4.2.2.

Dans la Table 6.17, est considéré le cas où le défenseur choisit la deuxième possibilité, c'est-à-dire lorsqu'il choisit de se défendre en ajoutant φ dans la liste, au coup $n+j$, mais par suite il choisit de répéter sa défense, non pas en changeant de défense mais en refaisant exactement la même défense (coup $n+k$)[158]. Cette répétition de défense fait suite au challenge du coup $n+i$, elle se situe donc juste après le challenge sur l'opérateur d'annonce, c'est-à-dire à un moment où la liste n'a pas encore était chargée par φ. Par conséquent, même si un joueur décide de répéter sa défense vis-à-vis d'un challenge sur un opérateur d'annonce, cette répétition n'induit pas une multiplication de l'acte d'engagement global dans φ. Ce dernier, pendant dialogique de l'acte de certification, reste donc bel et bien unique, indépendamment du principe dialogique de linéarité. Il semblerait donc que l'annonce comporte en elle-même ce caractère linéaire : elle ne peut être exécutée qu'une seule fois.

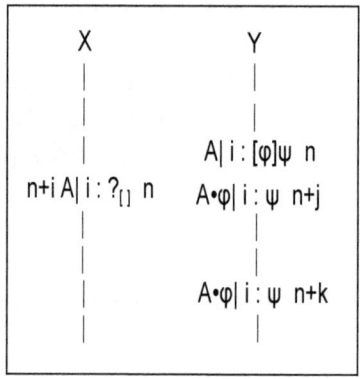

TABLE 6.17 – Répétition de la même défense pour une annonce

Itération de l'engagement local. La règle structurelle **SR-A*** permet de contraindre un joueur à justifier une formule ajoutée à la liste $\mathcal{A}$ dans un point contextuel choisi postérieurement à l'ajout de cette formule[159]. Si par **SR-A***, φ est jouée dans différents points contextuels cela ne signifie en rien que le navire est arrivé plusieurs fois ou encore qu'un nombre x d'arrivée de navire d'Asie donne lieu exactement à x application des bénéfices, c'est-à-dire que Secundus reçoit x fois les 100

---

158. Cette répétition n'est évidemment pas un coup pertinent mais l'exemple sert ici à illustrer le fait que même si un joueur se défend plus d'une fois en chargeant la liste avec une même annonce, cette formule n'est ajoutée qu'une seule fois à la liste.
159. Cf. Chapitre 4, Section 4.2.2, p. 72 pour sa justification.

pièces promises par Primus. Cette règle structurelle exprime simplement le fait que l'acte de certification de l'arrivée de navire d'Asie demeure effectif dans toutes les situations considérées après cette arrivée. Autrement dit, cette règle permet, une fois le navire arrivé d'Asie, de justifier que *ce navire* est bien arrivé et non que *plusieurs navires* sont arrivés. La condition de suspension s'épuise dans l'acte de certification, dans l'acte d'engagement global qu'elle induit dans le cours d'une partie. Pour que Secundus puisse prétendre de nouveau obtenir 100 pièces supplémentaires à l'arrivée d'un second navire d'Asie, il faut nécessairement que soit formulée une nouvelle obligation conditionnelle stipulant ce droit [160].

Si donc la ressource induite par l'acte de certification semble pouvoir être utilisée plusieurs fois, cela vient d'une confusion entre engagement local et engagement global. L'acte d'engagement global – certification – ne peut être produit qu'une seule fois mais cette ressource peut être utilisée une fois dans chaque point contextuel – itération de l'usage local de l'engagement sur la partie. La certification, tout comme l'engagement global, revêtent tous deux une dimension unique. Après l'arrivée du premier navire d'Asie, certifier l'arrivée d'un second navire n'a de sens que par rapport à un autre engagement, différent du précédent.

6.7 Retour sur la notion de bénéfice

Si l'intérêt du principe de la dialogique linéaire concerne uniquement la notion d'usage limité des ressources pour l'application d'une norme juridique, nous venons de voir qu'il n'est pas véritablement nécessaire puisque déjà contenu en substance dans la sémantique modèle théorique ainsi que dans la règle de particule de l'annonce publique. Cependant, il faut rappeler que ce principe joue un rôle important par rapport à la question de la pertinence du conséquent du conditionnel suspensif, ce dernier ne pouvant pas être une tautologie (critère viii). C'est donc sur ce point uniquement que le recours à ce principe de linéarité peut être invoqué.

Pour autant, il faut s'interroger sur la signification que peuvent avoir des bénéfices "tautologiques" puisque c'est de cela dont il est question ici. Ce sont les bénéfices provenant de l'obligation conditionnelle qui ne peuvent pas être une tautologie. Mais, que pourraient être des bénéfices

---

160. De plus, du point de vue de la recevabilité juridique, une obligation conditionnelle doit avoir un objet très précis. Le nombre de navires pouvant donner droit aux 100 pièces doit être explicitement précisé. Dans notre cas de figure, Secundus ne serait pas en droit de réclamer de nouveau 100 pièces à Primus si un second navire arrivait d'Asie. Il faudrait pour cela que Primus formule à nouveau son engagement à l'égard de Secundus.

tautologiques ? Un bénéfice nécessaire ? L'idée de bénéfice semble induire d'elle-même une forme de contingence. Tirer bénéfice de quelque chose contient intrinsèquement un aspect non nécessaire, c'est-à-dire que ces bénéfices en question auraient pu ou pourraient ne pas être obtenus. Or, par définition, une tautologie est toujours vraie, donc des bénéfices tautologiques doivent également être toujours vrais, toujours obtenus. Ce qui revient à contredire l'idée de contingence des bénéfices.

Alors que la condition (viii) du conditionnel suspensif pose clairement un problème de pertinence, il semblerait qu'il ne soit pertinent de parler d'obligation conditionnelle qu'exclusivement lorsque celui-ci porte sur du contingent. Ce qui, couplé à la dimension intrinsèquement linéaire des règles de l'opérateur d'annonce publique reviendrait à remettre en cause le recours au principe de la dialogique linéaire concernant l'usage minimal et maximal qu'il doit être fait d'une formule dans le cours d'une partie. Il semblerait qu'il y ait ici un choix à faire entre une position logique ou philosophique. La première position revient à forcer l'interdiction d'avoir une tautologie comme conséquent par un artifice logique, alors que la seconde interdit cette possibilité en amont, rejetant un tel type de bénéfice comme étant possible ; ce faisant le critère (viii) serait satisfait par défaut.

L'inconvénient de cette deuxième position est qu'elle force une condition pragmatique sur le conditionnel suspensif alors que la première position intègre cette condition pragmatique dans une structure logique. Si le critère (viii) semble forcer un lien de pertinence entre l'antécédent et le conséquent, avec la position philosophique ce lien porte sur les contenus, sur la condition suspensive – arrivée d'un navire d'Asie – par rapport au bénéfice de l'obligation – les 100 pièces. Le lien forcé par la position logique n'est pas un lien portant sur les contenus mais un lien de pertinence logique : l'antécédent ne doit pas être une contradiction logique et le conséquent ne doit pas être une tautologie. Il nous faut donc entrer dans le détail de ces deux positions afin de mesurer si le coût à payer pour privilégier la position philosophique est à la hauteur de son apport.

Dans cette section, nous comparons les deux positions, à savoir :
- la position *logique* qui consiste à formellement interdire la possibilité d'avoir une tautologie comme conséquent d'un conditionnel suspensif, soit comme postcondition d'un opérateur d'annonce publique ;
- la position *philosophique* qui consiste à refuser qu'une tautologie puisse correspondre à un bénéfice d'un quelconque engagement.

Afin d'essayer de départager ces deux conceptions, nous allons comparer les deux types de dialogues que ces deux positions induisent. Mais avant de présenter ces dialogues, nous adressons un petit rappel afin d'éviter toute confusion possible dans leur lecture.

Rappel. Dans le cours d'une partie, il pourrait être aisé de confondre l'**O**pposant et le **P**roposant avec Primus et Secundus. Mais, il faut prendre garde à bien distinguer *joueur* et *agent*[161]. L'**O**pposant et le **P**roposant jouent un rôle dans le débat argumentatif alors que les agents sont des éléments du contenu argumentatif. Primus et Secundus sont pour l'**O**pposant et le **P**roposant des "contenus" de la discussion en tant que ces agents représentent le *créancier* et le *débiteur* de l'obligation conditionnelle. Pour avoir une intuition claire, d'une certaine manière, nous pourrions interpréter l'**O**pposant et le **P**roposant comme deux protagonistes discutant de l'obligation conditionnelle liant Primus et Secundus. Nous pouvons dans ce cas considérer que ces deux protagonistes discutent ou débattent du caractère bien fondé de cet engagement ou contrat.

6.7.1 Position logique

La position logique consiste à interdire la possibilité d'avoir une tautologie comme conséquent d'un conditionnel suspensif en recourant au principe dialogique de linéarité. Nous ajoutons donc **PL** à la dialogique **DEMAL**. Il faut pour cela ajouter les deux conditions suivantes dans les règles structurelles :

1. une formule atomique signée <**O**> est épuisée dans son usage si et seulement si le **P**roposant utilise cette formule pour attaquer un **O**-coup ou pour se défendre vis-à-vis d'un **O**-challenge.

2. une formule complexe est épuisée si et seulement si tous les challenges et défenses possibles ont été exécutés (en accord avec les règles).

Afin de montrer que les deux formulations de l'exemple (p. 167) sont équivalentes, il nous faut montrer que l'une implique l'autre et réciproquement. Soit que :

a. $[A]\mathbf{O}_p B \to (A \to \mathbf{O}_p[A]B)$ – partie Table 6.18 ;

b. $(A \to \mathbf{O}_p[A]B) \to [A]\mathbf{O}_p B$ – partie Table 6.19.

Une fois la ressource consommée dans une partie, le numéro du coup épuisé est barré[162].

---

[161]. Cf. la distinction précisée entre joueur et agent au Chapitre 4, Section 4.2.1, p. 56.

[162]. Dans Magnier et Rahman (2012) nous avons opté pour la solution consistant à barrer directement les formules dans le cours du dialogue. Cette différence est uniquement d'ordre typographique.

	O				P	
					$\epsilon\|1 : [A]\mathbf{O}_p B \to (A \to \mathbf{O}_p[A]B)$	0
	$m := 1$				$n := 2$	
1	$\epsilon\|1 : [A]\mathbf{O}_p B$	0			$\epsilon\|1 : A \to \mathbf{O}_p[A]B$	2
3	$\epsilon\|1 : A$	2			$\epsilon\|1 : \mathbf{O}_p[A]B$	4
5	$\epsilon\|1 : ?_1^p$	4			$\epsilon\|1 : [A]B$	6
7	$\epsilon\|1 : ?_{[\,]}$	6			$A\|1 : B$	12
9	$A\|1 : \mathbf{O}_p B$		1		$\epsilon\|1 : ?_{[\,]}$	8
11	$A\|1 : B$		9		$A\|1 : ?_1^p$	10
13	$\epsilon\|1 : !_{(A)}$	12			$A\|1 : A$	14

TABLE 6.18 – Position logique, partie 1

Dans la partie Table 6.18, non seulement le **P**roposant gagne mais on constate bien que toutes les formules ont été épuisées. Ils restent des coups non-barrés, mais ces coups ne contiennent pas de formules (ce sont des challenges sur l'opérateur d'annonce : coup 7 et 8 ou encore des choix de contextes : coups 5 et 10). Il reste les coups 12 et 14 du **P**roposant qui ne sont pas barrés, mais ces coups épuisent les coups 3 et 11 de l'**O**pposant.

Dans la partie de la Table 6.19, une fois de plus le **P**roposant remporte le dialogue et l'ensemble des formules a bien été épuisé.

	O				P	
					$\epsilon\|1 : (A \to \mathbf{O}_p[A]B) \to [A]\mathbf{O}_p B$	0
	$m := 1$				$n := 2$	
1	$\epsilon\|1 : A \to \mathbf{O}_p[A]B$	0			$\epsilon\|1 : [A]\mathbf{O}_p B$	2
3	$\epsilon\|1 : ?_{[\,]}$	2			$\epsilon\|1 : \neg A$	4
5	$\epsilon\|1 : A$	4			$\otimes$	
					$A\|1 : \mathbf{O}_p B$	6
7	$A\|1 : ?_1^p$	6			$A\|1 : B$	14
9	$\epsilon\|1 : \mathbf{O}_p[A]B$		1		$\epsilon\|1 : A$	8
11	$\epsilon\|1 : [A]B$		9		$\epsilon\|1 : ?_1^p$	10
13	$A\|1 : B$		11		$\epsilon\|1 : ?_{[\,]}$	12

TABLE 6.19 – Position logique, partie 2

Le **P**roposant remporte les deux dialogues, par conséquent, ces deux formulations ($[A]\mathbf{O}_p B \to (A \to \mathbf{O}_p[A]B)$ et $(A \to \mathbf{O}_p[A]B) \to [A]\mathbf{O}_p B$)

sont bien équivalentes ; ce qui signifie que :
- « Après la certification de l'arrivée d'un navire arrive d'Asie, Primus doit donner 100 pièces à Secundus », et
- « Si un navire arrive d'Asie, Primus doit après la certification de cette arrivée, donner 100 pièces à Secundus »

ont la même signification.

Néanmoins, les coups 5 et 7 de l'**O**pposant, respectivement dans les parties 1 et 2, peuvent être considérés comme n'étant pas optimaux. En effet, l'**O**pposant choisit de rester dans le point contextuel 1 alors qu'il pourrait en introduire un nouveau. Dans la partie 1.bis de la Table 6.20 nous rejouons la partie 1 (Table 6.18), mais en changeant le coup 5 de l'**O**pposant. Ce dernier choisit d'introduire le point contextuel 2. Observons ce qu'il advient durant cette partie.

	O			**P**	
				$\epsilon\|1 : [A]\mathbf{O}_p B \to (A \to \mathbf{O}_p[A]B)$	0
	$m := 1$			$n := 2$	
1	$\epsilon\|1 : [A]\mathbf{O}_p B$	0		$\epsilon\|1 : A \to \mathbf{O}_p[A]B$	2
3	$\epsilon\|1 : A$	2		$\epsilon\|1 : \mathbf{O}_p[A]B$	4
5	$\epsilon\|1 : ?_2^p$	4		$\epsilon\|1_p 2 : [A]B$	6
7	$\epsilon\|1_p 2 : ?_{[\ ]}$	6		$\epsilon\|1_p 2 : \neg A$	8
9	$\epsilon\|1_p 2 : A$			$\otimes$	
11	$A\|1 : \mathbf{O}_p B$		1	$\epsilon\|1 : ?_{[\ ]}$	10
15	$A\|1_p 2 : B$		11	$A\|1 : ?_2^p$	12
13	$\epsilon\|1_p 2 : !_{(A)}$	12		$A\|1_p 2 : A$	14
				$A\|1_p 2 : B$	16

TABLE 6.20 – Position logique, partie 1.bis

En choisissant le point contextuel 2, l'**O**pposant contraint le **P**roposant à produire sa défense dans le point contextuel $1_p 2$, ce faisant les joueurs quittent le point contextuel 1 dans lequel l'**O**pposant a premièrement concédé A. Le problème est que cette ressource A ne sera jamais par suite utilisée par le **P**roposant. Il va uniquement épuiser la formule A concédée dans le point contextuel $1_p 2$ (coup 9) pour justifier qu'il puisse utiliser ce point contextuel (coups 12 à 14). Il parvient ainsi à contraindre l'**O**pposant à défendre $A|1_p 2 : B$ au coup 15, ce qui lui sert pour changer sa propre défense vis-à-vis du coup 7 et jouer le dernier coup (coup 16). Si l'on suit la règle de victoire **SR-3** de **DEMAL**, le **P**roposant remporte la partie. Mais, **PL** vient apporter une restriction à cette règle de victoire en précisant qu'en plus d'avoir joué le dernier coup, il faut que toutes les formules de l'adversaire aient été utilisées au moins une fois et au plus une fois, ce qui n'est pas le cas de la formule A du coup 3.

Nous pourrions développer une partie 2.bis dans lequel l'**O**pposant introduirait un nouveau point contextuel. Ce changement aurait alors les mêmes conséquences que dans la partie 1.bis : le **P**roposant jouerait le dernier coup sans pour autant remporter la partie conformément à **PL** car une ressource de l'**O**pposant resterait inutilisée.

Ces considérations semblent mettre à mal le recours à l'usage de **PL** pour notre propos. Ce principe n'est pas nécessaire pour gérer la question du nombre de ressources disponibles pour l'application de la norme juridique par la certification de la condition suspensive. Les règles de l'opérateur d'annonce publique apparaissent suffisantes pour cela[163]. De plus, ce principe nous contraint à considérer des stratégies sous-optimales pour l'**O**pposant. Lorsque l'**O**pposant joue de manière sous-optimale (en choisissant de ne pas introduire de nouveaux points contextuels), le **P**roposant gagne, ce qui n'est pas le cas lorsque l'**O**pposant adopte une stratégie optimale (en introduisant de nouveaux points contextuels).

6.7.2 Position philosophique

Alors que dans la section précédente nous avons exploré et mesuré les limites de la position logique vis-à-vis du critère (viii), dans cette section nous nous intéressons à la position philosophique qui interdit en amont la possibilité d'avoir une tautologie pour conséquent d'un conditionnel suspensif.

Pour jouer une partie selon la position philosophique sur le critère (viii), les règles de **DEMAL** définies dans le Chapitre 4 sont suffisantes. Par conséquent la victoire est définie par le dernier coup joué.

Nous développons dans les parties 3 et 4 – respectivement Tables 6.21 et 6.22 – les formules $a.$ et $b.$ de l'exemple de la Section 6.5.

La partie de la Table 6.21 se déroule de manière similaire à la partie 1.bis, la différence résidant dans la victoire. Alors que la partie 1.bis est remportée par l'**O**pposant parce que le **P**roposant n'épuise pas toutes les formules de son adversaire, le **P**roposant est ici le vainqueur de la partie.

La partie Table 6.22 est, comme la partie précédente, remportée par le **P**roposant. Cette fois, contrairement à la position logique, c'est-à-dire sans user de **PL** pour satisfaire le critère (viii), il est possible de

---

163. Cf. Section 6.6.2.

	O				P	
					$\epsilon\|1 : [A]\mathbf{O}_p B \to (A \to \mathbf{O}_p[A]B)$	0
	$m := 1$				$n := 2$	
1	$\epsilon\|1 : [A]\mathbf{O}_p B$	0			$\epsilon\|1 : A \to \mathbf{O}_p[A]B$	2
3	$\epsilon\|1 : A$	2			$\epsilon\|1 : \mathbf{O}_p[A]B$	4
5	$\epsilon\|1 : ?_2^p$	4			$\epsilon\|1_p 2 : [A]B$	6
7	$\epsilon\|1_p 2 : ?_{[\ ]}$	6			$\epsilon\|1_p 2 : \neg A$	8
9	$\epsilon\|1_p 2 : A$				$\otimes$	
11	$A\|1 : \mathbf{O}_p B$		1		$\epsilon\|1 : ?_{[\ ]}$	10
15	$A\|1_p 2 : B$		11		$A\|1 : ?_2^p$	12
13	$\epsilon\|1_p 2 : !_{(A)}$	12			$A\|1_p 2 : A$	14
					$A\|1_p 2 : B$	16

TABLE 6.21 – Position philosophique, partie 1

montrer que les formules *a*. et *b*. sont équivalentes sans avoir à présager de l'optimalité de la stratégie déployée par l'**O**pposant.

6.7.3 Quelle position adopter ?

Nous venons de le voir, la position logique pose des problèmes que ne pose pas la position philosophique (choix sous-optimaux de la part de l'**O**pposant). Pour autant l'approche philosophique n'est pas exempte de difficultés. Alors que tout au long de ce chapitre, nous nous sommes efforcés de montrer que la sémantique de l'opérateur d'annonce publique satisfaisait les critères retenus pour déterminer la conditionnalité suspensive, la position philosophique nous contraint d'introduire une dimension pragmatique sur la postcondition d'une annonce publique.

Un constat d'échec ? **DEMAL** n'est pas une logique différente de **PAC** mais sa reconstruction dialogique. Or, le critère (viii) entre directement en conflit avec un axiome de **PAC** : nécessitation de la formule annoncée[164]. Il n'est donc pas étonnant qu'il faille modifier **DEMAL** pour satisfaire le critère (viii).

Pour modifier une logique nous avons généralement deux options possibles :

1. modifier sa sémantique, ou
2. produire des conditions pragmatiques sur la sémantique déjà formulée.

---

164. De φ, $[\psi]\varphi$ suit, cf. l'Axiomatique de **PAC** p. 25.

	O				P	
					$\epsilon\|1 : (A \to \mathbf{O}_p[A]B) \to [A]\mathbf{O}_pB$	0
	$m := 1$				$n := 2$	
1	$\epsilon\|1 : A \to \mathbf{O}_p[A]B$	0			$\epsilon\|1 : [A]\mathbf{O}_pB$	2
3	$\epsilon\|1 : ?_{[\ ]}$	2			$\epsilon\|1 : \neg A$	4
5	$\epsilon\|1 : A$	4			$\otimes$	
					$A\|1 : \mathbf{O}_pB$	6
7	$A\|1 : ?_2^p$				$A\|1_p2 : B$	14
9	$\epsilon\|1 : \mathbf{O}_p[A]B$		1		$\epsilon\|1 : A$	8
11	$\epsilon\|1_p2 : [A]B$		9		$\epsilon\|1_p2 : ?_2^p$	10
13	$A\|1_p2 : B$		11		$\epsilon\|1_p2 : ?_{[\ ]}$	12

TABLE 6.22 – Position philosophique, partie 2

La position logique que nous avons explorée correspond à la première possibilité. C'est indirectement la sémantique de **DEMAL** qui est modifiée par la notion de ressource — les formules ne pouvant et ne devant être utilisées qu'une fois. La position philosophique quant à elle s'insère dans la deuxième possibilité. Elle impose, moyennant une réflexion conceptuelle sur la notion de bénéfice, une condition pragmatique sur la nature des postconditions d'un opérateur d'annonce publique. Nous avons déjà discuté les limites de ces deux approches et suffisamment motivé le rejet de chacune de ces deux solutions. Ce constat semble nous mener à une irréductible difficulté ; mais c'est peut être à travers cette difficulté apparente que l'intérêt du cadre dialogique pour cette étude se révèle.

6.8 Vers une dialogique des conditions juridiques

A travers cette section, nous prenons appui sur la constatation de la difficulté face à laquelle nous sommes confrontés pour satisfaire le critère (viii) pour montrer l'intérêt du cadre dialogique dans ce genre de recherche.

6.8.1 Entre sémantique et pragmatique

Le cadre dialogique est constitué de deux ensembles de règles. D'une part, les règles de particule définissent l'usage des constantes logiques au sein d'une interaction, soit leur sémantique. D'autre part, les règles structurelles fournissent des conditions ou restrictions d'usage des règles de particule, autrement dit des constantes logiques. Ces règles structurelles fournissent en quelques sortes des conditions pragmatiques sur la sémantique, mais ces conditions ne sont pas à proprement parler des conditions pragmatiques car elles font partie intégrante du système logique déterminé, elles ne lui sont pas extérieures. Elles ne représentent pas non plus des conditions sémantiques puisqu'elles ne portent pas directement sur les constantes logiques. Les règles structurelles constituent un médium entre sémantique et pragmatique, n'appartenant ni à l'une ni à l'autre, mais procédant d'un mélange des deux en internalisant dans la logique des conditions pragmatiques sur l'usage de la sémantique.

6.8.2 Une nouvelle règle structurelle

Les règles structurelles, parce qu'elles permettent une sémantique pragmatique, nous offrent la possibilité de modifier la normativité d'un système dialogique pour un usage particulier. Ainsi il nous est permis de proposer une règle structurelle conditionnant la postcondition d'un opérateur d'annonce publique, de sorte qu'il ne soit pas possible d'avoir une vérité logique. Nous proposons la règle suivante :

  ⋄ **Règle des bénéfices SR-B** : Si **X** énonce $[\varphi]\psi$, **Y** doit perdre la sous-partie qu'il ouvre avec la thèse ψ en jouant sous la restriction atomique (**SR-2***) [165]. Si **Y** ne perd pas la sous-partie, **X** perd la partie.

Cette règle structurelle permet un test de la proposition ψ. Si l'on considère qu'en énonçant $[\varphi]\psi$ **X** énonce en même temps que ψ est falsifiable, la sous-partie ouverte par **Y** permet de vérifier la falsification possible de ψ. **Y**, à travers cette sous-partie défend que ψ n'est pas falsifiable. La charge de la preuve est inversée : c'est le joueur **Y** qui se trouve sous le joug de la restriction atomique pour prouver ψ. Si **Y** parvient à remporter la sous-partie, il démontre qu'il est capable de défendre que ψ n'est pas falsifiable, mais s'il n'y parvient pas cela montre que ψ est falsifiable ; soit que ψ n'est pas une vérité logique, autrement dit que ψ n'est pas une tautologie [166].

---

165. Si un changement de prise en charge de la règle **SR-2*** se produit, c'est-à-dire si c'est l'**O**pposant qui doit jouer conformément à la restriction atomique, les rangs de répétitions sont également inversés. A savoir, le rang de répétition de l'**O**pposant devient 2 alors que celui du **P**roposant devient 1. Ce changement de valeur du rang de répétition ne tient que pour la sous-partie.

166. Cette règle structurelle reprend pour partie l'idée de l'opérateur F introduit dans Rahman et Tulenheimo (2007).

6.8.3 Exemples

A travers les Tables 6.23 et 6.24 nous illustrons le mécanisme de la règle **SR-B**. Dans chacune de ces tables la numérotation est modifiée pour la sous-partie. Les coups produits durant une sous-partie sont écrits avec une décimale. Si le coup n débouche sur une sous-partie, le premier coup de cette sous-partie est noté $n.1$, le second $n.2$, ... La sous-partie est graphiquement délimitée par un double trait.

				O			P	
						$\epsilon\|1 : [A](p \vee \neg p)$	0
		$m := 1$				$n := 2$	
		$n := 2$				$m := 1$	
0.1	$\epsilon\|1 : p \vee \neg p$	0					
0.3	$\epsilon\|1 : \neg p$			0.1		$\epsilon\|1 : ?_\vee$	0.2
	$\otimes$					$\epsilon\|1 : p$	0.4
0.5	$\epsilon\|1 : p$						

TABLE 6.23 – Bénéfices et tautologie

Dans la partie développée dans la Table 6.23, le **P**roposant énonce $[A](p \vee \neg p)$ au coup 0. Conformément à la règle **SR-B**, l'**O**pposant ouvre une sous-partie ayant pour thèse : $p \vee \neg p$ (coup 0.1). Dans cette sous-partie, l'**O**pposant doit respecter la règle **SR-2***, c'est-à-dire qu'il ne peut énoncer une formule atomique que si le **P**roposant a énoncé cette formule atomique avant dans la sous-partie. Au coup 0.2, le **P**roposant challenge la disjonction et l'**O**pposant défend avec $\neg p$ au coup 0.3. Suite au challenge du **P**roposant sur la négation où il énonce p, l'**O**pposant répète sa défense en réutilisant la proposition p introduite précédemment par le **P**roposant. L'**O**pposant démontre ainsi que $p \vee \neg p$ n'est pas falsifiable puisqu'il est capable de gagner la sous-partie pour $(p \vee \neg p)$ indépendamment de A. Le **P**roposant perd la sous-partie et par conséquent la partie.

Dans la partie de la Table 6.24, le déroulement est similaire à la partie de la Table 6.23 jusqu'au premier challenge du **P**roposant de la sous-partie (coup 0.2). Au coup suivant, l'**O**pposant devant jouer en respectant la restriction atomique ne peut pas se défendre car le **P**roposant n'a précédemment énoncé ni p ni q dans le point contextuel 1 au cours de la sous-partie. L'unique continuation possible pour l'**O**pposant est de quitter la sous-partie pour revenir à la partie initiale. Par l'échec de la

	O			P	
				$\epsilon\|1 : [A](p \vee q)$	0
	$m := 1$			$n := 2$	
	$n := 2$			$m := 1$	
0.1	$\epsilon\|1 : p \vee q$	0			
	–		0.1	$\epsilon\|1 : ?_\vee$	0.2
1	$\epsilon\|1 : ?_{[\ ]}$	0		...	2
	...			...	

TABLE 6.24 – Bénéfices et contingence

défense de la thèse de la sous-partie, l'**O**pposant reconnaît que $p \vee q$ est falsifiable. La suite de la partie se déroule de manière usuelle.

Bilan. Ces deux exemples montrent comment la sous-partie agit comme un filtre permettant de rejeter une vérité logique pour postcondition d'un opérateur d'annonce, ce qui nous permet de satisfaire le critère (viii). Si la postcondition d'un opérateur d'annonce énoncée par le **P**roposant est une tautologie, l'**O**pposant gagne la sous-partie et l'opérateur d'annonce est rejeté. Si la postcondition se révèle ne pas être une tautologie, après la sous-partie, la partie reprend son cours normalement. Cette solution possède (au moins) deux avantages :

1. elle offre une alternative attractive au recours à la pragmatique, et
2. elle introduit l'idée d'un changement de charge de preuve.

Cette alternative nous permet de satisfaire tous les critères déterminés comme définissant la conditionnalité suspensive (cf. Section 6.1.2) sans avoir à ajouter des conditions pragmatiques sur notre logique. Le changement de charge de preuve est intéressant dans la mesure où, au cours d'une partie, un joueur prétend *quelque chose* sur un énoncé – en l'occurrence ici que les bénéfices de l'obligation conditionnelle ne sont pas une vérité logique – et c'est son adversaire qui doit démontrer que ce n'est pas le cas – démontrer qu'il s'agit d'une vérité logique.

6.8.4 DLLC

Afin de correctement capturer la signification de la condition suspensive – spécifiquement pour le critère (viii), nous avons dû introduire une nouvelle règle structurelle dans **DEMAL** : la règle **SR-B**. L'ajout de cette règle nous oblige à redéfinir l'ensemble des règles structurelles de **DEMAL** défini au Chapitre 4, Section 4.2.2. Nous désignons cet ensemble par *StrucRules** et le définissons comme suit :

*StrucRules** = SR-0 ∪ SR-1 ∪ SR-2* ∪ SR-3 ∪ SR-K ∪ SR-A* ∪ SR-B

La redéfinition de l'ensemble des règles structurelles modifie **DEMAL**. Nous choisissons de désigner le nouveau système dialogique ainsi défini par **DLLC** : *Dialogical Logic for Legal Conditions*. Plus qu'un système dialogique arrêté, **DLLC** constitue une base pour des développements en direction d'une logique des conditions juridiques ou des raisonnements juridiques. Nous ajoutons donc en indice la version du développement de **DLLC**. Les premières réflexions menées dans ce chapitre en direction d'une logique dynamique à usage juridique nous conduisent à la première version de **DLLC**, soit à **DLLC**$_1$.

Définition 30 (DLLC$_1$). **DLLC**$_1$ est défini par l'union des ensembles *PartRules* et *StrucRules**.

$$\mathbf{DLLC}_1 = PartRules \cup StrucRules^*$$

L'opérateur principal de cette logique reste l'opérateur d'annonce publique de **PAL**, mais parce que ce dernier se voit modifié par l'usage qu'il en est fait dans **DLLC**, nous désignerons à partir de maintenant cet opérateur par : *opérateur d'obligation sous condition suspensive* – Table 6.25.

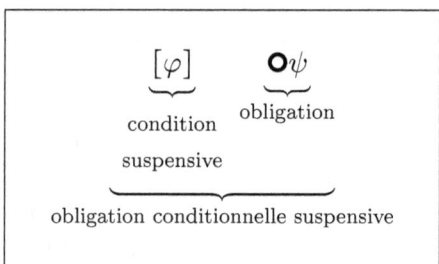

TABLE 6.25 – Opérateur d'obligation sous condition suspensive

La règle d'usage (règle de particule) de l'opérateur d'obligation sous condition suspensive est similaire à la règle d'usage fournie pour l'opérateur d'annonce publique au Chapitre 4, Section 4.2.2 et présentée de nouveau dans la Table 6.9 de cette section. Alors que l'opérateur d'annonce publique utilise le terme *annonce publique*, nous choisissons pour l'opérateur d'obligation sous condition suspensive la manifestation d'une *évidence*. Le terme évidence semble parfaitement approprié car il semble induire en son sillage l'idée de preuve. Autrement dit, la condition de suspension requière que soit prouvée l'évidence que l'événement à l'origine de la suspension a bien eu lieu. Le concept de certification de Leibniz n'est pas autre chose que la manifestation de cette évidence. C'est précisément ce que permet l'opérateur d'obligation sous condition suspensive. Cette manifestation d'évidence revêt un caractère public : les agents impliqués dans la situation considérée reçoivent l'information en même temps. Après que l'arrivée du navire d'Asie est certifiée, l'évidence de cet événement n'échappe à aucun des agents.

Conclusion

En partant de l'analyse que A. Thiercelin donne de la notion leibnizienne de condition suspensive, nous avons montré que la sémantique de l'opérateur d'annonce publique de la logique **PAL** satisfait bon nombre des critères définissant la condition suspensive et que l'approche dialogique, tout en permettant de satisfaire tous les critères, fournit un cadre intéressant pour son étude grâce au caractère dynamique et interactif qu'elle offre.

Toutes ces considérations sont illustrées de façon synthétique et schématique dans la Table 6.26. Cette table a également pour mérite de souligner le double aspect dynamique de la condition suspensive. La condition suspensive procède à la fois d'un dynamisme épistémique et d'un dynamisme argumentatif. D'un événement dont les contractants ignorent s'il est déjà ou va arriver, cet événement peut devenir connu par la manifestation d'une évidence (événement épistémique : annonce publique ou certification) – premier aspect dynamique [167]. Mais l'évidence de cet événement (s'il a lieu) doit encore être défendue ou justifiée. Cette défense ou justification s'opère à travers un processus argumentatif – deuxième aspect dynamique. La condition suspensive apparaît comme étant une capacité à défendre le changement de son statut épistémique en vue de réclamer un droit. Et ce n'est que si la défense du changement de statut de cette condition est couronnée de succès que le droit reconnaît la légitimité de la demande [168]. Dans notre exemple, ce n'est que si l'évidence de l'arrivée d'un navire d'Asie peut être prouvée que Secundus peut faire valoir son droit sur les 100 pièces. C'est ici la problématique de la charge

---

167. Cf. § "De l'importance de l'ignorance", p. 149 et § "Remarques sur la certification", p. 160.
168. Ce changement de statut correspond à la différence entre un engagement dans la partie et un engagement sur la partie. Défendre qu'une condition suspensive est réalisée, c'est défendre l'engagement sur la partie que cette condition suspensive représente.

de la preuve qui se manifeste, « celui qui réclame l'exécution d'une obligation doit la prouver »[169]. Dans les deux chapitres qui suivent nous revenons sur cette question de la charge de la preuve.

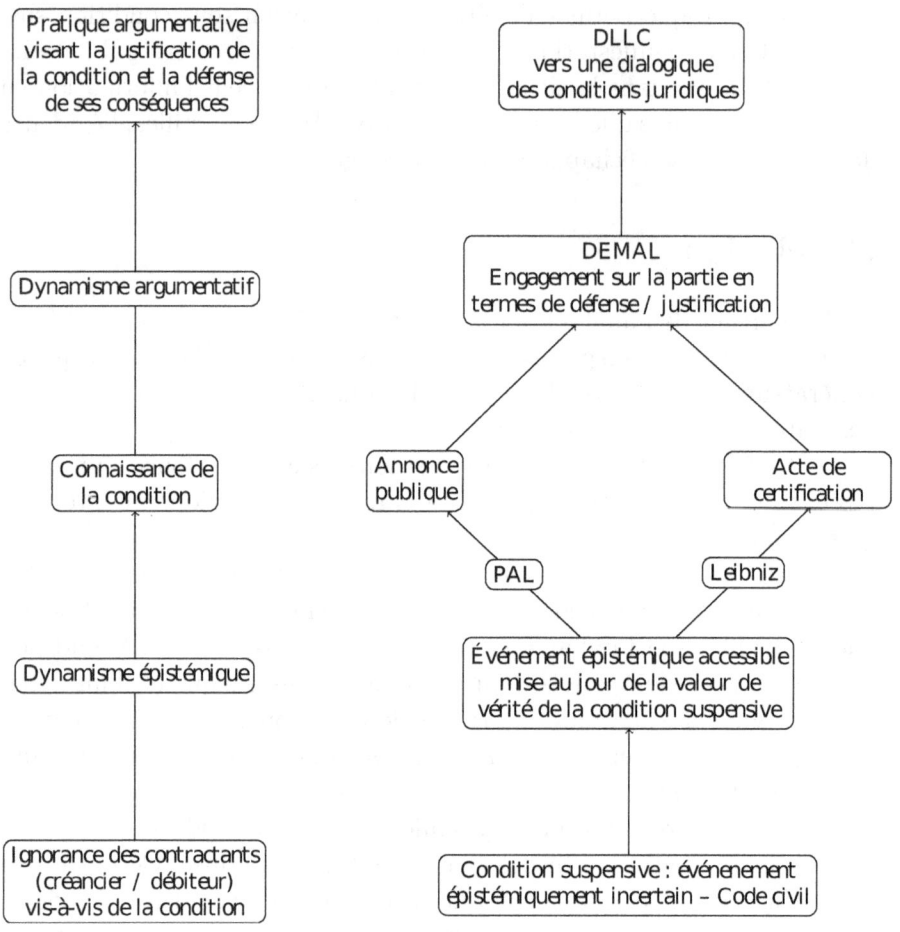

TABLE 6.26 – La condition suspensive et son double aspect dynamique

---

169. Article 1315 du Code civil français. Cf. Chapitre 8, Section 8.3.2, Table 8.7.

Chapitre 7

Dialogues autour de l'imputabilité juridique

Résumé du chapitre : Dans ce chapitre nous proposons de mesurer la pertinence du système $\mathbf{DLLC}_1$ dans un usage plus large de la notion de condition en matière de droit. Il ne sera plus question dans ce chapitre de droit conditionnel, c'est-à-dire de condition suspensive d'un droit, mais d'une conditionnalisation du droit, autrement dit de l'usage des formes conditionnelles des normes juridiques. Les différents aspects présentés ci-dessous seront abordés :
- La différence entre norme et proposition juridique, différence qui souligne la distinction entre une norme et le discours concernant son application.
- La différence entre causalité et imputabilité : alors que la première porte sur une relation intrinsèque à l'antécédent et au conséquent, la seconde naît du fruit d'un acte de volonté.
- La distinction que la dialogique permet d'opérer entre justification propositionnelle et justification procédurale. Cette distinction est essentielle pour rendre compte de la validité d'une norme ainsi que de la vérité de son application.
- L'intérêt de l'usage du caractère public de l'opérateur d'annonce qui révèle la nécessité du recours à la vérité d'un fait pour l'application d'une norme, ce qui permet d'éviter nombre de paradoxes.

7.1 DLLC$_1$ dans le contexte kelsenien

Dans ce chapitre, nous allons éprouver, voire prolonger, l'outil logique que nous avons développé dans le chapitre précédent concernant la reconstruction dialogique de la conditionnalité leibnizienne à travers la dynamique de **DLLC$_1$**. Ce travail prend appui sur certains textes de Hans Kelsen[170]. La profondeur de l'analyse philosophique de la formulation normative qu'il mène dans ces textes justifie notre choix. Selon lui, une norme peut toujours être exprimée par une proposition de nature conditionnelle, c'est-à-dire à travers une relation d'imputation[171]. La distinction kelsenienne entre norme et proposition ainsi que sa volonté de démarquer des limites entre les normes juridiques – qui composent le droit – et la science du droit – qui décrit ces normes – révèlent une préoccupation particulière concernant la nature de la liaison conditionnelle entre un fait et une conséquence juridique. Si ce point précis peut être sujet à controverse, notre intérêt ne se porte nullement sur les discussions qui peuvent en découler. Nous avons une perspective beaucoup plus modeste : explorer logiquement la forme de cette liaison conditionnelle ; par conséquent nous admettons l'idée de H. Kelsen au moins au titre d'hypothèse de travail et concentrons nos efforts sur la relation conditionnelle manifestée dans la science du droit. Notre perspective prend appui sur la science du droit telle que H. Kelsen l'entend et se trouve donc être descriptive par rapport au droit. C'est-à-dire que notre approche ne concerne pas tant l'usage qu'un homme de droit peut avoir de cet objet droit que le discours qui peut être produit à partir de cet usage du droit.

Dans un premier temps nous étudions quelques textes de H. Kelsen afin d'en extraire les matériaux nécessaires pour notre enquête logique de la relation d'imputation. Nous utiliserons pour cela le cadre dialogique de **DLLC$_1$** qu'il nous faudra étendre. Nous commençons par présenter et étudier quelques textes de H. Kelsen que nous jugeons pertinents pour notre propos. Nous classons ces textes en deux catégories :

1. distinction entre normes juridiques et proposition ;

2. nature de la relation conditionnelle.

---

170. Hans Kelsen (1881-1973) est un juriste austro-américain, fondateur du normativisme et du principe de la pyramide des normes. Il appartient au mouvement du positivisme juridique qui prétend décrire objectivement tout système juridique, sans recourir à des valeurs morales extrinsèques au droit lui-même.
171. Cf. Section 7.1.2.

7.1.1 Normes et propositions juridiques

La distinction entre propositions normatives (ou normes) et propositions juridiques chez H. Kelsen est fondée sur la notion de signification. Normes et propositions juridiques sont des propositions dont la valeur diffère. L'obligation est la signification d'une proposition normative alors que la proposition juridique n'est qu'une description particulière de ce pouvoir normatif. Dans le texte suivant, H. Kelsen part d'un exemple pour illustrer et préciser la différence entre la norme juridique qui prescrit et la proposition de droit qui décrit. L'exemple lui permet d'introduire et de justifier la distinction qu'il opère.

Kelsen (1962), p. 81–82 :

> Supposons qu'un manuel de droit civil énonce la proposition que (d'après le droit de l'État que ce manuel entend décrire) celui qui n'exécute pas la promesse de mariage qu'il a faite doit réparer le dommage qu'il a causé, et qu'au cas où il ne le fait pas, il doit être procédé à exécution forcée sur son patrimoine. Cette proposition est fausse si le droit de l'État en question n'établit pas l'obligation en question, parce qu'il ne prescrit pas l'exécution forcée éventuelle qu'affirme la proposition. La réponse à la question de savoir si une telle norme est en vigueur dans un ordre juridique déterminé est susceptible d'être vérifiée – non pas sans doute directement, mais du moins indirectement – ; car, pour qu'elle soit en vigueur, il faut qu'elle soit créée par un acte susceptible d'être constaté empiriquement. Mais la norme, instituée par l'autorité juridique, qui prescrit la réparation du dommage, et finalement, en cas de non-exécution spontanée de cette obligation, le recours aux voies d'exécution, ne peut pas, elle, être vraie ou fausse, car elle n'est pas une assertion, elle n'est pas une description d'un objet, mais une prescription, qui est comme telle un objet à décrire – par la science du droit. La norme établie par le législateur, qui prescrit l'exécution forcée contre le patrimoine de celui qui ne répare pas le dommage causé par la non-exécution d'une promesse de mariage, et la proposition formulée par la science du droit pour décrire cette norme – lorsque quelqu'un ne répare pas le dommage qu'il a causé en n'exécutant pas la promesse de mariage qu'il avait faite, il doit être procédé à exécution forcée contre son patrimoine –, ces deux données ont, du point de vue logique, un caractère différent. C'est pourquoi il est recommandable de les distinguer également sur le plan du vocabulaire, en

> appelant la première : norme juridique, Rechts-Norm – la
> seconde : proposition de droit, Rechts-Satz.

Nous commençons notre analyse par l'étude des éléments typiques de la philosophie juridique de H. Kelsen, présents tout au long de l'extrait ci-dessus. H. Kelsen explique que le manuel sur le code civil contient uniquement des propositions concernant des normes juridiques. La norme qui est décrite ne peut en aucun être vraie ou fausse étant donné qu'elle est l'objet même de cette évaluation. De même que seuls les discours et/ou propositions portant sur des faits naturels peuvent être vrais ou faux (et non pas les faits décrits en eux-mêmes), seuls les propositions décrivant les normes peuvent être vraies ou fausses. La science du droit doit être distinguée du droit lui-même. Le droit n'est ni vrai, ni faux, il est. Pareillement au fait naturel qui n'est autre que ce qu'il est par et pour lui-même, la norme n'existe pas autrement qu'en tant que norme. C'est la norme en elle-même qui constitue le droit. H. Kelsen désigne cette existence spécifique par *validité normative*. Si la comparaison entre les normes et les faits naturels semble pertinente, elle révèle pour autant quelques limites. H. Kelsen se sert justement de ces différences pour préciser sa notion de norme. Tandis que deux faits naturels peuvent être liés par une relation de cause à effet, cela ne peut être le cas dans le domaine normatif. Et c'est justement par cet aspect que nous entrerons dans la discussion concernant la nature du conditionnel normatif chez H. Kelsen.

Concentrons nous à présent sur l'analyse de l'exemple qu'il nous fournit. L'exemple commence par la supposition d'un manuel de droit civil. Le manuel en question précise qu'il doit être procédé à une exécution forcée sur le patrimoine de celui qui ne respecte pas sa promesse pour réparer le dommage causé. Contrairement à la norme juridique, cette proposition peut se voir qualifiée de vraie ou de fausse en fonction de l'établissement ou non de cette obligation par l'État en question. La norme ne peut, elle, être ni vraie ni fausse dans la mesure où sa valeur est prescriptive. Elle prescrit ce qui doit être et non ce qui est ou n'est pas. Seul ce qui est ou n'est pas relativement à l'existence d'une norme juridique peut faire l'objet d'une étude en termes de vérité ou de fausseté. H. Kelsen nous fournit une autre illustration dans le texte suivant.

Kelsen (1962), p. 61–62 :

> Supposons qu'un Code civil contienne un premier article qui dispose que le débiteur doit rembourser au créancier, dans les termes de leur contrat, le prêt qu'il en a reçu et un second article qui dispose que si, contrairement aux stipulations de ce contrat, le débiteur ne rembourse pas au créancier la somme

qu'il en a reçue en prêt, il doit être procédé à exécution forcée sur le patrimoine du débiteur, à la demande du créancier : en ce cas, tout le contenu de la première norme se retrouve sous forme négative dans la seconde à titre de condition. Les lois pénales modernes ne contiennent même le plus souvent pas de normes qui, à l'instar de ce que faisaient les dix commandements, défendraient le meurtre, l'adultère ou d'autres délits ; elles se bornent à attacher des sanctions pénales à des faits déterminés. Cela révèle très clairement que la norme « tu ne dois pas tuer » est superflue lorsqu'est en vigueur la norme « celui qui commet un meurtre doit être puni » : l'ordre juridique défend précisément une certaine conduite par le fait qu'il attache une sanction à la conduite contraire.

Par cet exemple, H. Kelsen essaie de montrer que les normes juridiques en général procèdent toujours selon une formulation conditionnelle, à savoir, en attachant « des sanctions pénales à des faits déterminés ». Même si la norme n'est pas explicitement exprimée par une proposition conditionnelle, il est toujours possible de la reformuler de cette façon grâce à cette liaison fondamentale entre le fait et la sanction qui lui correspond. Par conséquent, la norme juridique peut toujours être entendue comme une proposition conditionnelle juridique. Cette proposition conditionnelle juridique exprime une relation d'imputabilité.

7.1.2 Nature de la conditionnalité

Nous venons de voir qu'une proposition normative met en relation un fait et une prescription, il ne faudrait pas pour autant confondre cette relation spécifique avec la causalité *si ... alors* ayant cours dans le monde naturel. Il s'agit ici d'une causalité institutionnelle : l'imputabilité. Tandis qu'une proposition de la science naturelle lie de manière ontologiquement nécessaire un effet à sa cause, une proposition de la science du droit décrit la norme qui lie un délit à une sanction. La sanction n'est pas l'effet du délit, mais elle *doit* l'être conformément à l'ordre juridique établi. Cela signifie que cette sanction peut – dans certains cas – ne pas avoir cours.

A travers l'extrait suivant, c'est la nature même de la relation conditionnelle qui est précisée. Les différents exemples : le crime commis, la dette non recouvrée, la maladie contagieuse – donc potentiellement dangereuse pour un tiers – manifestent un fait essentiel : les conséquences induites par la satisfaction de ces différentes conditions prennent toutes effet au regard d'un ordre établi, d'une société au sein de laquelle cet ordre établi prévaut. Les lois naturelles prévalent quant à elles indépendamment de toute société, de tout ordre établi.

Kelsen (1962), p. 85 :

> L'analogie consiste en ceci que le principe en question joue dans les propositions juridiques un rôle tout à fait semblable à celui que le principe de causalité joue dans les lois naturelles par lesquelles la science de la nature décrit son objet. On connaît la forme fondamentale de la proposition juridique ; elle est [...] du type suivant : si un homme commet un crime, une peine doit être prononcée contre lui ; ou : si un homme ne paie pas la dette qui lui incombe, exécution forcée doit être ordonnée contre son patrimoine ; ou : si un homme est atteint d'une maladie contagieuse, il doit être hospitalisé dans un établissement destiné à cet effet ; finalement, pour donner un schéma général et abstrait : dans telles et telles conditions, que détermine l'ordre juridique, un acte de contrainte qu'il définit doit avoir lieu. [...] Dans la proposition juridique, il n'est pas dit, comme dans la loi naturelle, que si A est, B est ; il y est dit que si A est, B doit être (soll sein) ; et ceci n'implique nullement que B sera chaque fois que A sera. Le fait que la signification de la connexion des éléments dans la proposition juridique ne soit pas identique à ce qu'elle est dans la loi naturelle a sa source dans cette donnée que, dans la proposition juridique, la connexion est établie par une norme posée par l'autorité juridique, c'est-à-dire par un acte de volonté, alors que la connexion de la cause et de l'effet qui est énoncée dans la loi naturelle est indépendante de toute semblable intervention.

Les propositions juridiques mettent en relation des propositions entre elles conformément à un ordre établi. En accord avec cet ordre, ces propositions énoncent qu'un certain type déterminé de conséquences doit avoir lieu si la condition décrite dans cette proposition juridique est remplie. Pour H. Kelsen, ces propositions appartiennent à la science du droit et se distinguent des normes juridiques parce qu'elles peuvent être vraies ou fausses alors que les normes juridiques ne peuvent être que valides ou non-valides [172]. Les propositions juridiques sont en ce sens des instanciations particulières, des descriptions des normes. C'est pourquoi la science du droit donne des « renseignements » concernant des normes d'un ordre juridique spécifique, et la formulation conditionnelle semble

---

172. *Valide* au sens de validité normative définie dans la Section 7.1.1.

servir à mieux expliquer la norme juridique. Une proposition juridique par sa forme « si ... alors » permet de formuler une norme à travers une relation spécifique de cause à effet.

Les propositions juridiques, en tant qu'elles sont des descriptions des normes, sont donc à relativiser par rapport aux ordres juridiques sur lesquels elles s'appuient. La nécessité du conséquent est également à relativiser dans la mesure où il s'agit de ce que H. Kelsen désigne par un *devoir être* et non *être*. Cette dernière relativisation concernant la nécessité du conséquent s'explique aisément. Alors que si une personne lâche une pierre, cette dernière sera irrémédiablement attirée par la Terre et ce indépendamment de la personne, de la pierre et du lieu sur terre ; si cette même personne commet un crime, la sanction qu'elle encourt sera déterminée par l'ordre établi dans lequel elle commet son crime et ne sera pas automatique. De plus cette personne peut échapper à la justice et par conséquent également échapper au devoir être de sa peine. A contrario une pierre ne peut pas échapper à l'attraction de la Terre. Les faits qui font l'objet de la science naturelle sont toujours rationalisés par des conditionnels qui expriment une relation de causalité : tandis que la proposition juridique dit que « si A est, B doit être », la science transcrit « si A est, B est ». Par exemple, la science produit un énoncé du type « si on chauffe l'eau à 100°C, elle entre en ébullition », tandis que le droit va énoncer que « si un individu dépasse la limite de vitesse autorisée, il est contrevenant ». Cette personne ne va pas « automatiquement » devoir payer l'amende chaque fois qu'elle dépasse la limite de vitesse autorisée, il ne s'agit pas d'une relation nécessaire entre les deux faits. Le contrevenant n'est redevable de l'amende qu'à la condition qu'il soit pris en flagrant délit d'excès de vitesse et que ce délit soit attesté par une évidence. Ce qui signifie qu'il est possible qu'il commette ce délit sans devoir être contraint de s'acquitter d'une amende. En revanche cette personne pourra être obligée de payer l'amende, et si elle ne le fait pas, ce refus ne sera pas sans conséquences. C'est en ce sens qu'il faut comprendre que la sanction puisse ne pas avoir cours et c'est précisément sur ce point que le texte suivant s'ouvre.

Kelsen (1962), p. 87–88 :

> En particulier, la science du droit ne peut pas énoncer que, selon un ordre juridique donné, si un délit est commis, une sanction intervient effectivement. En produisant semblable assertion, elle se mettrait en contradiction avec la réalité ; car en fait, il arrive souvent qu'un délit est commis sans que la sanction instituée pour ce cas par l'ordre juridique se réalise : et cette réalité n'est pas l'objet que doit décrire la science du

droit. Il est bien vrai que ces normes d'un ordre juridique que la science du droit a pour rôle de décrire ne valent, c'est-à-dire que les conduites définies par elles ne doivent avoir lieu, en un sens objectif, que lorsqu'effectivement ces conduites correspondent jusqu'à un certain point à l'ordre juridique. Mais ceci ne change rien à ce qui a été dit : car cette efficacité de l'ordre juridique n'est – il ne faut pas cesser de l'affirmer – que la condition de la validité, elle n'est pas la validité elle-même. Si la science du droit doit exprimer le fait de la validité de l'ordre juridique, c'est-à-dire le sens spécifique dans lequel l'ordre juridique s'adresse aux individus qui lui sont soumis, elle ne peut énoncer qu'une seule chose, à savoir que, selon un certain ordre juridique, sous la condition qu'un délit défini par l'ordre juridique soit commis, certaines sanctions définies par le même ordre juridique doivent intervenir ; et ce mot « doivent » recouvre aussi bien le cas où l'exécution de la sanction n'est que positivement permise ou habilitée que le cas où elle est ordonnée. Les propositions juridiques que la science du droit doit formuler ne peuvent être que des propositions affirmant un devoir-être (Soll-Sâtze).

La science du droit exprime des permissions et des obligations relativement à des faits, des actes déterminés. La relation entre sanction et actes n'est pas d'ordre causale, il s'agit d'une relation d'imputation : une relation déterminée par le fruit d'une ou plusieurs volontés – la codification de ces volontés représente le droit, l'ordre établi [173]. La différence centrale entre relation d'imputation et relation causale réside précisément dans cet acte de volonté. Alors que la causalité traite d'une forme de nécessité interne à la cause (chauffer de l'eau à 100°C) et à son effet (l'eau bout), l'imputation lie un antécédent (commettre un excès de vitesse) à son conséquent (payer une contravention) par un acte de volonté externe aussi bien à l'antécédent qu'au conséquent. Cette différence a deux conséquences immédiates. Premièrement cette relation aurait pu ne pas être et/ou être autrement et deuxièmement cette relation est faillible. Elle est faillible dans la nécessité de la sanction « il arrive souvent qu'un délit est commis sans que la sanction instituée pour ce cas par l'ordre juridique se réalise ». Pour H. Kelsen c'est le droit dans sa globalité qui est conditionnel dans la mesure où il y a toujours une liaison ou une connexion entre un délit et une sanction. Mais que la sanction ait lieu ou

---

173. Cet acte de volonté était déjà présent lorsque nous avons traité des obligations conditionnelles mais dans une sphère plus restreinte, c'est-à-dire restreinte aux contractants (cf. Chapitre 6, Section 6.1). Il relève ici de la sphère publique : il concerne tout individu vivant sous cet ordre établi.

non n'a pas d'influence sur la validité de la norme, dans l'opération du conditionnel normatif. Ce conditionnel décrit seulement le fait qu'existe une relation de « devoir » qui lie le conséquent à l'antécédent. La sanction c'est ce qui *doit* arriver si une certaine condition est remplie et non ce qui arrive nécessairement. La structure conditionnelle des propositions juridiques dissimule une modalité déontique.

Mais, si les normes juridiques se voient décrites à travers des propositions juridiques (comme établi précédemment), est-ce le comportement (par exemple la sanction) qui est conditionnel ou bien est-ce le devoir être du comportement (le devoir être de la sanction) qui est conditionnel ? C'est à cette question que répond le texte suivant.

Kelsen (1979), p. 25–26 :

> Cela pose la question de savoir ce qui, dans une norme posant comme obligatoire un certain comportement à une condition déterminée, est en fait conditionnel : le comportement posé comme obligatoire ou le devoir-être (c'est-à-dire « l'être-obligatoire ») de ce comportement ? Cela n'est pas – comme on pourrait le croire – seulement le comportement, mais aussi le devoir-être (c'est-à-dire « l'être-obligatoire ») qui est conditionnel. Car la question est de savoir à quelles conditions on doit se comporter de la manière spécifiée dans la norme, à quelles conditions le comportement est obligatoire. C'est-à-dire à quelles conditions ce devoir-être existe-t-il, c'est-à-dire à quelles conditions la norme est-elle valide, c'est-à-dire doit être observée (ou appliquée suivant le cas) ? Dans la norme : « Si une personne a donné sa promesse à autrui, elle doit tenir sa promesse », ce qui est conditionnel, ce n'est pas seulement le fait de tenir sa promesse, mais aussi le devoir-être consistant à tenir sa promesse. A peut exiger de B qu'il doive épouser sa sœur parce que B l'a promis. Mais B peut refuser de devoir épouser sa sœur, bien qu'il soit disposé à l'épouser en avançant comme motif qu'il ne l'a pas promis à A, c'est-à-dire que la condition de ce devoir-être n'est pas remplie. Le procureur A peut exiger que le juge B doive punir C qui (selon l'opinion du procureur) a volé ; mais le juge B, qui est disposé à punir les voleurs, peut rejeter la demande du procureur parce que le « devoir-être de punir C » est valide pour le juge seulement s'il est d'avis que C a bien volé ; or, il est d'avis qu'il n'a pas volé. Il peut décider : « C ne doit pas être puni ». Ce qui manque dans ce cas, c'est la condition du « devoir-être de punition ». Quand une norme pose comme

obligatoire un certain comportement à une condition – quand un certain comportement est obligatoire – le devoir-être aussi (c'est-à-dire l'obligatoriété [174] du comportement) est conditionnel. Mais même si un certain comportement n'est pas statué comme conditionnellement obligatoire dans une norme, la validité de la norme est encore conditionnelle. Toutes les normes ne sont valides que de manière conditionnelle.

Selon H. Kelsen, ce n'est pas uniquement le comportement qui est conditionnel, c'est également le devoir être de ce comportement. Autrement dit la condition de la proposition juridique porte sur une proposition d'ordre déontique. Si cette proposition juridique est traduite dans un conditionnel juridique, c'est le conséquent de cette proposition dans son entier qui est une proposition déontique. La portée du « si » s'étend jusqu'au devoir être du comportement conformément à l'ordre juridique. H. Kelsen illustre sa pensée par deux exemples : celui de la promesse de mariage et celui du voleur.

Considérons premièrement le cas du mariage. Tout d'abord, il y a une norme décrite par la proposition juridique conditionnelle : « si une personne a donné sa promesse à autrui, elle doit tenir sa promesse », c'est-à-dire « si x, alors doit-être y ». Soit, si un individu B a promis à l'individu A qu'il épouserait sa sœur, conformément à la norme susmentionnée, B doit épouser la sœur de A. Mais, si B n'a pas fait une telle promesse, il ne peut être contraint à un tel mariage puisque la condition « promesse » débouchant sur le devoir être « épouser la sœur de A » n'est pas remplie. Cela n'interdit pas pour autant le fait que B puisse tout de même épouser la sœur de A s'il en a envie. Mais dans ce cas, nous ne sommes pas sous le joug du respect d'une promesse telle que l'exprime la proposition « si une personne a donné sa promesse à autrui, elle doit tenir sa promesse ».

Considérons à présent le second exemple, celui du voleur. Cet exemple prend appui sur la proposition juridique conditionnelle implicite suivante : « si une personne vole, elle doit être sanctionnée pour son vol ». Le procureur A peut requérir que le juge B sanctionne l'individu C soupçonné de vol. Mais le juge B ne peut sanctionner C qu'à la condition qu'il ait bien commis le vol en question. Par conséquent si A juge que C est l'auteur du larcin, C doit être sanctionné, mais si A juge que C n'est pas l'auteur du délit, C ne doit pas être puni. La satisfaction de l'antécédent de cette proposition conditionnelle juridique est la condition pour requérir que la sanction doit être appliquée.

---

174. Nous précisons ici ce qui signifie le terme obligatoriété : caractère obligatoire d'un état, d'une situation ou d'un texte juridique.

Bilan. Cette section nous a permis d'établir que l'évaluation de la proposition conditionnelle juridique repose sur l'existence préalable d'une norme. Selon H. Kelsen, le conséquent de cette proposition conditionnelle doit être une proposition modale, une proposition déontique en vertu de son caractère de devoir être. Nous avons également eu quelques renseignements sur les critères de vérité du conditionnel de la science du droit – notamment la satisfaction de la condition du conditionnel. Nous revenons plus en détails sur ces critères dans la section suivante.

7.2 La conditionnalité juridique de H. Kelsen

Les textes de H. Kelsen dont nous venons de traiter nous permettent d'en savoir davantage sur la notion de condition juridique dont il traite. A travers cette section, nous essayons de systématiser les différents points relevés dans la section précédente, à savoir : souligner l'importance du caractère déontique (le devoir être obligatoire) pour le conséquent de ce conditionnel, dégager les quelques critères de vérité de cette proposition conditionnelle juridique, sans oublier le nécessaire fondement de ce conditionnel – la norme juridique. Ces différents points seront, dans la mesure du possible, mis en perspective avec l'analyse que nous avons donnée de la notion de condition.

7.2.1 Le conséquent déontique

Nous l'avons souligné dans la section précédente, H. Kelsen insiste sur le caractère conditionnel du devoir être du comportement plus que sur le comportement lui-même « cela n'est pas – comme on pourrait le croire – seulement le comportement, mais aussi le devoir-être [...] qui est conditionnel[175] ». Ce qui est conditionné, c'est le devoir être du comportement et non le comportement directement. Il s'agit ici d'un comportement idéalisé conformément au droit à suivre. Si H. Kelsen insiste sur cette distinction c'est pour marquer la différence entre le principe d'imputation « si A est, B doit être » et la causalité du type « si A est, B est[176] ».

Il y a ici un point de convergence entre l'approche leibnizienne et l'approche kelsenienne sur la notion d'obligation d'un comportement suspendu à la réalisation d'une certaine condition. L'arrivée d'un navire d'Asie est la condition par laquelle est suspendue le devoir être du comportement de Primus consistant à donner 100 pièces à Secundus. Après

---

175. Cf. Kelsen (1979), p. 25.
176. Cf. Kelsen (1962), p. 85.

l'arrivée du navire d'Asie, le comportement de Primus : donner 100 pièces à Secundus doit être obligatoire. Il doit être obligatoire en opposition à nécessairement obligatoire dans la mesure où après l'arrivée de ce navire, Primus peut très bien ne pas donner les 100 pièces. Cette donation n'est pas "automatique", naturelle ; elle est institutionnelle, juridique [177]. Ainsi Secundus, puisque la condition suspensive de l'obligation conditionnelle est satisfaite, peut légalement contraindre Primus à lui donner les 100 pièces promises. Par l'arrivée du navire d'Asie, l'obligation conditionnelle devient un devoir être obligatoire. De même, la promesse d'épouser la sœur de A, faite par B, est la condition vis-à-vis de laquelle est suspendu le devoir être du comportement de B : épouser la sœur de A.

Que ce soit dans l'approche leibnizienne ou dans l'approche kelsenienne, la condition juridique, plus que de porter directement sur un comportement, porte sur le devoir être de ce comportement relativement aux conditions auxquelles ce comportement obligatoire se trouve être suspendu. L'étude de ce devoir être du comportement nous situe dans le champs de la science du droit, du discours produit à partir de ce que dit le droit. Il ne s'agit pas de produire un discours sur ce que sont les comportements mais bien sur ce que ces comportements devraient être conformément au droit.

7.2.2 Critères de vérité de la conditionnalité juridique kelsenienne

Bien que nous n'ayons pas véritablement chez H. Kelsen une définition formelle de la proposition conditionnelle juridique à travers laquelle il poserait des critères rigoureux et précis, il nous est tout de même permis d'expliciter quelques critères de vérité de manière indirecte à partir des exemples qu'il donne. Ces critères sont donnés de manière indirecte car le but de H. Kelsen est différent de celui de Leibniz. Ce dernier se donne pour objectif d'utiliser la logique pour reconstruire la conditionnalité juridique. Avec H. Kelsen l'objectif et la méthodologie sont tout autre : il part d'exemples pour établir des critères logiques. Par exemple, dans le texte de Kelsen (1979), pages 25–26, le conditionnel en question peut être écrit de la manière suivante : « si B a promis qu'il épouserait la sœur de A, B doit épouser la sœur de A ». H. Kelsen précise, concernant la promesse de mariage, que A peut exiger de B qu'il épouse sa sœur si B a fait cette promesse. Cette précision est cruciale, car si la condition – l'antécédent du conditionnel juridique – « B a promis qu'il épouserait

---

[177]. Cf. Section 7.1.2 pour la différence entre causalité naturelle et causalité juridique.

la sœur de A » est vraie, le conséquent « B doit épouser la sœur de A » doit également être vrai.

De même dans l'exemple du voleur présumé, lorsque le juge B doit décider de la sanction pour C (le voleur présumé), il doit décider par rapport à l'effectivité ou non du vol : soit « si C a commis un vol, il doit être puni pour ce vol » et « si C n'a pas commis de vol, C ne doit pas être puni ». En effet, B ne peut autoriser le devoir être puni de C que s'il est d'avis que celui-ci est bien l'auteur du vol, soit si l'antécédent est vrai, alors le conséquent doit également être vrai. A contrario, si le juge B estime que C n'est pas le voleur, soit que l'antécédent est faux, dans ce cas C, conformément à la norme juridique, ne doit pas être puni et donc le conséquent se trouve devoir être faux à son tour : si l'antécédent est faux alors le conséquent doit également être faux.

Ces deux exemples nous permettent de prétendre que le conséquent de la proposition conditionnelle dont traite H. Kelsen est vrai si et seulement si l'antécédent l'est et que si l'antécédent est faux, le conséquent est également faux. Ces deux conditions de vérité font écho aux critères (v) s'il est certain que l'antécédent d'un conditionnel suspensif est vrai, le conséquent est vrai également et (vi) s'il est certain que l'antécédent d'un conditionnel suspensif est faux, le conséquent est faux également[178]. Néanmoins, ces deux conditions de vérité que nous venons de mettre en avant chez H. Kelsen ne semblent pas introduire de connexion entre antécédent et conséquent. A partir de ces deux critères de vérité, il n'est pas possible d'interdire le fait que le conséquent puisse être vrai indépendamment de la valeur de vérité de l'antécédent, ce qui correspond au critère (ii) du conditionnel suspensif étudié dans le Chapitre 6 : le conséquent d'un conditionnel suspensif ne peut pas être vrai si l'antécédent ne l'est pas. Pourquoi H. Kelsen, ne semble pas considérer cette connexion entre antécédent et conséquent alors que Leibniz explicite formellement cette condition ?

Il faut rappeler ici que H. Kelsen est davantage concerné par la relation entre pratique juridique – la science du droit – et le droit en lui-même que par une formalisation logique de la proposition conditionnelle du droit. Mais surtout, dans Kelsen (1962), page 79, il précise que « les propositions de droit sont des jugements hypothétiques qui énoncent qu'au regard d'un certain ordre juridique [...] si certaines conditions définies par cet ordre sont réalisées, certaines conséquences qu'il [l'ordre juridique] détermine doivent avoir lieu ». Les conséquents de ces jugements hypothétiques ne sont donc, selon lui, pas déterminés par un lien logique, mais établis par un ordre juridique déterminé. C'est l'ordre ju-

---

178. Cf. Section 6.1.2 du Chapitre 6.

ridique qui détermine et fixe le lien entre antécédent et conséquent des « jugements hypothétiques » : il établit le lien d'obligation entre antécédent et conséquent. Dans l'approche kelsenienne, le lien n'est pas logique mais juridique. Cette considération sur l'enracinement du lien entre antécédent et conséquent d'un jugement hypothétique dans l'ordre juridique nous invite à repenser une distinction plus profonde : la distinction entre droit et science du droit.

7.3 Dialogues juridiques kelseniens : faits, ordre juridique et annonces

Dans Kelsen (1962), pages 81-82, il déclare : « La norme établie par le législateur [...] et la proposition formulée par la science du droit pour décrire cette norme [...] ont, du point de vue logique, un caractère différent ». Selon la conception kelsenienne, d'une part il y a le droit qui est l'objet de la science du droit et d'autre part il y a la science du droit qui est le discours produit sur le droit en tant qu'objet. Le droit est ce qui est donné, ce qui est valable, valide alors que les propositions de la science du droit peuvent être vraies ou fausses. Cette distinction entre validité et vérité repose sur la distinction qu'il opère entre normes et descriptions de ces normes. Les normes appartiennent au droit alors que leurs descriptions sont de l'ordre de la science du droit. Nous reconstruisons la compréhension de cette distinction par la distinction entre norme générale et norme particulière, c'est-à-dire entre une règle logique (valide) et une proposition particulière (contingente).

Selon H. Kelsen, la science du droit – en tant que discours sur le droit – doit s'appuyer sur le droit, que ce soit le « Code civil »[179], la « Constitution[180] », en somme une norme ou un ensemble de normes. Le texte de loi fixe le droit alors que la science du droit, la pratique juridique discoure sur ce droit. Elle utilise le droit dans une pratique, dans un discours prenant appui sur le droit lui-même. C'est précisément pour cette raison que seules les propositions de la science du droit peuvent être vraies ou fausses[181]. Le discours produit sur le droit peut être vrai comme il peut être faux, le droit non, il est simplement l'objet de ce discours, ne pouvant pas être évalué, il existe simplement, il est valide.

---

179. Cf. Kelsen (1962), p. 61-62 et p. 81-82.
180. Cf. Kelsen (1962), p. 81-82.
181. Cf. Kelsen (1962), p. 85-86.

7.3.1 Le droit et la science du droit en dialogue

Concrètement, comment cela peut-il ou doit-il être considéré au sein d'un processus argumentatif, d'un dialogue formel ? Les protagonistes prenant part à la discussion doivent et ne peuvent appuyer leur argumentation que sur l'ensemble déterminé de normes – dans leur formulation conditionnelle. Il faut également ajouter à cela les faits [182]. Pour que la discussion soit fructueuse, c'est-à-dire qu'elle ne tourne pas en une contestation stérile des faits et de l'ensemble de normes, nous devons supposer que tous les protagonistes admettent, ou du moins acceptent simultanément ces deux ensembles antérieurement au dialogue. Le dialogue suppose un accord préalable sur la constitution de ces deux ensembles [183], autrement dit un accord préalable sur les propositions (propositions juridiques conditionnelles et faits) acceptées comme appartenant à ces deux ensembles. Le problème est que dans le type de dialogue que nous avons choisi et défini au Chapitre 4 non seulement ces deux ensembles (normes et faits) n'existent pas, mais ils traitent de la validité d'une formule et non de sa vérité. Il nous faut donc quelque peu modifier notre approche pour introduire et considérer ces deux ensembles – ainsi que la vérités des faits.

Il existe deux principales approches [184] pour caractériser la vérité d'une formule dans un dialogue :

1. les dialogues matériels, et
2. les dialogues aléthiques.

Les dialogues aléthiques sont obtenus en relativisant un dialogue à un modèle. Pour cela une fonction de valuation est attribuée aux formules atomiques. Il suffit d'introduire un *Oracle* à qui sera posée la question de la vérité d'une formule déterminée. Les dialogues matériels sont, eux, obtenus par l'ajout d'hypothèses additionnelles antérieures au dialogue. Ces hypothèses forment les concessions initiales de l'**O**pposant, concessions au regard desquelles le dialogue va se dérouler. Ces deux approches possèdent chacune leurs avantages et inconvénients [185], mais pour notre propos nous considérerons nos ensembles – *faits* et *normes* – comme étant des hypothèses initiales : nous choisissons d'opter pour les dialogues matériels. Néanmoins, nous privilégions le terme de *concessions initiales du*

---

182. Ces deux ensembles et leurs conditions d'usage dans un dialogue sont définis dans la Section 7.3.

183. Il pourrait ici être extrêmement intéressant de considérer la discussion ou les discussions en amont de cet accord, cela pourra faire l'objet de travaux ultérieurs comme nous le suggérons dans le Chapitre 8, Section 8.4.3.

184. Cf. Rahman et Tulenheimo (2009).

185. Ces avantages et inconvénients sont développés dans Rahman et Tulenheimo (2009).

dialogue à celui de concessions initiales de l'**O**pposant car nous admettons que ces ensembles proviennent d'un accord mutuel des deux joueurs et non d'une concession asymétrique d'un joueur à son adversaire. Les deux joueurs peuvent et doivent mener le dialogue conformément à ces concessions initiales.

Du point de vue logique, ce type de dialogue ne traite plus de la notion de stratégie de victoire pour une thèse déterminée, mais de la stratégie de victoire pour une thèse donnée relativement à un ensemble de prémisses. Ce point cadre parfaitement au propos kelsenien de vérité ou de fausseté du discours produit sur le droit. Même si du point de vue logique ce type de dialogue a un coût – il ne s'agit pas ici de validité d'une formule, mais de la vérité de cette formule par rapport à cet ensemble de prémisses – ce coût ne va pas à l'encontre de ce que nous pouvons vouloir reconstruire de la conditionnalité chez H. Kelsen. Nous l'avons souligné à plusieurs reprises, H. Kelsen parle bien de vérité et de fausseté des propositions de la science du droit. Certes ce type de dialogue nous éloigne de la notion de validité logique, mais H. Kelsen précise que seules les normes peuvent être valides et que le droit dans sa pratique – la science du droit – traite de la vérité. Ainsi, l'objet droit est donné avant que s'ouvre le dialogue et le dialogue apparaît donc comme étant le discours qui peut être fait à partir de cet objet, soit la science du droit dans sa pratique, sous la forme d'un processus argumentatif.

Nous venons d'évoquer deux différents types d'ensembles devant être définis avant le dialogue :

- un ensemble de normes, l'ordre juridique (Code civil, Constitution, etc.) ; et
- un ensemble de propositions relatant des faits avérés.

Il nous faut désormais préciser comment peuvent s'articuler ces deux ensembles dans le cadre dialogique que nous avons dépeint au Chapitre 4. Pour cela nous allons devoir adapter, voire modifier et/ou ajouter quelques règles au système **DLLC**$_1$. Nous commençons par définir et présenter l'ensemble des faits, puis l'ordre juridique.

7.3.2 L'ensemble des faits – $\mathcal{F}$

Définition 31 (Fait). Par *fait* doit être entendu les données sur lesquelles l'argumentation juridique prend appui. Ces données sont exprimées par des propositions contenues dans un ensemble noté $\mathcal{F}$. Cet ensemble est déterminé avant le commencement du dialogue et les propositions peuvent être utilisées en tout point contextuel du dialogue. $\mathcal{F}$ ne peut pas contenir des faits contradictoires [186].

Ces faits représentent les données acceptées par le juge. Si nous revenons aux exemples de H. Kelsen, « B a promis à A d'épouser sa sœur », « B n'a pas promis à A d'épouser sa sœur », « C a commis un vol » ou encore « C n'a pas commis de vol » sont des faits pouvant appartenir à l'ensemble $\mathcal{F}$ que nous désirons caractériser. Ces propositions étant tout aussi bien atomiques que complexes [187], elles impactent nécessairement la restriction atomique **SR-2*** [188]. Supposons par exemple un fait atomique arbitraire p appartenant à $\mathcal{F}$. Dans le cours d'une partie d'un dialogue, puisque $p \in \mathcal{F}$, le Proposant peut tout à fait utiliser cette proposition atomique sans pour autant attendre que l'Opposant l'introduise. Pour cette raison, pour ce type particulier de dialogue, la règle **SR-2*** perd sa raison d'être et doit donc simplement être supprimée.

Désormais, sans cette restriction atomique pour le Proposant, il y a une parfaite symétrie entre les deux joueurs concernant les formules atomiques. Mais, si la règle **SR-2*** est supprimée tient plus, les deux joueurs peuvent introduire des propositions atomiques dans le cours d'une partie, et ce indépendamment de l'appartenance de ces formules à l'ensemble $\mathcal{F}$. Puisque la suppression de la règle **SR-2*** permet l'introduction de formules atomiques pour les deux joueurs, afin de maintenir une certaine cohérence au sein d'un dialogue, nous introduisons la notion de *justification* des propositions atomiques. Les joueurs peuvent certes introduire librement des formules atomiques, mais ils peuvent également être contraint par leur adversaire de justifier ces propositions. Pour cela, nous devons étendre notre langage $\mathcal{L}_{\mathbf{DLLC_1}}$ avec la constante logique suivante :

$[\![p]\!]$ pour toute proposition atomique arbitraire $p \in \mathcal{L}_{\mathbf{DLLC_1}}$,

où $[\![p]\!]$ est une justification de la proposition atomique p. Introduire une justification pour les formules atomiques nécessite de fournir des règles d'usage de cette constante logique (cf. Tables 7.1 et 7.2). L. Keiff développe des considérations de même ordre dans Keiff (2007) mais choisit de ne pas distinguer la nature de la justification des propositions prenant

---

186. Il pourrait être extrêmement intéressant de considérer un ensemble $\mathcal{F}$ qui puisse contenir des propositions se contredisant, mais pour ce faire une théorie de l'argumentation plus poussée serait requise. Pour autant ce choix n'exclut pas la possibilité de lever cette restriction pour des travaux ultérieurs.

187. C'est-à-dire comportant au moins un connecteur booléen ou un opérateur modal.

188. La règle **SR-2*** stipule que : le Proposant peut énoncer un atome dans le point contextuel i préfixé de la liste $\mathcal{A}$ si l'Opposant a introduit cet atome dans le point contextuel i ou si cet atome est un élément de $\mathcal{A}$, cf. Chapitre 5, Section 5.3.3.

appui sur le fait que la dialogique appartient à la fois au domaine de l'action et au domaine linguistique. Par conséquent les deux formes de justification peuvent s'y combiner indifféremment sans problème. Notre choix est différent car il nous semble intéressant de prendre en compte cette distinction de nature. Nous distinguons donc deux modes de justification différents :

1. la justification propositionnelle, et
2. la justification procédurale.

Cette distinction est intéressante puisqu'elle permet de différencier une justification prenant directement appui sur l'ensemble des faits, d'une justification fondée sur le processus argumentatif propre aux joueurs – cette dernière forme de justification pouvant ne pas prendre appui sur l'ensemble des faits [189].

1. La justification propositionnelle. Une justification propositionnelle ne peut être produite qu'à partir de l'ensemble des faits $\mathcal{F}$ [190]. Autrement dit, une proposition atomique p ne peut faire l'objet d'une justification propositionnelle que si elle appartient à l'ensemble $\mathcal{F}$. Cette règle est décrite dans la Table 7.1.

Justification propositionnelle	**X** énoncé	**Y** challenge	**X** défense
$\mathcal{A}\|i : p$, le challengeur demande une justification de la proposition p.	$\mathcal{A}\|i : p$	$\mathcal{A}\|i : !_{[\![p]\!]}$	$\mathcal{A}\|i : [\![p]\!] \in \mathcal{F}$ si $p \in \mathcal{F}$

TABLE 7.1 – Règle de justification propositionnelle

L'ensemble des faits ($\mathcal{F}$) et la règle pour la demande de justification propositionnelle permettent d'établir une parfaite symétrie entre le **P**roposant et l'**O**pposant au niveau des coups qu'ils peuvent jouer. Les

---

189. Cette forme de justification pourrait être contestée via une théorie de l'argumentation plus fine, mais comme nous en avons déjà fait mention dans la note 186 ce n'est pas notre but. Notre propos est pour le moment de considérer uniquement le niveau logique.

190. Nous attirons également l'attention sur la typographie de la justification. Bien que L. Keiff utilise '[ ]', nous utilisons '[[ ]]'. Nous faisons ce choix pour éviter toute confusion avec l'opérateur d'annonce publique qui utilise déjà '[ ]'.

deux joueurs peuvent donc utiliser strictement les mêmes règles [191]. Cependant leurs intérêts respectifs font qu'ils ne vont pas le faire de la même manière. Cette question est davantage développée dans le paragraphe "Justification propositionnelle et procédurale, propriétés" [192].

2. La justification procédurale. Afin de bien comprendre la règle de justification procédurale, supposons que le joueur **Y** dans le cours de la partie introduise une proposition atomique et que par suite le joueur **X** énonce à son tour cette proposition atomique. Rien n'empêche alors le joueur **Y** de demander à **X** une justification pour cet atome. Dans ce cas, ce dernier peut se défendre en répondant à **Y** qu'il *copie* la justification que lui-même (**Y**) apporte. Pour cela, la proposition doit appartenir aux coups de **Y**, ce que nous notons **Y**-coups ($\mathcal{C}_\mathbf{Y}$) dans la règle. Cette règle est décrite dans la Table 7.2.

Justification procédurale	**X** énoncé	**Y** challenge	**X** défense
$\mathcal{A}\|i : p$, le challengeur demande une justification de la proposition p.	$\mathcal{A}\|i : p$	$\mathcal{A}\|i :\,!_{[p]}$	$\mathcal{A}\|i : [\![p]\!] \in \mathcal{C}_\mathbf{Y}$ si $\langle \mathcal{A}\|i : p \rangle \in \mathbf{Y}$-coups

TABLE 7.2 – Règle de justification procédurale

Pour un joueur **X**, la justification procédurale consiste à justifier l'usage qu'il fait d'une proposition atomique par l'usage antérieur qu'en a fait son adversaire **Y**. Autrement dit **X**, en usant de ce type de justification, affirme qu'il lui est légitime d'utiliser une proposition dans les mêmes conditions que son adversaire. C'est-à-dire que si **Y** utilise une proposition atomique et que **X** ne lui demande pas de justification pour cette proposition, **Y** ne peut pas contester l'usage de cette proposition par **X**. En ne demandant pas de justification, **X** n'impose pas de charge de preuve à **Y** pour la proposition atomique qu'il introduit ; mais en même temps, il s'octroie la possibilité d'utiliser cette proposition dans des conditions similaires. A contrario, si **X** demande systématiquement une justification à **Y** pour les propositions atomiques qu'il introduit, **X** force une charge de preuve incombant à **Y** pour cette proposition. Ce joueur doit alors prouver qu'il peut justifier cette proposition.

---

191. De manière standard les joueurs utilisent les mêmes règles mais la règle **SR-2*** introduit une asymétrie. Notre règle de justification permet d'établir une symétrie parfaite et totale.
192. Cf. p. 211.

Alors que la justification propositionnelle permet de faire le lien entre une proposition atomique utilisée dans le cours d'une partie et sa valeur de vérité fixée par l'ensemble des faits, la justification procédurale permet l'usage de propositions n'appartenant pas nécessairement aux faits ($\mathcal{F}$) dans la partie. Les conditions d'introduction et d'usage de ces propositions sont identiques aux deux joueurs. Dans le cours de la partie, si un joueur introduit une nouvelle proposition, il autorise son adversaire à l'utiliser dans les mêmes conditions et selon la même justification. Du point de vue argumentatif, l'important n'est pas tant l'appartenance d'une proposition à l'ensemble $\mathcal{F}$ (et donc sa valeur de vérité) que la symétrie des conditions d'usage de cette proposition : ce que **X** peut faire, **Y** le peut également.

Remarque : Pour des questions d'exposition nous avons présenté la règle de justification en deux temps, la règle de justification propositionnelle puis la règle de justification procédurale. Mais, il n'y a pas à proprement parler deux règles de justification. Il n'y a qu'une seule règle de justification acceptant deux modes ou types de justifications différents. Les Tables 7.1 et 7.2 représentent la règle de particule pour la justification : **PR-J**. Le choix du type de la justification est laissé à la charge du défenseur, il peut choisir un type plutôt qu'un autre en fonction de ses ressources et/ou de ses intérêts dans la partie.

Illustrations : Pour illustrer notre propos et comprendre les mécanismes de la justification, nous considérons deux exemples où $\mathcal{F}$ ne contient pas la proposition atomique qui doit être justifiée.

1. $\varphi \rightarrow p$ où φ ne contient aucune occurrence de p [193] et
2. $p \rightarrow p$.

L'exemple 1 – Table 7.3 – est une formule contingente, elle ne doit donc pas nécessairement être remportée par le **P**roposant. Pour qu'un dialogue ayant pour thèse une telle formule puisse être remporté par le **P**roposant, il faut que des conditions soient au préalable données, or nous supposons que $\mathcal{F}$ est vide.

Alors qu'au coup 2 le **P**roposant se défend en introduisant la proposition atomique p dans le dialogue dans le point contextuel 1, l'**O**pposant lui demande une justification pour cette formule au coup 3. Comme nous avons supposé que $p \notin \mathcal{F}$ et que φ ne contient aucune occurrence de p, le **P**roposant ne peut ni produire une justification propositionnelle, ni

---

193. Nous précisons que φ ne contient aucune occurrence de p pour être certain que p ne puisse pas être justifié à partir de φ.

Chapitre 7 : Dialogues autour de l'imputabilité juridique

	O			P	
				$\epsilon\|1 : \varphi \to p$	0
	$m := 1$			$n := 2$	
1	$\epsilon\|1 : \varphi$	0		$\epsilon\|1 : p$	2
3	$\epsilon\|1 : !_{\llbracket p \rrbracket}$	2		–	

TABLE 7.3 – **P** ne peut pas justifier p

une justification procédurale. La demande de justification de l'**O**pposant fait donc perdre le **P**roposant. Il est clair que sans cette demande de justification, le **P**roposant gagnerait le dialogue dès le coup 2.

L'exemple 2 – Table 7.4 et 7.5 – est une tautologie de la logique classique, elle doit donc être gagnée par le **P**roposant indépendamment de toute considération sur $\mathcal{F}$.

	O			P	
				$\epsilon\|1 : p \to p$	0
	$m := 1$			$n := 2$	
1	$\epsilon\|1 : p$	0			
	–		1	$\epsilon\|1 : !_{\llbracket p \rrbracket}$	2

TABLE 7.4 – **P** demande une justification à **O**

Au coup 2, le **P**roposant a le choix. Il peut soit immédiatement demander une justification à l'**O**pposant et gagner (Table 7.4) ou se défendre en énonçant à son tour p et utiliser la justification procédurale si l'**O**pposant lui demande une justification (Table 7.5). Avec uniquement la justification de type propositionnelle, le **P**roposant ne peut pas se justifier car p n'appartient pas à $\mathcal{F}$, mais il peut tout de même mettre en échec l'**O**pposant. La justification de type procédural lui permet de copier la justification que l'**O**pposant peut apporter à la proposition atomique p qu'il introduit au coup 1. Autrement dit la justification procédurale lui permet de se défendre et par conséquent de gagner.

Justification propositionnelle et procédurale, propriétés. Les illustrations que nous venons de considérer (Tables 7.3, 7.4 et 7.5) nous suggèrent une asymétrie d'usage quant à la règle de justification. En effet, l'**O**pposant semble avoir un intérêt stratégique à systématiquement demander une justification pour les atomes que le **P**roposant introduit dans

	O			P	
				$\epsilon\|1 : p \to p$	0
	$m := 1$			$n := 2$	
1	$\epsilon\|1 : p$	0		$\epsilon\|1 : p$	2
3	$\epsilon\|1 : !_{[\![p]\!]}$	2		$\epsilon\|1 : [\![p]\!] \in \mathcal{C}_\mathbf{O}$	4

TABLE 7.5 – **P** copie la défense de **O**

la partie. Pour autant cette attitude n'est pas symétrique, le **P**roposant ne partage pas nécessairement cet intérêt. Ne perdons pas de vue que le **P**roposant et l'**O**pposant ont des intérêts antagonistes, tous deux veulent gagner mais le premier essaie en défendant son argument initial (la thèse), alors que le second essaie de faire échouer le premier dans la défense de cet argument. Par conséquent, si l'**O**pposant a un intérêt à systématiquement demander au **P**roposant une justification pour tout atome qu'il (le **P**roposant) introduit dans le cours de la partie, le **P**roposant trouve davantage son intérêt dans le fait de ne pas demander de justification. Ainsi, il lui est permis de réutiliser les atomes dont il peut avoir besoin pour se défendre tout en se servant de la justification procédurale si nécessaire. C'est par ailleurs l'unique moyen pour lui de pouvoir justifier des propositions atomiques n'appartenant pas à l'ensemble des faits.

Vérité factuelle et vérité formelle. Le choix quant à la nature de la justification – propositionnelle ou procédurale – est crucial car il permet de distinguer deux niveaux de vérité : la vérité factuelle et la vérité formelle[194]. La justification propositionnelle permet d'établir une vérité factuelle à partir de l'ensemble des faits $\mathcal{F}$, c'est-à-dire d'établir une correspondance entre les énoncés du dialogue et les faits (données dans $\mathcal{F}$). De son côté la justification procédurale ne vise pas la vérité du discours relativement aux faits. La justification procédurale est un mode de justification interne, c'est-à-dire indépendant de la vérité des faits. Ce mode de justification a davantage attrait à la vérité formelle des énoncés, autrement dit à leur caractère valide. Par définition, le **P**roposant ne peut utiliser la justification procédurale que si l'**O**pposant a énoncé en premier l'atome que le **P**roposant veut procéduralement justifier ; soit :

---

194. La combinaison de ces deux modes de discours – vérité/validité – au sein d'une même pratique logico-argumentative semble fournir des éléments de réflexion concernant certains paradoxes et problèmes liés à l'approche logique des normes – cf. notamment Ross (1944) et Jörgensen (1937) sur ce sujet. Nous ne développerons pas davantage ces considérations, nous les réservons pour des recherches futures.

Proposition 5. Le Proposant peut justifier une proposition atomique n'appartenant pas à l'ensemble des faits uniquement si l'Opposant a introduit cette proposition atomique auparavant.

C'est indirectement la règle **SR-2*** qui se manifeste à travers la Proposition 5. Alors que précédemment la règle **SR-2*** forçait nécessairement une asymétrie entre l'Opposant et le Proposant, la problématique de la justification permet de corriger cette asymétrie par un choix stratégique concernant le mode de justification (propositionnelle/procédurale). Si l'Opposant peut ne pas utiliser la justification procédurale parce que la justification propositionnelle lui suffit, le Proposant peut utiliser la justification procédurale précisément lorsque l'atome qu'il doit défendre n'appartient pas à l'ensemble des faits mais appartient aux coups de l'Opposant. Non seulement la règle de justification permet d'obtenir une parfaite symétrie entre les joueurs, mais elle fournit également une interprétation originale de la règle **SR-2***. La règle **SR-2*** comprise comme justification procédurale offre un critère de justification interne à la procédure juridique indépendamment des faits et permet de traiter du caractère valide des normes. Ce double niveau de vérité – factuelle et formelle se répercute également sur la liste d'annonces [195].

Cette différence d'usage manifeste également deux différences méritant d'être soulignées. Une première différence apparaît entre ce qui est *vrai* et ce qui est *justifiable*. Si une proposition atomique appartenant à l'ensemble $\mathcal{F}$ est nécessairement vraie et peut toujours être justifiée, ce n'est pas parce qu'une proposition atomique est justifiée qu'elle est nécessairement vraie. La justification procédurale autorise une justification indépendamment au recours à la vérité. La notion de justification est donc fondée sur une notion plus large que celle de vérité, elle est fondée sur la capacité d'un joueur à pouvoir défendre une proposition, autrement dit un joueur peut se défendre indépendamment au recours à la notion de vérité. La seconde différence manifeste une définition des concepts d'assertion et de concession à travers l'usage que les joueurs font des énoncés. Le paragraphe suivant est dédié à l'exposition de cette idée.

Concession ou assertion, quand l'usage illustre la distinction.
Nous venons de montrer précédemment qu'il existe une asymétrie dans l'usage que l'Opposant et le Proposant font de la règle de justification. La raison est simple : pour justifier une proposition atomique les deux

---

195. Nous développons davantage ce point dans les paragraphes "Conditions d'usage de $\mathcal{N}$ et "La liste : entre ce qui *est* et ce qui *pourrait* être", p. 217 et suivantes.

joueurs ne peuvent s'appuyer que sur l'ensemble des faits ou sur les énoncés de l'adversaire. Pour toute proposition atomique n'appartenant pas à la liste des faits que le **P**roposant introduit dans le cours d'une partie, l'**O**pposant peut le mettre en échec simplement en lui demandant de justifier cette proposition. Par conséquent, moins le **P**roposant demande de justification à son adversaire pour les propositions atomiques introduites (par l'**O**pposant) dans le cours d'une partie, plus il (le **P**roposant) peut s'appuyer sur ces propositions atomiques pour justifier sa propre argumentation. Il justifie l'usage de ces propositions atomiques par la justification procédurale.

De cette discussion autour de la règle de justification, il ressort deux points significatifs. Premièrement, si un joueur ne demande pas de justification pour une proposition atomique, il ne peut se voir refuser d'utiliser aussi cette proposition pour sa propre argumentation. Et deuxièmement, une demande de justification force une charge de preuve de cette proposition : la charge revient à celui qui doit justifier la proposition. Ces deux points sont intéressants car la distinction entre *assertion* et *concession* proposée dans dans Walton et Krabbe (1995) que nous avons déjà évoquée dans le Chapitre 5, Section 5.5.1 est précisément fournie en ces termes. A travers notre travail, nous aboutissons à une détermination dynamique de la valeur d'un énoncé atomique[196]. Les joueurs, à travers leurs coups, ne déclarent pas "j'asserte p" ou encore "je concède p". Ces joueurs énoncent simplement des propositions. Qu'une proposition énoncée soit une assertion ou une concession dépend de l'attitude du challengeur. Si celui-ci challenge l'énoncé, il force et impose une charge de preuve, ce faisant il fait de l'énoncé de son adversaire une assertion ; s'il ne le challenge pas il s'autorise à utiliser cet énoncé dans les mêmes conditions, autrement dit il lui concède cet énoncé. Qui plus est, les propriétés que nous avons pu considérer dans le paragraphe précédent nous permettent d'établir que les énoncés atomiques de l'**O**pposant sont essentiellement composés de concessions. Ces énoncés sont essentiellement des concessions car il n'est pas dans l'intérêt du **P**roposant de demander de justification pour les propositions atomiques introduites par l'**O**pposant (Proposition 5). D'autre part, les énoncés du **P**roposant deviennent des assertions (ou des concessions de l'**O**pposant qu'il utilise pour sa propre argumentation[197]) lorsqu'il peut les justifier suite à une requête de l'**O**pposant en ce sens. Nous pouvons considérer que

---

196. Jusqu'à présent un énoncé atomique était inattaquable et par conséquent statiquement considéré comme étant une concession. Cf. Chapitre 5, Section 5.5.1.

197. L'**O**pposant peut demander une justification pour les formules atomiques que le **P**roposant réutilise, mais le **P**roposant peut dans ce cas toujours se servir de la justification procédurale pour se défendre. Selon l'approche de D. Walton et E. Krabbe

le **P**roposant ne fait pas de concession à l'**O**pposant puisqu'il est dans l'intérêt stratégique de l'**O**pposant de systématiquement demander une justification pour tout énoncé atomique que le **P**roposant avance.

7.3.3 L'ordre juridique $-\mathcal{N}$ et la liste $-\mathcal{A}$

Définition 32 (Norme). Par *norme* doit être entendu le droit utilisé par un juge et reconnu en tant que tel par les deux protagonistes du dialogue. Ces normes sont formulées par des prescriptions (propositions) générales et rassemblées dans un ensemble noté $\mathcal{N}$ qui peut être désigné de manière équivalente par l'*ordre juridique*. Cet ensemble est donné avant le commencement du dialogue et les propositions peuvent être utilisées en tout point contextuel du dialogue. L'ensemble $\mathcal{N}$ ne peut pas contenir de norme en conflit [198].

Dans les exemples de H. Kelsen que nous avons vu, la "Constitution" ou encore le "Code civil" représente un ensemble de normes pouvant, par exemple, contenir une norme telle que « celui qui n'exécute pas la promesse de mariage qu'il a faite doit réparer le dommage qu'il a causé, et qu'au cas où il ne le fait pas, il doit être procédé à exécution forcée sur son patrimoine [199] ». C'est à partir de cette norme générale qu'est produite la norme particulière « si l'individu B ne respecte pas la promesse qu'il a faite, B doit réparer le dommage qu'il a causé. Et si B ne répare pas le dommage qu'il a causé, il doit être procédé à une exécution forcée sur le patrimoine de B ». C'est au juge que revient ce travail de "création" de la norme particulière. Cette subsomption est une manière de décrire la norme générale et c'est à partir de la norme générale et du fait particulier que le juge produit ou peut produire la norme particulière. Selon H. Kelsen, seul le juge est habilité à produire une norme particulière à partir d'une plus générale.

Dans le type de dialogue que nous produisons, ces normes générales (ou règles abstraites) déterminent l'ensemble $\mathcal{N}$. Ces normes sont utilisables dans le cours d'une partie par un joueur sous certaines conditions. Ces conditions sont précisées dans les paragraphes suivants, mais avant tout il nous faut faire mention d'une particularité concernant l'usage de l'ordre juridique dans un dialogue. Lorsqu'un joueur désire utiliser une

---

si un joueur concède une proposition, il s'engage à ne pas objecter contre cette même proposition. Cf. Walton et Krabbe (1995), p. 186.

198. Cette visée est quelque peu idéalisée car il n'est pas impossible que des normes entrent en conflit. La question du conflit des normes et du choix des normes n'est pas pour le moment notre préoccupation première, mais pourra faire l'objet de recherches ultérieures.

199. Cf. Kelsen (1962), p. 81–82.

des normes générales de l'ensemble $\mathcal{N}$, il produit un coup similaire à un challenge. Mais, ce coup n'est pas directement dirigé vers un énoncé de son adversaire. Plus qu'un challenge tourné vers un énoncé de l'adversaire, il s'agit d'une question posée sur l'usage de cette norme générale qu'en a fait ou qu'aurait pu en faire le juge. Pour marquer cette distinction nous parlons davantage d'une question posée à l'adversaire que d'un challenge (bien que cela n'implique pas de changement typographique).

La règle d'usage de $\mathcal{N}$ doit être lue de la manière suivante : à partir d'une norme générale appartenant à l'ordre juridique, tout joueur peut demander à son adversaire si le juge a usé ou aurait pu user de cette norme pour rendre sa décision concernant un individu représenté dans la règle par le choix de la constante individuelle a.

Règle d'usage de $\mathcal{N}$	$\mathcal{N}$	**Y** question	**X** défense
$(\mathsf{A}x \rightarrow \mathsf{OC}x) \in \mathcal{N}$, **Y** demande si la norme peut s'appliquer à l'individu a.	$\mathcal{A}\|i : \mathsf{A}x \rightarrow \mathsf{OC}x$	$\mathcal{A}\|i : ?_{a/x}$	$\mathcal{A}\|i : \mathsf{A}a \rightarrow \mathsf{OC}a$

TABLE 7.6 – Règle d'usage de $\mathcal{N}$

Dans la formulation de la règle liée à l'usage de $\mathcal{N}$ (cf. Table 7.6), les prédicats A et C sont utilisés pour respectivement désigner un A*cte* commis par un individu x et un C*omportement* devant être imputé à ce même individu x par rapport à cet acte. Le "devoir-être" de ce comportement est traduit par l'opérateur O que nous avons introduit au Chapitre 6, Section 6.5. Toutefois si précédemment nous avons indexé cet opérateur par un agent, ce n'est plus le cas ici. C'est l'obligatoriété de la norme qui est mise en avant et non l'obligation pour un agent déterminé. Dans la règle de particule pour O, le choix d'un point contextuel reste à la charge du challengeur mais n'est plus indexé par un agent. Par conséquent la règle structurelle qui lui est associée doit être généralisée (cf. Table 7.7).

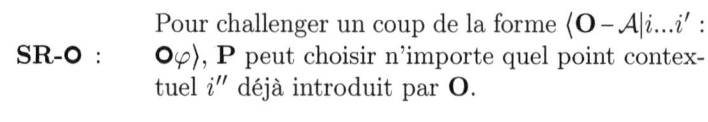

SR-O :	Pour challenger un coup de la forme $\langle \mathsf{O} - \mathcal{A}\|i...i' : \mathsf{O}\varphi \rangle$, **P** peut choisir n'importe quel point contextuel i'' déjà introduit par O.

TABLE 7.7 – Règle structurelle **SR-O**

Conditions d'usage de $\mathcal{N}$. Si **Y**, dans sa question sur l'ensemble $\mathcal{N}$, peut choisir une constante individuelle, il ne peut pas pour autant introduire arbitrairement une nouvelle constante individuelle dans la partie. La constante individuelle qu'il choisit doit être donnée au préalable, c'est-à-dire qu'au moins une occurrence de cette constante individuelle doit apparaître dans le cours de la partie avant de pouvoir utiliser cette règle. Mais la simple occurrence de cette constante n'est pas suffisante pour qu'un joueur puisse faire appel à l'ensemble des normes. Pour qu'un joueur puisse poser une question sur l'ensemble des normes – dans le but d'obtenir une norme particulière à partir d'une norme générale – il faut que l'antécédent de la norme particulière demandée contenant la constante individuelle en question soit un élément justifié de la liste d'annonces $\mathcal{A}$. Cela signifie que la norme particulière $\mathsf{A}_a \to \mathsf{OC}_a$ ne peut être produite dans le cours de la partie que si la défense de $[\mathsf{A}_a]\psi$ a conduit à l'ajout de A_a à la liste d'annonces et que A_a peut être justifiée. Toute proposition ajoutée à la liste et pouvant être justifiée constitue une *évidence*. Comme une proposition appartenant à la liste d'annonces $\mathcal{A}$ peut être justifiée par son appartenance à l'ensemble des faits $\mathcal{F}$ ou, pour les proposition n'y appartenant pas, par la justification procédurale, deux formes d'évidence doivent être distinguées :

1. $\mathcal{A} \cap \mathcal{F}$; et
2. $\mathcal{A} \setminus \mathcal{F}$.

L'ensemble $\mathcal{A} \cap \mathcal{F}$ décrit l'ensemble des propositions appartenant à la liste d'annonces et à l'ensemble des faits alors que $\mathcal{A} \setminus \mathcal{F}$ circonscrit l'ensemble des propositions appartenant à la liste d'annonces moins les propositions appartenant à l'ensemble des faits.

La justification d'une proposition de la liste par l'ensemble des faits (1) garantit que la norme juridique particulière demandée est créée par le juge par rapport aux faits qui sont établis et acceptés par l'**O**pposant et le **P**roposant. C'est parce qu'il est établi que l'acte commis par a est un fait que le juge peut créer la norme particulière correspondante. Si une norme générale impute un comportement C selon un acte A et s'il est avéré dans les faits que l'individu a a commis l'acte A, le juge peut créer la norme particulière imputant le comportement C pour l'individu a. En revanche pour les propositions n'appartenant pas à l'ensemble des faits (2), la justification ne peut être que procédurale. L'évidence qui en découle ne s'enracine pas dans un discours véridique, c'est-à-dire à partir de la notion de vérité mais dans la capacité à défendre, en utilisant les arguments de la partie adverse. De plus, si un joueur peut demander une justification pour une proposition ajoutée à la liste cette demande de justification n'est en rien une nécessité. Un joueur peut simplement accepter l'ajout d'une proposition dans la liste sans contraindre son adversaire à justifier la proposition ajoutée – il en admet l'évidence, ce qui ne lui retire pas la possibilité de lui demander une justification par suite. Tout ceci nous assure à la fois un engagement pour la suite de la partie ainsi qu'une permanence de cet engagement dans les contextes pouvant être introduits par suite, ce qui nous permet de garantir le caractère valide de la norme créée, indépendamment du recours à la vérité factuelle.

La liste : entre ce qui *est* et ce qui *pourrait être*. Les propositions de la liste $\mathcal{A}$ dépendent de la capacité des joueurs à les justifier en cas de requête en ce sens de la partie adversaire [200]. Étant donné que nous avons fondé la possibilité de recourir à l'ordre juridique $\mathcal{N}$ sur la liste d'annonces $\mathcal{A}$ (l'antécédent de la norme particulière doit appartenir à la liste d'annonces), pouvoir défendre les propositions inclues dans $\mathcal{A}$ est suffisant pour faire appel à $\mathcal{N}$. Pouvoir défendre comprend la possibilité de (1) justifier propositionnellement, (2) justifier procéduralement et (3) de ne pas être contraint à le faire, une proposition peut être ajoutée à liste sans que soit nécessairement demandée une justification. Si lors de l'intégration d'une proposition dans la liste d'annonces la partie adversaire ne demande pas de justification, cette proposition peut être considérée comme étant acceptée par les deux joueurs. Si l'on considère que l'ensemble $\mathcal{F}$ attribue une valeur de vérité aux propositions qu'il contient, ces propositions décrivant ce qui *est*, nous pouvons considérer que les propositions procéduralement justifiées ainsi que celles simplement acceptées dans la liste d'annonces représentent ce qui *pourrait être*, mais qui n'est pas avéré par des faits. A partir de cela nous pouvons distinguer deux niveaux de discussion entre l'**O**pposant et le **P**roposant :

1. pour toutes propositions vérifiant $\mathcal{A} \cap \mathcal{F}$, les joueurs discutent des normes particulières *créées* par le juge pour des faits établis – vérité de la norme particulière par rapport à des faits établis ;

2. pour toutes propositions vérifiant $\mathcal{A} \setminus \mathcal{F}$, les joueurs discutent des normes particulières que le juge *aurait pu* ou *pourrait créer* si l'antécédent de la norme particulière était un fait établi – validité de la norme générale à travers une particularisation possible indépendamment des faits.

D'un point de vue strictement grammatical, avec le second niveau de discussion, la question posée sur la norme particulière créée par le

---

200. A partir d'une proposition ajoutée à la liste $\mathcal{A}$ par le joueur **X**, le joueur **Y** peut utiliser la règle structurelle **SR-A*** et des règles de particule appropriées si cette proposition n'est pas atomique. Le joueur **X** ne pourra continuer son argumentation qu'à la condition où il parvient à mener à terme sa justification.

juge change de mode. Le premier niveau de discours correspond à un mode indicatif alors que le second s'effectue sur un mode conditionnel passé ou présent. Ce changement de mode est intéressant car il permet de mettre en évidence la conditionnalisation de la création de la norme particulière relativement à l'existence du fait. La norme générale est certes formulée dans une proposition conditionnelle, mais son usage est lui-même conditionné par l'existence du fait correspondant à l'antécédent de cette norme. Si l'antécédent appartient à l'ensemble des faits, le mode grammatical est l'indicatif : l'**O**pposant et le **P**roposant débattent à partir de la norme particulière qui a été créée à partir du fait ; alors que si le fait appartient à la liste d'annonces mais pas à l'ensemble des faits, le mode grammatical utilisé est le conditionnel. L'**O**pposant et le **P**roposant traitent de la norme particulière qui aurait pu ou pourrait être créée si l'existence du fait avait été avérée ou si cette existence venait à être avérée. Il est intéressant de considérer que le processus autorisé est identique que le fait existe ou qu'il n'existe pas : la différence se situe uniquement au niveau du mode de la justification. Pour les faits existants, c'est la justification propositionnelle qui est utilisée (ou la justification procédurale si la justification propositionnelle a déjà été utilisée). Pour les faits non-existants actuellement, il n'y a que la justification procédurale qui peut être utilisée. Autrement dit, l'important ne semble pas tant être l'existence du fait en lui-même que la capacité des joueurs à pouvoir en justifier l'usage. Les joueurs semblent faire "comme si" le fait existe, même s'il n'existe pas réellement mais uniquement comme élément d'une procédure. Ce point entrouvre ou suggère des pistes de réflexion sur de possibles connexions avec l'usage des fictions juridiques. Même si ce point apparaît comme étant plus qu'intéressant et stimulant, il mérite en lui-même des investigations propres et plus poussées que nous ne développerons pas ici.

Le formalisme logique que nous avons produit permet à l'**O**pposant et au **P**roposant de discourir sur les normes particulières créées par un juge conformément aux faits aussi bien que sur les normes que ce même juge aurait pu ou pourrait créer sous condition d'existence du fait. Afin de faire ressortir cette distinction, nous distinguons dans la liste ce qui est justifié par l'ensemble des faits de ce qui ne peut être justifié que de manière procédurale. Pour toute proposition ajoutée à la liste sans être propositionnellement justifiée c'est-à-dire à toute proposition $\varphi \in \{\mathcal{A} \setminus \mathcal{F}\}$, nous ajoutons $*$ afin de marquer la non appartenance de cette proposition à l'ensemble des faits, soit : φ^*. Ainsi, dans une partie d'un dialogue, les propositions $\varphi_1, ... \varphi_n$ de la liste $\mathcal{A}$ ont une valeur en terme de vérité alors que les propositions $\varphi_1^*, ... \varphi_n^*$ ont une valeur définie simplement en terme de capacité à être défendue : une valeur formelle.

Illustrations : Contrairement aux illustrations précédentes, nous devons considérer des concessions initiales représentant les ensembles $\mathcal{F}$ et $\mathcal{N}$. Nous analysons deux exemples afin de comparer les deux différents modes d'obtention de la norme particulière, à savoir le mode indicatif et le mode conditionnel. Pour cela, nous faisons varier l'ensemble $\mathcal{F}$: dans le premier exemple (Table 7.9) A_a est un fait avéré, donc il appartient à $\mathcal{F}$ alors que A_a n'est pas un fait avéré pour l'exemple suivant (Table 7.11).

TABLE 7.8 – Concessions initiales du dialogue Table 7.9

	O			P	
				$\epsilon\|1 : [A_a]\mathbf{O}C_a$	0
	$m := 1$			$n := 2$	
1	$\epsilon\|1 : ?_{[\ ]}$	0		$A_a\|1 : \mathbf{O}C_a$	2
3	$\epsilon\|1 : !_{(A_a)}$	2		$A_a\|1 : A_a$	4
5	$\epsilon\|1 : !_{[\![A_a]\!]}$	4		$A_a\|1 : [\![A_a]\!] \in \mathcal{F}$	6
7	$A_a\|1 : ?_2$	2		$A_a\|1.2 : C_a$	14
9	$A_a\|1 : A_a \to \mathbf{O}C_a$		$\mathcal{N}$	$A_a\|1 : ?_{a/x}$	8
11	$A_a\|1 : \mathbf{O}C_a$		9	$A_a\|1 : A_a$	10
13	$A_a\|1.2 : C_a$		11	$A_a\|1 : ?_2$	12

TABLE 7.9 – **P** justifie propositionnellement A_a

Dans la Table 7.9, le **P**roposant ajoute A_a dans la liste d'annonces au coup 2. Au coup suivant l'**O**pposant utilise la règle structurelle **SR-A*** pour forcer le **P**roposant à énoncer cette proposition dans le point contextuel 1, ce qu'il fait au coup 4. Suite à cela, l'**O**pposant demande au **P**roposant une justification pour la proposition A_a. Le **P**roposant parvient sans difficulté à se justifier parce que A_a appartient à l'ensemble des faits (coup 6). C'est précisément parce que A_a est un fait appartenant à la liste d'annonces que le **P**roposant peut faire appel à l'ordre juridique en demandant la norme particulière qu'a créée le juge par rapport au fait A_a (coup 8). Conformément à cette norme particulière, le **P**roposant parvient à montrer qu'il est vrai qu'après l'acte A le comportement C doit être obligatoire pour a (coup 14).

Chapitre 7 : Dialogues autour de l'imputabilité juridique

Nous considérons dans la Table 7.11 ce qu'il advient si A_a n'est pas un fait avéré, c'est-à-dire si A_a n'appartient pas à $\mathcal{F}$.

TABLE 7.10 – Concessions initiales du dialogue Table 7.11

	O			P	
				$\epsilon\|1 : [A_a]\mathbf{O}C_a$	0
	$m := 1$			$n := 2$	
1	$\epsilon\|1 : ?_{[\,]}$	0		$\epsilon\|1 : \neg A_a$	2
3	$\epsilon\|1 : A_a$	2		$\otimes$	
				$A_a\|1 : \mathbf{O}C_a$	4
5	$\epsilon\|1 : !_{(A_a)}$	4		$A_a\|1 : A_a$	6
7	$A_a\|1 : !_{[\![A_a]\!]}$	6		$A_a\|1 : [\![A_a]\!] \in \mathcal{C}_O$	8
9	$A_a^*\|1 : ?_2$	4		$A_a^*\|1.2 : C_a$	16
11	$A_a^*\|1 : A_a \to \mathbf{O}C_a$		$\mathcal{N}$	$A_a^*\|1 : ?_{a/x}$	10
13	$A_a^*\|1 : \mathbf{O}C_a$		11	$A_a^*\|1 : A_a$	12
15	$A_a^*\|1.2 : C_a$		13	$A_a^*\|1 : ?_2$	14

TABLE 7.11 – **P** justifie procéduralement A_a

Dans la Table 7.11, le **P**roposant choisit de ne pas s'engager dans la défense de A_a, il se défend donc avec $\neg A_a$. L'**O**pposant ne peut alors que challenger cette négation (coups 2-3). Ce challenge de l'**O**pposant permet au **P**roposant de changer sa défense et de cette fois ajouter A_a dans la liste d'annonces (coup 4). L'**O**pposant use de la règle **SR-A*** pour forcer le **P**roposant à énoncer A_a dans le point contextuel 1 (coups 5-6). Au coup suivant il demande une justification pour A_a au **P**roposant. Ce dernier ne peut pas utiliser la justification de type propositionnelle en faisant appel à l'ensemble $\mathcal{F}$ car A_a n'appartient pas à $\mathcal{F}$, mais la proposition A_a appartient au coup de l'**O**pposant. L'**O**pposant a en effet énoncé A_a lors de son challenge contre la négation (coup 3). Face à ce coup, le **P**roposant n'a pas demandé de justification à son adversaire, il s'octroie par conséquent la possibilité de réutiliser dans les mêmes conditions cette proposition et ainsi de se justifier de manière procédurale. Après cette justification procédurale, A_a est marquée dans la liste par *, manifestant ainsi le changement de modalité du discours. La continuation de l'échange prend appui sur ce qui aurait ou pourrait être si A_a était un fait avéré. Au coup 10, le **P**roposant demande à cet égard la norme particulière que le juge aurait ou pourrait créer si A_a était un fait avéré. La suite de la partie est similaire à celle développée dans la Table 7.9, exception faite de la valeur du discours des joueurs. Ils ne débattent plus de ce qui est vrai mais de ce qui aurait pu ou pourrait être vrai. Ils traitent de la validité de la norme générale à partir d'une particularisation possible de cette dernière pour laquelle ils font "comme si" le fait était le cas.

7.4 Du mariage au voleur

A partir du dernier extrait de H. Kelsen que nous avons vu dans la Section 7.1.2, nous explorons deux exemples. Nous les traitons dans leur ordre d'exposition, à savoir : le cas de la promesse de mariage, puis celui du voleur présumé.

7.4.1 Le mariage

Le premier exemple que nous traitons est celui de la promesse de mariage relevé dans Kelsen (1979) p. 25–26. Dans cet exemple la norme est la suivante : « Si une personne a donné sa promesse à autrui, elle doit tenir sa promesse ». L'obligation d'honorer la promesse (l'obligation du comportement) est soumis à la condition de l'existence de la promesse. Si une promesse a été faite, il doit être obligatoire de l'honorer ; en revanche, si aucune promesse n'a été faite, il ne peut être obligatoire de devoir honorer une promesse n'existant pas.

Nous notons P_x pour x a *promis* et H_x pour x *honore* sa promesse. Si b a promis d'épouser la sœur de a, b peut être contraint d'épouser la sœur de a. Mais ne sachant pas si b a effectivement fait cette promesse, deux cas donnant lieu à deux situations différentes doivent être distingués :

1. b a promis d'épouser la sœur de a (dialogues Tables 7.13 et 7.14), et
2. b n'a pas promis d'épouser la sœur de a.

Nous nous contentons de présenter le cas où b a effectivement fait cette promesse. Un cas où l'antécédent de la norme particulière ne tient pas nous est donné à travers l'exemple du voleur développé dans la Section 7.4.2. Nous mentionnons simplement que la différence induite par les situations (1.) et (2.) situe au niveau de l'ensemble des faits. La première situation conduit à un ensemble des faits défini comme suit $\mathcal{F} := \{P_b\}$ alors dans que la seconde il serait défini par $\mathcal{F} := \{\neg P_b\}$. Par contre, pour les deux dialogues, la norme reste la même : $P_x \rightarrow \mathbf{O}H_x$, soit « si x fait une promesse, il doit être obligatoire que x honore sa promesse ». Les concessions initiales de (1.) sont représentées dans la Table 7.12.

$\mathcal{N}$
$P_x \rightarrow \mathbf{O}H_x$

$\mathcal{F}$
P_b

TABLE 7.12 – Concessions initiales des dialogues Tables 7.13 et 7.14

	O			P	
				$\epsilon\|1 : [P_b]\mathbf{O}H_b$	0
	$m := 1$			$n := 2$	
1	$\epsilon\|1 :?_{[\ ]}$	0		$P_b\|1 : \mathbf{O}H_b$	2
3	$\epsilon\|1 :!_{(P_b)}$	2		$P_b\|1 : P_b$	4
5	$P_b\|1 :!_{[\![P_b]\!]}$	4		$P_b\|1 : [\![P_b]\!] \in \mathcal{F}$	6
7	$P_b\|1 :?_2$	2		$P_b\|1.2 : H_b$	8
9	$P_b\|1.2 :!_{[\![H_b]\!]}$	8		–	

TABLE 7.13 – **P** s'engage sans faire appel à l'ordre juridique

Explications des parties Tables 7.13 et 7.14 : Dans ces deux parties, le **P**roposant avance la thèse suivante : en accord avec $\mathcal{F}$ et $\mathcal{N}$, s'il est certifié que b a promis qu'il épouserait la sœur de a, il doit être obligatoire que b honore sa promesse (coup 0). L'**O**pposant lui demande alors s'il est en mesure de prendre en charge la certification du fait que b a fait cette promesse et le **P**roposant répond par l'affirmative (coups 1-2). Suite à quoi l'**O**pposant force le **P**roposant à énoncer la proposition ajoutée à la liste dans le point contextuel 1 (coups 3-4) et lui demande une justification de cette proposition. Le **P**roposant fournit cette justification en usant de l'ensemble $\mathcal{F}$ (coups 5-6). L'**O**pposant n'a alors plus d'autre choix que de revenir sur le coup 2 du **P**roposant. Étant donné que ce dernier prétend qu'il doit être obligatoire pour b d'honorer sa promesse – parce que $P_b \in \mathcal{A}$ – l'**O**pposant choisit arbitrairement une situation dans laquelle le **P**roposant doit être en mesure de justifier que b honore bien sa promesse ou y est contraint. Le **P**roposant se trouve confronter à un choix, il peut :

1. s'engager lui-même dans la justification de H_b dans la situation choisie par l'**O**pposant – choix illustré par le dialogue Table 7.13.

	O			P	
				$\epsilon\|1 : [P_b]\mathbf{O}H_b$	0
	$m := 1$			$n := 2$	
1	$\epsilon\|1 : ?_{[\,]}$	0		$P_b\|1 : \mathbf{O}H_b$	2
3	$\epsilon\|1 : !_{(P_b)}$	2		$P_b\|1 : P_b$	4
5	$P_b\|1 : !_{[\![P_b]\!]}$	4		$P_b\|1 : [\![P_b]\!] \in \mathcal{F}$	6
7	$P_b\|1 : ?_2$	2		$P_b\|1.2 : H_b$	14
9	$P_b\|1 : P_b \to \mathbf{O}H_b$		$\mathcal{N}$	$P_b\|1 : ?_{b/x}$	8
11	$P_b\|1 : \mathbf{O}H_b$		9	$P_b\|1 : P_b$	10
13	$P_b\|1.2 : H_b$		11	$P_b\|1 : ?_2$	12
15	$\epsilon\|1.2 : !_{(P_b)}$	14		$P_b\|1.2 : P_b$	16
17	$P_b\|1.2 : !_{[\![P_b]\!]}$	16		$P_b\|1.2 : [\![P_b]\!] \in \mathcal{F}$	18
19	$P_b\|1.2 : !_{[\![H_b]\!]}$	14		$P_b\|1.2 : [\![H_b]\!] \in \mathcal{C_O}$	20

Table 7.14 – **P** fait appel à l'ordre juridique

2. faire appel à l'ordre juridique en se référant à la norme particulière prise par un juge dans un tel cas [201] – choix illustré par le dialogue Table 7.14 ;

Si l'on considère le choix (1), celui où le **P**roposant s'engage par lui-même, c'est-à-dire sans se référer à la norme particulière qu'a créée un juge conformément aux faits et à l'ordre juridique, on se rend compte que le **P**roposant se trouve rapidement en difficulté. En effet dans le point contextuel 1.2, lorsque l'**O**pposant lui demande de justifier le fait que b honore sa promesse de mariage, le **P**roposant ne peut pas se justifier car H_b n'appartient ni à $\mathcal{F}$, ni aux coups de son adversaire. L'unique possibilité pour le **P**roposant est alors de se tourner vers l'ordre juridique $\mathcal{N}$. La suite de cette partie est alors exactement identique à celle développée dans la Table 7.14 coups 6-20.

Si l'on considère le choix (2), celui où le **P**roposant se réfère à la décision prise par un juge conformément aux faits et à l'ordre juridique, la difficulté rencontrée par le **P**roposant dans sa défense induite par le choix (1) ne se pose plus (cf. dialogue de la Table 7.14). D'une part, la norme de l'ordre juridique $\mathcal{N}$ stipule que « si un individu x fait une promesse, il doit honorer sa promesse » et d'autre part c'est désormais une évidence que b a promis d'épouser la sœur de a. Par conséquent, l'**O**pposant reconnaît qu'en conformité avec la décision du juge, si b a promis d'épouser la sœur de a, il doit être obligatoire pour lui d'épouser

---

[201]. Cette possibilité lui est autorisée car l'antécédent de la norme appartient à la liste $\mathcal{A}$ et a été justifié.

la sœur de a (coups 8-9). Suite à quoi le Proposant affirme que b a bien fait cette promesse, contraignant ainsi l'Opposant à énoncer que désormais il doit être obligatoire pour b d'honorer sa promesse : épouser la sœur de a (coups 10-11)[202]. Alors qu'au coup 7, l'Opposant demande une justification de l'être obligatoire pour b d'honorer sa promesse ; au coup 12, c'est au tour du Proposant de demander à l'Opposant une telle justification. Pour sa demande de justification au coup 12, le Proposant choisit bien évidement la même situation que celle introduite par son adversaire au coup 7. L'Opposant, s'il ne veut pas perdre doit défendre H_b dans la situation choisie par son adversaire, ce qu'il fait au coup 13. Ici, le Proposant pourrait user de la règle de justification propositionnelle vis-à-vis de H_b contre son adversaire, mais il est préférable pour lui de ne rien faire en ce sens. Ce dernier a tout intérêt à accepter cette proposition. Il peut ainsi se servir de cette dernière pour se défendre vis-à-vis de la demande de justification de l'Opposant du coup 7. Le Proposant trouve ainsi une ressource suffisante pour se défendre (coup 14). Cette ressource est "suffisante" car vis-à-vis du coup 14, l'Opposant n'a que deux possibilités.

1. Il peut demander une justification de la proposition dans la liste d'annonces (règle **SR-A*** – coup 15), puis une justification pour cette proposition (coup 17). Le Proposant peut se défendre face à ce challenge sans difficulté dans la mesure où P_b appartient à $\mathcal{F}$, justification fournie au coup 18.

2. L'Opposant peut demander une justification pour H_b dans le point contextuel 1.2 (coup 19), mais H_b au point contextuel 1.2 est un coup qui a préalablement était joué par l'Opposant pour exécuter une défense. Le Proposant peut donc faire usage de la justification procédurale pour se défendre ($[\![H_b]\!] \in \mathcal{C}_\mathbf{O}$ – coup 20).

Le Proposant, ayant fourni toutes les justifications nécessaires à son argument initial (thèse – coup 0), remporte la partie de la Table 7.14.

Que constatons-nous si l'on compare les dialogues des Tables 7.13 et 7.14 ? La comparaison de ces deux dialogues met en exergue le fait que le Pro-posant se retrouve dans l'incapacité de pouvoir justifier l'être obligatoire du comportement de l'individu b par rapport à la promesse que ce dernier a faite s'il ne se réfère pas à l'ordre juridique, en usant de la norme particulière que le juge a produit. Cela manifeste une distinction franche entre ce que les joueurs du dialogue sont autorisés à faire au sein de leurs échanges et ce sur quoi sont fondés ces échanges. Les joueurs du

---

202. Ici, l'Opposant pourrait contester P_b du coup 10 et demander une justification, la justification serait alors la même que celle déjà produite au coup 6 : $[\![P_b]\!] \in \mathcal{F}$.

dialogue ne peuvent pas d'eux-mêmes justifier le devoir être obligatoire du comportement d'un individu. Ils doivent pour cela nécessairement se tourner vers la "décision" du juge dans la particularisation de la norme générale.

7.4.2 Le voleur

Notre second exemple est celui du voleur. Cet exemple provient de Kelsen (1979) pages 25–26 où il est question de la sanction à appliquer à l'individu c pour son possible larcin. Dans cet exemple, la norme générale n'est pas explicitement donnée, mais elle pourrait être formulée ainsi : « Si une personne a commis un vol, elle doit être punie pour ce vol ». L'obligatoriété du comportement "être puni" est soumise à la condition du vol commis. Si un vol est commis, il doit être obligatoire que l'auteur de ce vol soit puni, mais si une personne n'a pas commis de vol, il ne peut pas être obligatoire de devoir la punir.

Nous notons V_x pour x *a commis un vol* et P_x pour x *est puni*. Comme dans le texte, il est clairement explicité que le juge est d'avis que l'individu c n'a commis aucun vol, nous ne considérons que l'éventualité où c n'a effectivement pas commis de vol. Soit : $\mathcal{F} := \{\neg V_c\}$. La norme générale sur laquelle le juge prend ou doit prendre appui pour rendre sa décision est décrite par : $V_x \rightarrow \mathbf{O}P_x$, soit « si x commet un vol, il doit être obligatoire que x soit puni ». Ces concessions initiales du dialogue sont représentées dans la Table 7.15.

$\mathcal{N}$	$\mathcal{F}$
$V_x \rightarrow \mathbf{O}P_x$	$\neg V_c$

TABLE 7.15 – Concessions initiales des dialogues Tables 7.16 et 7.17

	O			P	
			$\epsilon\|1 :[V_c]\mathbf{O}P_c$		0
	$m := 1$		$n := 2$		
1	$\epsilon\|1 : ?_{[\,]}$	0	$V_c\|1 : \mathbf{O}P_c$		2
3	$\epsilon\|1 : !_{(V_c)}$	2	$V_c\|1 : V_c$		4
5	$V_c\|1 : !_{[\![V_c]\!]}$	4	–		

TABLE 7.16 – **P** prend le risque de devoir justifier la certification

	O			P	
				$\epsilon\|1 : [V_c]\mathbf{O}P_c$	0
	$m := 1$			$n := 2$	
1	$\epsilon\|1 : ?_{[\ ]}$	0		$\epsilon\|1 : \neg V_c$	2
3	$\epsilon\|1 : V_c$	2			
	–		3	$\epsilon\|1 : !_{[\![V_c]\!]}$	4

TABLE 7.17 – **P** défend selon $\mathcal{F}$

Explications des parties Tables 7.16 et 7.17 : Pour ces deux parties, le **P**roposant avance la thèse suivante : en accord avec $\mathcal{F}$ et $\mathcal{N}$, s'il est certifié que c a commis un vol, il doit être obligatoire que c soit puni (coup 0). L'**O**pposant lui demande alors s'il est en mesure de certifier que c a commis un vol. Le **P**roposant se trouve face à une alternative :

1. certifier que c a commis un vol – choix illustré par le dialogue Table 7.16, ou
2. affirmer que c n'a pas commis de vol – choix illustré par le dialogue Table 7.17.

Si l'on considère le choix (1) – Table 7.16, le **P**roposant s'engage dans la certification de V_c, autrement dit que c a commis un vol, suite à quoi l'**O**pposant lui demande une justification de cette certification (coups 2-5). Le problème pour le **P**roposant est qu'il ne peut pas fournir une telle justification, V_c ne figure ni dans l'ensemble des faits, ni dans les coups de son adversaire. Le **P**roposant doit donc changer sa défense du coup 2, ce qui nous mène à son autre choix : affirmer que c n'a pas commis de vol.

Si l'on considère le choix (2) – Table 7.17, où le **P**roposant se défend avec $\neg V_c$, le cours de la partie diffère. L'**O**pposant challenge cette proposition conformément à la règle de particule pour la négation. Mais la règle de particule de la négation l'oblige à contredire l'ensemble $\mathcal{F}$ en énonçant V_c (coup 3). Il suffit alors au **P**roposant de demander à l'**O**pposant une justification de cette dernière proposition pour gagner car V_c n'appartient ni à l'ensemble des faits ni aux coups précédents de son adversaire. V_c n'étant pas dans la liste d'annonces, l'**O**pposant ne peut pas faire appel à l'ensemble $\mathcal{N}$. L'**O**pposant n'a plus alors d'autre coup disponible. Le **P**roposant gagne donc l'échange au coup 4 [203].

---

203. Ici le **P**roposant aurait pu faire un choix autre et changer sa défense du coup "$\epsilon|1 : \neg V_c$" pour "$V_c|1 : \mathbf{O}P_c$", ce qui aurait donné lieu à une partie similaire à celle présentée dans la Table 7.11 – cf. p. 221, où nous aurions obtenu une partie traitant

Comparons les résultats de ces parties. Dans la première partie (exposée dans la Table 7.16), le **P**roposant certifie l'annonce en l'ajoutant à liste, mais il perd à cause de cela. Il n'est pas en mesure de justifier cette proposition – ni propositionnellement ni procéduralement. Dans la seconde partie (Table 7.17), le **P**roposant gagne la partie simplement en défendant que c n'a pas commis de vol, ce qui était déjà donné par l'ensemble des faits. Bien que de prime abord peu intéressantes, ces deux parties nous apprennent tout de même quelque chose. Pour cela comprenons bien l'objet de la discussion entre le **P**roposant et l'**O**pposant. Le **P**roposant avance l'argument suivant : "s'il est certifié que l'individu c a commis un vol, il doit être obligatoire que cet individu soit puni pour le vol qu'il a commis." Or, avant que cette discussion ne s'engage, **O**pposant et **P**roposant sont tous deux d'accord pour reconnaître que c n'a pas commis de vol. Par conséquent, le **P**roposant ne fait rien d'autre que de réaffirmer que *si* c avait commis le vol dont il est ou a pu être suspecté, il devrait ou aurait du être obligatoire qu'il soit puni. Que c ne soit pas coupable ne change rien quant à la sanction qui devrait ou aurait du être obligatoire s'il avait été coupable. En s'appuyant sur $\mathcal{F}$, le **P**roposant montre qu'il ne peut pas être obligatoire que c soit puni, ce dernier n'étant pas coupable. C'est la dépendance de l'être obligatoire par rapport à la satisfaction de la condition qui est directement réaffirmée à travers cet exemple, c'est-à-dire la validité de la norme générale. Ces deux parties de dialogues manifestent le lien d'obligatoriété entre la condition (avoir voler) et le devoir être du comportement (être puni). Si la condition n'est pas remplie, le devoir être du comportement ne doit pas l'être non plus et ne peut pas l'être. Comme l'écrit H. Kelsen, « ce qui manque dans ce cas, c'est la condition du "devoir-être de punition" », autrement dit le fait que c a volé. Voler est la condition du devoir-être puni, « quand une norme pose comme obligatoire un certain comportement à une condition – quand un certain comportement est obligatoire – le devoir-être aussi (c'est-à-dire l'obligatoriété du comportement) est conditionnel [204] ». Ce devoir-être est conditionnel car il est assorti d'une modalité, d'une condition. Cette condition n'étant pas remplie, le **P**roposant gagne mais uniquement parce que la relation conditionnelle n'est pas invalidée par la non satisfaction de la condition, autrement dit elle reste valide indépendamment du fait que c n'a pas volé.

---

non pas de ce qui est conformément aux faits avérés mais un discours sous condition de l'existence du fait – sur la validité de la norme.

204. Cf. Kelsen (1979), p. 25–26.

Pas vu, pas pris – retour sur la publicité de l'acte répréhensible.
Si le devoir être est, comme nous venons de le voir, assorti d'une condition, cette condition revêt un caractère particulier car elle consiste en la satisfaction de l'antécédent de la norme particulière, ce que nous assure la certification d'une annonce publique. C'est précisément ce que montrent les deux précédentes parties : l'incapacité pour les deux joueurs à produire cette certification. Lorsque le **P**roposant s'y essaie, il n'y parvient pas (Table 7.16) et lorsque l'**O**pposant veut défendre que c a volé, c'est lui qui perd (Table 7.17). Par conséquent, il ne peut être question, au sein de ces deux parties, de l'obligatoriété de la punition. Ces parties ne font que réaffirmer le risque de sanctions possibles face au délit commis, pour que la sanction puisse être prononcée il faut non seulement que le délit soit effectif mais également certifié, c'est-à-dire reconnu comme étant effectif. Sans cette certification aucune sanction n'est possible. L'agent c ne doit pas être puni pour le vol qu'il n'a pas commis et ne peut pas être puni pour un vol dont il n'est pas certifié qu'il est l'auteur. Cela ne veut pas dire pour autant que dans l'absolu il ne doit jamais être puni, mais il ne pourra l'être qu'à la condition que soit obtenue une preuve de sa culpabilité et c'est ici tout l'intérêt du recours au formalisme de l'opérateur de l'annonce publique qui permet explicitement la reconnaissance de l'effectivité du fait. Que tout le monde sache que c est coupable n'est pas suffisant pour qu'il soit obligatoire qu'il soit puni. L'agent c doit être publiquement reconnu coupable[205]. Le caractère publique de l'annonce équivaut à cette preuve objective dont nous avons besoin pour que la sanction puisse être prononcée. De plus, il est tout à fait possible que c commette un vol sans que personne le sache ou sans être suspecté. Il suffit pour cela qu'aucune preuve, qu'aucune certification de sa culpabilité ne soit établie. Revenons sur l'exemple de l'excès de vitesse dont nous avons fait mention au début de ce chapitre. Tant que l'excès de vitesse n'est pas certifié par un radar, le contrevenant n'est redevable d'aucune amende car il ne peut être considéré en infraction.

Pour qu'une sanction puisse être appliquée à un quelconque comportement délictuel, il faut qu'une norme particulière soit créée à partir de la norme générale mais aussi et surtout que ce comportement soit publiquement attesté. Nous touchons ici à la spécificité du langage utilisé pour interpréter formellement le fait que toute norme peut être traduite dans une proposition conditionnelle[206]. Seule la forme conditionnelle de

---

205. Cf. Chapitre 3, Section 3.2.1 pour une explication des modifications qu'une annonce publique opère sur une connaissance partagée.

206. Nous rappelons ici que notre propos et notre but n'est en rien de discuter cette idée, mais bien de logiquement l'explorer.

l'opérateur d'annonce publique permet une reconstruction satisfaisante des idées de H. Kelsen sur ce sujet.

Remarque : La logique déontique dans le traitement qu'elle offre des normes considère essentiellement des instanciations des normes générales. Le problème est qu'en ne considérant que de simples instanciations des formes conditionnelles des propositions normatives, la logique déontique n'échappe pas aux paradoxes liés au conditionnel matériel [207]. Certes, pour notre proposition de reconstruction des raisonnements normatifs, nous avons recours au conditionnel matériel pour formaliser les normes générales mais l'usage de ces normes suppose la création d'une description particulière de cette norme générale (création effectuée par le juge). L'usage de cette norme particulière est lui-même soumis à l'évidence de son antécédent, évidence qui ne peut être obtenue que par sa publicité, c'est-à-dire par l'acte de certification qu'offre l'opérateur d'annonce. Autrement dit l'obligatoriété du conséquent n'est requise qu'uniquement lorsque l'antécédent est vrai ou procéduralement justifiable. Par conséquent grâce à cette formalisation, non seulement la fausseté de l'antécédent ne peut pas entraîner la trivialisation de la relation conditionnelle [208], mais elle permet d'étudier la signification d'une norme à travers une de ses descriptions afin d'en fournir des conditions d'usage lorsque le fait n'existe pas (justification procédurale) ou des conditions de vérité de la norme particulière si le fait est avéré (justification propositionnelle).

Publicité du comportement délictuel et présomption d'innocence. Dans l'exemple du voleur que nous venons de considérer, il est inscrit dans les faits que c n'a pas commis de vol. C'est pour cette raison qu'il ne peut être et ne doit pas être puni. Mais cela suppose que dans l'ensemble des faits $\mathcal{F}$ nous ayons $\neg V_c$, autrement dit qu'il soit un fait avéré que c n'a pas volé. C'est en prenant appui sur cet ensemble des faits que le **P**roposant met en échec son adversaire parce que ce dernier, en challengeant la négation, s'oppose aux faits. Par conséquent lorsque le **P**roposant lui demande de se justifier, il ne le peut évidemment pas et perd nécessairement. Or, c'est en vertu des faits qui sont avérés, certifiés – qui sont publiques – qu'une sanction doit être prononcée à l'encontre de c, mais qu'advient-il si l'ensemble $\mathcal{F}$ ne contient aucune proposition relative à la culpabilité de c ? La Table 7.18 illustre les concessions re-

---

207. Cf. Annexe A, Section A.2.1, page 265.
208. Cf. Annexe A, Section A.2.1 concernant la trivialisation du conditionnel matériel.

quises pour ce cas et la Table 7.19 représente une partie produite à partir de ces ensembles $\mathcal{N}$ et $\mathcal{F}$.

$\mathcal{N}$
$V_x \to \mathbf{O}P_x$

$\mathcal{F}$
$\varnothing$

TABLE 7.18 – Concessions initiales du dialogue Table 7.19

	O			P	
				$\epsilon\|1 : [V_c]\mathbf{O}P_c$	0
	$m := 1$			$n := 2$	
1	$\epsilon\|1 : ?_{[\,]}$	0		$\epsilon\|1 : \neg V_c$	2
3	$\epsilon\|1 : V_c$	2			
	–		3	$\epsilon\|1 : !_{[\![V_c]\!]}$	4

TABLE 7.19 – La culpabilité de c n'est pas établie

Explications de la partie Table 7.19 : Alors que les concessions initiales des Tables 7.15 et 7.18 diffèrent par leur ensemble des faits, la partie illustrée dans la Table 7.19 est exactement la même que celle de la Table 7.17. Dans la Table 7.17, l'**O**pposant contredit l'ensemble des faits et ne parvient donc pas à justifier son propos ; dans la Table 7.19, il perd parce que le **P**roposant lui demande de justifier V_c. Or pour cela, il faudrait soit que V_c appartienne à la liste des faits, soit que le **P**roposant ait lui même énoncé V_c, ce qui n'est le cas ni de l'un ni de l'autre. Que ce soit dans la partie de la Table 7.17 ou dans celle de la Table 7.19, l'**O**pposant ne parvient pas à justifier la culpabilité de c et perd donc la partie [209].

Que dans l'ensemble $\mathcal{F}$ soit décrit le fait que c ne soit pas coupable ou qu'aucun fait n'atteste de sa culpabilité ne change rien quant à la stratégie de défense possible pour l'**O**pposant : il ne peut pas justifier son énoncé portant sur la culpabilité de c, et perd donc la partie. En ce sens, l'exemple du voleur fournit une illustration directe de la partialité des annonces dans un cadre juridique. La non culpabilité de c ou l'incapacité

---

209. Au coup 4, le **P**roposant aurait faire un autre choix : changer sa défense du coup en ajoutant V_c à la liste, cf. note 203 pour ce cas.

à déterminer sa culpabilité revient au même : il n'est pas certain que c a volé. Or la certification de la culpabilité de c est la condition nécessaire pour l'être obligatoire de la sanction. Étant donné qu'il n'est pas évident que c a volé, il ne peut pas être obligatoire que l'individu c soit puni. C'est précisément la stratégie développée par le **P**roposant dans les parties ci-dessus : il met un terme à la partie parce que que l'**O**pposant n'est pas capable de faire la preuve de la culpabilité de c. L'incapacité de l'**O**pposant a fournir une preuve de cette condition stoppe l'échange et offre la victoire au **P**roposant.

Si la condition n'est pas certifiée, c'est-à-dire publiquement reconnue, le voleur présumé ne peut être condamné. Existerait-il une corrélation forte entre l'usage de l'annonce publique et la présomption d'innocence dans nos travaux sur H. Kelsen ? La question peut se poser car être non-coupable et ne pas parvenir à montrer la culpabilité font échouer de manière similaire l'obligatoriété de la sanction.

7.4.3 DLLC$_2$

Afin de reconstruire la science du droit kelsenienne nous avons dû introduire les ensembles $\mathcal{F}$ et $\mathcal{N}$. L'introduction de ces ensembles et le lot de conséquences qui en a découlé nous obligent à définir une nouvelle version de **DLLC** : **DLLC**$_2$. Les ensembles *PartRules* et *StrucRules* doivent tous les deux être redéfinis :
- *PartRules** = PR-SC $\cup$ PR-EO $\cup$ PR-AO $\cup$ PR-J ;
- *StruRules*† = SR-0 $\cup$ SR-1 $\cup$ SR-3 $\cup$ SR-**O** $\cup$ SR-A*

Ces ensembles de règles doivent être utilisés dans un cadre dialogique restreint, c'est-à-dire déterminé par les ensembles $\mathcal{F}$ et $\mathcal{N}$. Ces deux ensembles déterminent les conditions d'un dialogue matériel $\mathbb{DM}$ tel que $\mathbb{DM} = \mathcal{F} \cup \mathcal{N}$.

Définition 33 (DLLC$_2$). **DLLC**$_2$ est défini par l'union des ensembles *PartRules** et *StrucRules*† utilisés dans un $\mathbb{DM}$, soit :

$$\mathbf{DLLC}_2 = \frac{PartRules^* \cup StrucRules^\dagger}{\mathbb{DM}}$$

Il est important de noter que par rapport à **DLLC**$_1$, les règles **SR-B** et **SR-2*** n'apparaissent plus dans la définition de **DLLC**$_2$. La règle **SR-B** nous a permis de satisfaire la clause (viii) – une tautologie ne peut pas être le conséquent d'un conditionnel suspensif. Or, si cette règle nous a offert la possibilité d'inverser la charge de la preuve dans une sous-partie concernant le caractère tautologique de l'obligation, aucune nécessité en ce sens ne semble être requise chez H. Kelsen. Qui plus est notre propos n'est pas tant de considérer la pertinence de normes particulières que de comprendre et fournir un cadre logique à la science du droit keslenienne d'une manière générale. La suppression de la règle **SR-2*** a déjà été suffisamment motivé, nous rappelons uniquement ici que cette suppression nous permet d'établir une parfaite symétrie entre l'**O**pposant et le **P**roposant concernant les règles qu'ils peuvent utiliser.

Avec ce système dialogique nous quittons la sphère des vérités logiques pour nous tourner vers les vérités contingentes. L'opérateur d'annonce reste central dans **DLLC**$_2$ et bien que son usage s'enracine sur un fond de vérité il reste possible pour les joueurs d'utiliser cet opérateur indépendamment du recours à la vérité. Les échanges prennent alors appui sur la notion de justification en terme d'usage (justification de type procédural). Une proposition ajoutée à la liste $\mathcal{A}$ reste défendable même si elle n'est pas spécifiée comme étant vraie par l'ensemble $\mathcal{F}$.

Conclusion

A travers ce chapitre nous avons étudié quelques extraits de H. Kelsen où il présente sa distinction conceptuelle entre *droit* et *science du droit* ainsi que celle entre *implication causale* et *imputation*. A partir de ces textes nous avons dégagé quelques critères permettant l'usage de **DLLC**$_1$ pour interpréter les idées de H. Kelsen. Il nous a fallu pour cela apporter quelques modifications au cadre dialogique en introduisant deux ensembles, représentant l'ordre juridique et les faits, ces deux ensembles entraînant avec eux les conséquences que nous avons pu discuter : suppression de la règle **SR-2***, introduction d'une nouvelle constante logique et de la règle de justification, et distinction du mode du dialogue. Ces ajouts nous ont conduit à **DLLC**$_2$ et ont permis de reconstruire des échanges entre **O**pposant et **P**roposant autour de la décision qu'un juge a pu ou pourrait prendre conformément à un ordre juridique déterminé et un ensemble des faits avérés. Le recours au formalisme de l'opérateur d'annonce s'est avéré être un choix pertinent pour ce travail car cet opérateur est l'unique constante logique de forme conditionnelle assurant la reconnaissance de l'effectivité de la condition, ce que nous avons identifié à la *certification* dans le chapitre précédent.

L'usage de ce formalisme dans le cadre dialogique se révèle également être un choix très intéressant. La pratique argumentative que ce cadre conceptuel offre nous permet de reconsidérer le statut des joueurs du dialogue, étant donné la stricte symétrie entre l'**O**pposant et le **P**roposant. D'une part nous avons *le droit* qui est donné préalablement au dialogue (les ensembles $\mathcal{F}$ et $\mathcal{N}$), vient ensuite le moment de la production de *la science du droit* à travers les parties dialogiques. La science du droit que notre cadre nous permet de dépeindre est une pratique argumentative exclusivement fondée sur la notion de déduction. Ce point précis peut constituer une limite de notre travail dans la mesure où une théorie de l'argumentation permettrait davantage de finesse que ce soit pour la question de la justification ou pour les ensembles donnés antérieurement à une partie. Si chez H. Kelsen il n'est pas question de discuter les normes générales, il pourrait néanmoins être intéressant de considérer des parties où les normes retenues auraient elles-mêmes fait l'objet d'un échange ou d'une discussion entre l'**O**pposant et le **P**roposant. Pareillement, les faits retenus pourraient eux aussi faire l'objet d'une discussion explicite antérieure aux parties que nous avons considérées. Ces limites, inhérentes à **DLLC**$_2$ sont discutées dans le chapitre suivant.

Chapitre 8

DLLC, limites et perspectives

Résumé du chapitre : Dans ce chapitre, nous partons de réflexions autour de la condition résolutoire et exhibons quelques particularités de $\mathbf{DLLC}_1$ que nous comparons à $\mathbf{DLLC}_2$. Suite à ces rapprochements nous initions une réflexion critique sur ces deux systèmes. A cet effet :
- Nous étudions les rapports entre condition suspensive et condition résolutoire en montrant que la différence entre condition suspensive et condition résolutoire peut être comprise par une distinction de point de vue entre créancier et débiteur.
- Sur la base de cette remarque nous soumettons une proposition de formalisation de la condition résolutoire à partir de la notion de dualité.
- Cette formalisation de la condition résolutoire ouvre la voie à l'étude de la problématique de la charge de la preuve de la condition et de sa possible redistribution entre les joueurs du dialogue.
- A partir de la problématique de la charge de la preuve nous soulignons les limites de notre travail tout en suggérant des pistes de recherche permettant de les dépasser.

8.1 Condition suspensive et condition résolutoire

Dans la note de bas de page 122 du Chapitre 6, nous avons distingué les obligations conditionnelles assorties d'une condition suspensive des obligations conditionnelles assorties d'une condition résolutoire en précisant que notre intérêt se porterait exclusivement sur l'obligation conditionnelle sous condition suspensive. Nous usons de ce chapitre pour développer quelques réflexions sur la condition résolutoire. Dans le droit français, la condition résolutoire révoque l'obligation, faisant de cette dernière quelque chose n'ayant jamais existé – Table 8.1 [210].

Art. 1183	La condition résolutoire est celle qui, lorsqu'elle s'accomplit, opère la révocation de l'obligation, et qui remet les choses au même état que si l'obligation n'avait pas existé. Elle ne suspend point l'exécution de l'obligation ; elle oblige seulement le créancier à restituer ce qu'il a reçu, dans le cas où l'événement prévu par la condition arrive.

TABLE 8.1 – Article 1183 du Code civil

8.1.1 Condition résolutoire et *recovery*

D'une manière générale, l'obligation conditionnelle suspensive porte sur le transfert d'un droit dépendant de la satisfaction de la condition suspensive. La condition suspensive suspend le conditionné jusqu'à ce que la dite condition soit satisfaite. Sous condition résolutoire, notre exemple avec Primus et Secundus devient : « Je (Primus) donne et lègue 100 pièces à Secundus jusqu'à ce qu'un navire arrive d'Asie ». Avec la condition résolutoire c'est un processus inverse à celui de la condition suspensive qui est enclenché : la condition résolutoire offre le conditionné jusqu'à ce que la condition soit remplie. La satisfaction de la condition résolutoire impose alors un mouvement de rétrocession.

Dans l'exemple de Primus et Secundus, le transfert du droit sur les 100 pièces de Primus à Secundus peut avoir lieu uniquement si la condition "un navire est arrivé d'Asie" est connue ou reconnue être satisfaite. Avant que soit reconnue l'arrivée d'un tel navire, le droit de Secundus sur

---

210. Cf. Code civil français (1804).

les 100 pièces n'est pas nul ou inexistant, il est suspendu ; il deviendra plein lorsque la condition sera réputée être satisfaite. Avec la condition résolutoire, le droit que possède Secundus est immédiatement effectif, plein. Secundus jouit de plein droit des 100 pièces qui appartenaient auparavant à Primus, et cela dès la contraction de l'obligation conditionnelle sous condition résolutoire. Mais le droit que Secundus possède sur ces 100 pièces est révocable. Ce droit est révocable si la condition résolutoire est satisfaite, c'est-à-dire que s'il est reconnu qu'un navire est arrivé d'Asie, Secundus perd son droit sur les 100 pièces et doit les rendre à Primus. La rétrocession du droit sur les 100 pièces est dépendante de la reconnaissance de la satisfaction de la condition. Si la condition résolutoire est reconnue être satisfaite, la rétrocession « remet les choses au même état que si l'obligation n'avait pas existé » ; autrement dit Primus récupère le droit qu'il avait sur les 100 pièces avant que l'obligation conditionnelle soit contractée. Secundus ne peut non seulement plus prétendre à un quelconque droit sur ces pièces, mais il n'en a également plus aucun.

Ce double mouvement (1) Primus transfère le droit sur les 100 pièces à Secundus, puis, (2) si la condition résolutoire est reconnue comme étant satisfaite Secundus doit rétrocéder le droit qu'il avait acquis sur ces 100 pièces – ce qui a pour effet de revenir à la situation initiale – n'est pas sans (improprement[211]) rappeler un principe, certes très controversé[212] mais néanmoins fondateur, de la théorie **AGM**[213] de révision de croyances : *recovery* – cf. Table 8.2 ci-dessous.

Selon le principe *recovery*, si un élément déterminé (p) est retiré (contraction $\div$) d'un ensemble donné (**K**) et que par suite ce même élément (p) est ajouté (expansion $+$) de nouveau, l'ensemble obtenu doit être au moins aussi grand que l'ensemble initial. Ce principe prend ses origines dans l'intuition qu'après avoir contracté par p un ensemble de croyances **K**, l'expansion de cet ensemble **K** par p doit permettre de récupérer l'ensemble des croyances initiales avant la contraction.

Dans le principe *recovery*, l'ensemble **K** représente les croyances d'un agent et p une information qu'il reçoit. Mais si nous changeons la signification de l'ensemble de croyances **K** en un ensemble de droits détenus par un agent, et que nous interprétons p comme le droit particulier portant sur les 100 pièces, il nous est permis de rapprocher le principe *recovery* du mécanisme sous-jacent à la condition résolutoire. L'ensemble des droits

---

211. Nous précisons *improprement* car les concepts engagés par le formalisme de **AGM** ne sont pas les mêmes, il s'agit d'un ensemble de croyances et d'opérations sur cet ensemble.
212. Cf. Makinson (1987) et Levi (1991).
213. Cf. Alchourron *et al.* (1985).

$$\boxed{Recovery: \quad \mathbf{K} \subseteq (\mathbf{K} \div p) + p}$$

TABLE 8.2 – *Recovery*

de Primus est premièrement contracté du droit qu'il possède sur les 100 pièces, puis si la condition résolutoire est satisfaite, le droit sur les 100 pièces est de nouveau ajouté à son ensemble de droit. Ce qui fait de l'ensemble des droits de Primus un ensemble au moins aussi grand qu'avant la contraction, comme « si l'obligation n'avait pas existé ».

Si notre intuition est correcte sur la condition résolutoire et sur le rapprochement que nous avons fait avec le principe *recovery*, nous risquons d'être contraint de changer d'approche pour exprimer cette forme d'obligation conditionnelle[214]. Dans ce cas, il nous sera difficilement possible d'établir des liens entre condition suspensive et condition résolutoire. Pour autant n'est-il pas envisageable d'exprimer la condition résolutoire via une ou plusieurs modifications de l'approche que nous avons développée pour l'obligation conditionnelle assortie d'une condition suspensive ?

8.1.2 Condition résolutoire ou suspensive : une question de perspective ?

Même si les juristes ont coutume d'opposer la condition suspensive à la condition résolutoire, leurs natures respectives sont assez semblables pour que le Code civil distingue *la* condition – qu'elle soit suspensive ou résolutoire – de cette autre modalité des transferts de droits qu'est le terme. Dans le Code civil français, les obligations conditionnelles et les obligations à terme sont présentées dans deux sections distinctes. L'Article 1185 du Code civil précise la différence entre *terme* et *condition* : « Le terme diffère de la condition, en ce qu'il ne suspend point l'engagement, dont il retarde seulement l'exécution ». Alors que la condition instaure une dépendance de l'obligation par rapport à la satisfaction de la condition, le terme ne fait que temporellement décaler l'obligation.

De plus le Code civil définit l'obligation conditionnelle par la dépendance de cette obligation vis-à-vis d'un événement futur et incertain.

---

214. **DLLC** à partir duquel nous avons abordé la condition suspensive provient de **DEMAL** qui est une reconstruction dialogique de la logique **PAC**. Or **PAC** et **AGM** ne sont pas directement traduisibles l'un dans l'autre. **PAC** procède par des *mises à jour* des connaissances alors que **AGM** procède par *révision* d'un ensemble de croyances.

La condition est suspensive si elle suspend l'obligation à cet événement futur et incertain, elle est résolutoire lorsque cet événement annule l'obligation [215]. Si les conditions suspensives et les conditions résolutoires ont, par définition, un effet juridique différent – les premières suspendent le transfert d'un droit alors que les secondes le rendent révocable – la condition (qu'elle soit suspensive ou résolutoire) reste un « événement futur et incertain ». On trouve également chez Leibniz des traces de cette relativisation de la différence entre condition suspensive et condition résolutoire : « la condition résolutoire et la condition suspensive sont distinguées comme deux contraires. Mais si nous considérons soigneusement la chose, la différence entre la condition résolutoire et la condition suspensive n'est qu'une différence de perspective [216] ». Si la différence entre condition résolutoire et condition suspensive n'est qu'une question de perspective, comment doit être compris ce changement de perspective pour rendre compte de la différence des effets juridiques de ces deux espèces de conditions ?

Reconsidérons le lègue de Primus envers Secundus sous la condition résolutoire qu'un navire arrive d'Asie. Dans la situation initiale, c'est-à-dire avant que soit contractée l'obligation conditionnelle, Primus est le possesseur des 100 pièces. Par la contractation de l'obligation conditionnelle résolutoire, Primus transfert son droit sur les 100 pièces à Secundus (situation 1). Mais ce droit acquis par Secundus sur les 100 pièces est révocable : si un navire arrive d'Asie, il perd ce droit (situation 2) [217]. En effet, si un navire arrive d'Asie, Secundus doit restituer le droit qu'il avait acquis jusqu'à ce qu'un navire arrive. Si tel est le cas, Secundus ne possède plus aucun droit sur les pièce de Primus (situation 3). Par conséquent lorsque Primus confère un droit à Secundus en y ajoutant une condition résolutoire – jusqu'à ce qu'un navire arrive d'Asie – il ne perd pas tout droit sur les 100 pièces : il garde (dans la situation 1) un droit conditionnel sur ces pièces, un droit suspendu à l'arrivée du navire. Ainsi lorsque Secundus possède un droit révocable (par l'arrivée d'un navire d'Asie) sur les 100 pièces, Primus possède sur ces mêmes pièces un droit suspendu à l'arrivée de ce même navire et inversement.

---

215. « L'obligation est conditionnelle lorsqu'on la fait dépendre d'un événement futur et incertain, soit en la suspendant jusqu'à ce que l'événement arrive, soit en la résiliant, selon que l'événement arrivera ou n'arrivera pas. » – Article 1168 Code civil français (1804), cf. Chapitre 6, Table 6.1, p. 149.
216. Cf. Leibniz (1964), A VI i 380 ou Thiercelin (2009b), p. 164.
217. Pour Secundus, perdre ce droit suppose qu'il le possédait au préalable. Il ne pourrait perdre un droit qu'il ne possède pas déjà. Nous verrons dans le paragraphe "Problèmes", p. 241 et plus particulièrement dans la Section 8.2.3 que ce point requiert une précision sur le dialogue.

Détenir un droit "jusqu'à" une condition, c'est ne plus le détenir "sous" cette même condition : assortir le transfert d'un droit sur un objet d'une condition résolutoire, c'est conserver un droit conditionnel sur ce même objet. La réciproque vaut également : transférer un droit sur un objet en assortissant ce transfert d'une condition suspensive revient à garder un droit sur cette chose aussi longtemps que la condition demeure en suspend. Cet inversement symétrique patent entre condition suspensive et condition résolutoire pour le créancier et le débiteur est clairement exprimé par Terré *et al.* : « Si le créancier est devenu titulaire du droit sous condition résolutoire, le débiteur l'est en quelque sorte resté sous la condition suspensive symétriquement inverse [218] ». Ce caractère "symétriquement inverse" entre condition suspensive et condition résolutoire du point de vue du créancier et du débiteur s'avère extrêmement intéressant pour initier une compréhension formelle de la condition résolutoire à partir de la formalisation que nous avons proposée de la condition suspensive.

8.2 La formalisation *des* conditions suspensive et résolutoire

Nous avons proposé dans **DLLC**$_1$ une compréhension logique de l'obligation conditionnelle suspensive sur la base d'un opérateur d'annonce publique que nous avons modifié. Nous nous tournons à présent vers une esquisse de compréhension logique de l'obligation conditionnelle sous condition résolutoire.

8.2.1 La dualité comme point de rencontre

Comme nous venons de le voir, il est permis de comprendre une condition résolutoire portant sur le droit que Secundus acquiert sur les 100 pièces comme étant une condition suspensive sur le droit que Primus détient sur ces mêmes 100 pièces. Or nous avons déjà la formulation logique de cette condition suspensive. Selon l'approche que nous avons développée dans **DLLC**$_1$, $[A]\mathbf{O}_p B$ traduit logiquement la suspension de l'obligation pour Primus de transférer son droit sur les 100 pièces à Secundus, soit la suspension du droit de Secundus sur les 100 pièces. En profitant de la forme dual de l'opérateur d'annonce, il doit nous être possible de formuler le dual de l'opérateur d'obligation conditionnelle sous condition suspensive, soit l'opérateur d'obligation conditionnelle sous condition résolutoire – Cf. Table 8.3.

---

218. Cf. Terré *et al.* (2002), p. 1145.

1.	$[A]\mathbf{O}_p B$	obligation conditionnelle sous condition suspensive
2.	$\neg[A]\neg\mathbf{O}_p B$	dualité de (1)
3.	$\langle A\rangle\mathbf{O}_p B$	équivalence sur (2)

TABLE 8.3 – De la condition suspensive à la condition résolutoire ?

Du point de vue purement formel, (3) $\langle A\rangle\mathbf{O}_p B$ exprime bien l'équivalent symétriquement inverse de (1) $[A]\mathbf{O}_p B$.

1. $[A]\mathbf{O}_p B$ exprime que l'obligation pour Primus ($\mathbf{O}_p$) de transférer son droit sur les 100 pièces (B) est suspendue par la certification de l'arrivée d'un navire d'Asie (A) – le droit de Secundus est suspendu à l'arrivée d'un navire ;

3. $\langle A\rangle\mathbf{O}_p B$ exprime que l'obligation pour Primus ($\mathbf{O}_p$) de transférer son droit sur les 100 pièces (B) est corrélée à la certification de l'arrivée d'un navire d'Asie (A) – le droit de Primus est révoqué par l'arrivée d'un navire.

Selon (1) : Secundus détient le droit sur les 100 pièces *sous condition* qu'un navire arrive d'Asie, autrement dit Primus détient ce droit *à moins* qu'un navire n'arrive d'Asie. Dans (3) : Primus détient le droit sur les 100 pièces *à moins* qu'un navire n'arrive d'Asie tandis que Secundus détient ce droit *sous condition* qu'un navire arrive d'Asie. Pour exprimer la révocabilité d'un droit comme sa suspension, il est nécessaire de supposer que ce droit est partagé : s'il est révocable pour l'un, il est suspendu pour l'autre et inversement[219]. Dans (1) le droit de Secundus est suspendu par la certification de la condition "un navire arrive d'Asie" ($[A]$), donc le droit de Primus est révoqué par la certification de cette même condition, c'est ce que traduit la dualité (2) de la Table 8.3 de manière négative – "il est faux qu'après que l'arrivée du navire soit certifiée, il n'est pas obligatoire pour Primus de transférer son droit sur les 100 pièces", soit : le droit de Primus est révoqué si l'arrivée du navire d'Asie est certifiée.

Problèmes : La reconstruction formelle que nous proposons de la condition résolutoire semble mener à quelques difficultés. Premièrement, si le dual $\langle\varphi\rangle$ de l'opérateur $[\varphi]$ semble pouvoir correctement traduire

---

[219]. Nous verrons dans la Section 8.3.3 que pour exprimer correctement cette équivalence, une condition supplémentaire est requise.

la condition résolutoire, il ne revêt aucun caractère conditionnel ni véritablement dans sa forme, ni dans sa sémantique (comme c'est le cas de $[\varphi]$). Et deuxièmement, comme nous en avons déjà fait mention dans la note 217, la possession du droit devrait être logiquement explicitée afin de rendre convenablement compte du fait que ce droit est supprimé. Ces points risquent de porter préjudice à l'esquisse d'analyse que nous venons de proposer. Néanmoins, nous montrons dans la section suivante que la sémantique non conditionnelle du dual ne pose aucune difficulté. Le second problème est abordé dans la Section 8.2.3.

8.2.2 Condition résolutoire et structure conditionnelle

Nous avons pu voir à travers différents précédents chapitres (et dans l'Annexe A) que l'opérateur d'annonce publique à partir duquel nous avons proposé notre opérateur d'obligation conditionnelle sous condition suspensive dissimulait une forme conditionnelle. Or, si la sémantique de cet opérateur est conditionnelle, celle de son dual est construite sur une conjonction de conditions (cf. Table 8.4).

$$\begin{array}{llllll} \mathcal{M}, w \vDash [\varphi]\psi & \text{ssi} & \mathcal{M}, s \vDash \varphi & \textit{implique} & \mathcal{M}^{\varphi}, w \vDash \psi \\ \mathcal{M}, w \vDash \langle\varphi\rangle\psi & \text{ssi} & \mathcal{M}, w \vDash \varphi & \textit{et} & \mathcal{M}^{\varphi}, w \vDash \psi \end{array}$$

TABLE 8.4 – Sémantique des opérateurs dynamiques de **PAL**.

L'approche de la condition résolutoire que nous proposons sur la base du dual $\langle\varphi\rangle$ ne peut donc résolument pas être une approche conditionnelle. Il peut donc sembler étrange d'essayer d'appréhender une condition par une forme non conditionnelle. Pourtant A. Thiercelin, suivant l'analyse leibnizienne de la condition résolutoire, pointe cette forme non conditionnelle de la condition résolutoire : « une condition résolutoire ne se laisse pas ramener à la forme d'une proposition conditionnelle. Conférer 100 [pièces] à [Secundus] en ajoutant la condition résolutoire qu'un navire vienne d'Asie, ce n'est pas lui conférer *si* un navire vient d'Asie, ce n'est pas non plus les lui conférer *si aucun* navire *ne* vient d'Asie. C'est les lui conférer *à moins qu'*un navire ne vienne d'Asie[220] ». Même si la condition résolutoire est une condition, il ne s'agit pas d'une conditionnelle exprimée ou exprimable par une proposition conditionnelle. La

---

220. Cf. Thiercelin (2009b), p. 172–173. A. Thiercelin voit ici une justification au fait que Leibniz a porté davantage son attention sur les conditions suspensives, plus que sur les conditions résolutoires car elles « permettent un point de suture entre le doit et la logique ».

sémantique du dual (une conjonction de conditions) n'est donc pas un obstacle à l'analyse que nous proposons, au contraire elle semble trouver une certaine légitimité.

8.2.3 Le droit doit être supposé avant sa révocation possible

Dans le Chapitre 6, nous avons caractérisé un *opérateur d'obligation conditionnelle sous condition suspensive*[221]. A partir de l'analyse que nous avons fournie dans les Sections 8.2.1 et 8.2.2, il nous est permis de proposer l'*opérateur d'obligation conditionnelle sous condition résolutoire* – Table 8.5. L'opérateur $\langle \varphi \rangle$ représente la condition résolutoire qui rend ψ obligatoire au cas où cette condition vient à être satisfaite.

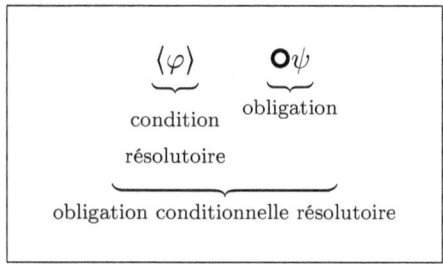

TABLE 8.5 – Opérateur d'obligation sous condition résolutoire

La formalisation de la condition résolutoire à travers l'opérateur dual suppose d'avoir un appareillage permettant d'expliciter la possession du droit pouvant faire l'objet de la révocation. Pour que le droit de Secundus puisse être révoqué par l'arrivée d'un navire d'Asie, Secundus doit posséder ce droit. Or si l'on suppose que l'opérateur décrit dans la Table 8.5 reconstruit correctement l'idée de condition résolutoire, cet opérateur n'exprime rien quant à la possession préalable du droit de Secundus. De récents travaux développés dans Rahman (2012) nous fournissent des éléments pour explorer l'esquisse d'une solution possible à ce problème en faisant du droit de Secundus une supposition explicite sur le dialogue. Nous ne développons pas ici davantage ces explorations et assumons que le droit de Secundus est une supposition implicite [222].

---

221. Cf. Table 6.25, p. 188.
222. L'exploration de cette piste de recherches est un travail qui dépasse le simple cadre des réflexions que nous menons dans ce chapitre. Nous réservons ces idées pour de futurs travaux.

8.3 Conditions et charge de preuve

Si on admet l'analyse que propose A. Thiercelin, les conditions résolutoires ne possèdent pas intrinsèquement la même structure que les conditions suspensives : les conditions résolutoires ne sont pas conditionnelles, elles ont plus la forme de présomption. Les 100 pièces sont données à Secundus par Primus à moins que l'arrivée d'un navire d'Asie soit certifiée. Si ce dernier – Primus – veut ensuite pouvoir les réclamer, il peut lui être demandé d'apporter la preuve de cette condition [223]. Nous assistons ici à un renversement de la charge de la preuve par rapport à la condition suspensive. Effectivement lorsque le droit de Secundus sur les 100 pièces est suspendu à l'arrivée du navire, c'est à Secundus qu'il incombe de prouver que le navire est bien arrivé [224]. Si ce droit sur les 100 pièces est donné à Secundus avec une condition résolutoire, la charge de la preuve de l'arrivée du navire revient à Primus.

8.3.1 Distribution de la charge

Ce changement de polarité au niveau de la défense de la condition de l'opérateur d'obligation conditionnelle, que cette condition soit suspensive – $[\varphi]$ – ou résolutoire – $\langle\varphi\rangle$ – est déjà présent dans les règles de particule des opérateurs d'annonces dans **DEMAL** (Cf. Table 8.6).

Charge et/ou objet du choix	Énoncé de **X**	Challenge de **Y**	Défense de **X**
$[\varphi]\psi$, le défenseur a le choix	$\mathcal{A}\|i : [\varphi]\psi$	$\mathcal{A}\|i : ?_{[\ ]}$	$\mathcal{A}\|i : \neg\varphi$ ou $\mathcal{A} \bullet \varphi\|i : \psi$
$\langle\varphi\rangle\psi$, le challengeur a le choix	$\mathcal{A}\|i : \langle\varphi\rangle\psi$	$\mathcal{A}\|i : ?_{\langle\ \rangle 1}$ ou $\mathcal{A}\|i : ?_{\langle\ \rangle 2}$	$\mathcal{A}\|i : \varphi$ respectivement $\mathcal{A} \bullet \varphi\|i : \psi$

TABLE 8.6 – Opérateurs d'annonces publiques (PR-AO)

Si l'on résume, la distribution du choix s'opère de la manière suivante :

1. $[\varphi]\psi$: le challengeur **Y** n'a pas le choix – le défenseur **X** a le choix.

---

223. Dans notre reconstruction, cette demande de preuve s'effectue par un joueur et induit une défense locale, c'est-à-dire située dans un point contextuel particulier – alors que la certification prévaut pour tous points contextuels introduits par suite (cf. Chapitre 5). C'est de cette défense locale dont il s'agit lorsque nous parlons de preuve de la condition.
224. Cf. Chapitre 6, Section 6.3.2, § "Remarque sur la certification", p. 160.

2. $\langle\varphi\rangle\psi$: le défenseur **X** n'a pas le choix – le challengeur **Y** a le choix.

Pour l'obligation conditionnelle sous condition suspensive (1), c'est le défenseur **X** qui a le choix pour sa défense. Ce choix lui offre la possibilité de refuser de s'engager dans la défense de la condition suspensive, de refuser d'apporter la preuve que cette condition est. Dans le cas de l'obligation conditionnelle sous condition résolutoire (2), c'est le challengeur **Y** qui a le choix pour son challenge. Il n'est pas alors possible pour le défenseur de choisir de se défaire de la charge de la preuve de cette condition.

8.3.2 Esquisse d'une interprétation

Comment interpréter ce changement de polarité de charge de la preuve de la condition ? Imaginons une situation dans laquelle le joueur **X** défend les intérêts de Primus alors que la partie adverse, le joueur **Y**, défend ceux de Secundus concernant l'obligation conditionnelle "si une navire arrive d'Asie, je (Primus) donne 100 pièces à Secundus".

Si **X** énonce qu'il est obligatoire pour Primus de donner les 100 pièces à Secundus sous condition qu'un navire arrive d'Asie ($\langle \mathbf{X}-\epsilon|1 : [A]\mathbf{O}_p B\rangle$), il peut toujours se défendre vis-à-vis d'une réclamation de **Y** en lui renvoyant la charge de la preuve ($\langle \mathbf{X} - \epsilon|1 : \neg A\rangle$), et tant que **Y** n'est pas en mesure de prouver, c'est-à-dire capable de défendre que le navire est bien arrivé d'Asie ($\langle \mathbf{Y} - \epsilon|1 : A\rangle$), les 100 pièces ne peuvent pas être réclamées par **Y** le défenseur de Secundus. La question de la preuve de l'arrivée du navire fait obstacle au transfert des 100 pièces et c'est ici à la partie **Y** que revient la charge de cette preuve. Autrement dit la charge de la preuve de la condition revient à celui qui réclame les bénéfices de l'obligation (les 100 pièces pour Secundus). Si la partie **Y** est capable de défendre, de prouver qu'un navire est bien arrivé d'Asie, la partie **X** ne pourra pas faire autrement que de reconnaître qu'en vertu de l'arrivée du navire il est obligatoire pour Primus de donner les 100 pièces à Secundus.

Si **X** énonce que le droit de Secundus est révoqué par l'arrivée d'un navire d'Asie ($\langle \mathbf{X} - \epsilon|1 : \langle A\rangle\mathbf{O}_s B\rangle$), il ne lui est pas possible de réclamer la révocation du droit de Secundus tant que la preuve de l'arrivée de ce navire d'Asie n'est pas établie. C'est la partie **X** qui doit apporter la preuve de l'arrivée du navire pour que cette révocation puisse avoir lieu. Si la partie **X** parvient à justifier sa réclamation, c'est-à-dire à fournir la preuve que le navire est bien arrivé d'Asie ($\langle \mathbf{X} - \epsilon|1 : A\rangle$), elle doit ensuite défendre qu'en vertu de l'arrivée du navire, il est obligatoire pour Secundus de restituer les 100 pièces à Primus ($\langle \mathbf{X} - A|1 : \mathbf{O}_p B\rangle$).

Suite à ces remarques, on constate que si ce sont les intérêts de l'agent que le joueur **X** défend qui sont attaqués, la charge de la preuve revient à la partie adverse, autrement dit à la partie qui attaque ou qui conteste. Mais quand le joueur **X** veut défendre les intérêts de l'agent qu'il représente (Primus) en réclamant quelque chose contre les intérêts d'un agent (Secundus) que défend la partie (**Y**), c'est à la partie **X** que revient la charge de la preuve. D'une manière générale, c'est donc ici toujours la partie qui réclame qui doit fournir la preuve de la condition. Ce point est remarquable car il correspond à l'adage *actori incumbit probatio* contenu dans l'article 1315 du Code civil français (1804) qui détermine à qui revient la charge de la preuve – Cf. Table 8.7.

Art. 1315	Celui qui réclame l'exécution d'une obligation doit la prouver. Réciproquement, celui qui se prétend libéré doit justifier le paiement ou le fait qui a produit l'extinction de son obligation.

TABLE 8.7 – Article 1315 du Code civil

8.3.3 Une propriété remarquable ?

Dans la Section 8.2.1, lorsque nous avons traité de la dualité entre condition résolutoire et condition suspensive, nous avons évoqué la nécessité d'une condition supplémentaire pour exprimer l'équivalence entre condition résolutoire et condition suspensive.

Si Secundus a un droit sur les 100 pièces révocable par l'arrivée du navire alors le droit que Primus détient sur ces 100 pièces est suspendu. Logiquement cet argument a la forme suivante : $\langle A \rangle \mathbf{O}_s B \to [A] \mathbf{O}_s B$. La forme de cet argument reprend celle de la propriété "fonction partielle"[225]. Par conséquent, il est évident que le **P**roposant, en jouant avec $\mathbf{DLLC}_1$ possède une stratégie de victoire pour un dialogue ayant pour thèse cet argument.

Explications de la partie Table 8.8 : Après l'énoncé de la thèse, l'**O**pposant et le **P**roposant défendent respectivement $\langle A \rangle \mathbf{O}_s B$ et $[A] \mathbf{O}_s B$ dans le point contextuel 1. Par distribution de la charge de la preuve, il apparaît que dans les deux cas la charge de la preuve incombe à l'**O**pposant :

---

225. Cf. Chapitre 3, Section 3.2.3 et Chapitre 4, Section 4.2.2, p. 69.

	O			P	
				$\epsilon\|1 : \langle A\rangle\mathbf{O}_s B \to [A]\mathbf{O}_s B$	0
	$m := 1$			$n := 2$	
1	$\epsilon\|1 : \langle A\rangle\mathbf{O}_s B$	0		$\epsilon\|1 : [A]\mathbf{O}_s B$	2
3	$\epsilon\|1 : ?_{[\ ]}$	2		$\epsilon\|1 : \neg A$	4
5	$\epsilon\|1 : A$	4		$\otimes$	
				$A\|1 : \mathbf{O}_s B$	6
7	$A\|1 : ?_2^s$	6		$A\|1_s 2 : B$	12
9	$A\|1 : \mathbf{O}_s B$		1	$\epsilon\|1 : ?_{\langle\ \rangle 2}$	8
11	$A\|1_s 2 : B$		9	$A\|1 : ?_2^s$	10

TABLE 8.8 – De la condition résolutoire à la condition suspensive

- la défense du **P**roposant par $\neg A$ suite au challenge de l'**O**pposant force la prise en charge de la preuve de la condition A par l'**O**pposant (coups 3-5) ;
- la règle de particule du dual de l'opérateur d'annonce donne le choix au challengeur : le **P**roposant.

Le **P**roposant peut, lorsqu'il est attaqué sur $\mathbf{O}_s B$ (coup 7), se défendre en contre-attaquant le même argument chez l'**O**pposant sans craindre d'avoir à sa charge la preuve de A (coups 8 et 10). Ce qui le mène à la victoire (coup 12).

En supposant qu'au coup 4 le **P**roposant ait choisi de défendre avec $\mathbf{O}_s B$ en ajoutant A à la liste au lieu de défendre avec $\neg A$ dans le point contextuel 1, l'**O**pposant aurait pu le contraindre à énoncer A – ce qu'il n'est pas autorisé à faire avant que l'**O**pposant l'ait lui-même fait (**SR-2***). Mais dans ce cas, le **P**roposant aurait pu user du challenge " $?_{\langle\ \rangle 1}$ " sur le coup 1 et ainsi obtenir A pour se défendre. La suite de cette partie aurait été identique à celle que nous avons développée à partir du coup 7. C'est donc parce que le **P**roposant n'est à aucun moment en charge de la preuve de l'arrivée du navire qu'il possède une stratégie de victoire pour défendre que "si le droit de Secundus est révoqué par l'arrivée du navire, celui de Primus est sous condition de cette arrivée".

Comparons le résultat précédent avec une partie ayant pour argument initial $[A]\mathbf{O}_s B \to \langle A\rangle\mathbf{O}_s B$. Cet argument nous dit qu'à partir de la suspension du droit de Primus sur les 100 pièces par l'arrivée du navire, la révocation du droit de Secundus par l'arrivée du navire doit être opérée, autrement dit il s'agit de partir de la condition suspensive pour exprimer la condition résolutoire.

	O			P	
				$\epsilon\|1 : [A]\mathbf{O}_s B \to \langle A\rangle\mathbf{O}_s B$	0
	$m := 1$			$n := 2$	
1	$\epsilon\|1 : [A]\mathbf{O}_s B$	0		$\epsilon\|1 : \langle A\rangle\mathbf{O}_s B$	2
3	$\epsilon\|1 : ?_{\langle\ \rangle_1}$	2			
5	$\epsilon\|1 : \neg A$		1	$\epsilon\|1 : ?_{[\ ]}$	4
				—	

Table 8.9 – De la condition suspensive à la condition résolutoire

Explications de la partie Table 8.9 : La distribution de charge de preuve pour A, contrairement à la partie développée dans la Table 8.8, n'est pas cette fois à l'avantage du **P**roposant. Lorsque l'**O**pposant challenge le **P**roposant en demandant une preuve de la condition résolutoire, ce dernier ne peut pas se défendre (**SR-2***). Afin d'obtenir A, il tente de contre-attaquer l'opérateur d'obligation conditionnelle sous condition suspensive, mais l'**O**pposant se défend en refusant de fournir cette preuve (coup 5), renvoyant la charge de cette preuve au **P**roposant. Une fois de plus, pour continuer, le **P**roposant doit avancer A, ce qu'il ne peut toujours pas faire. Après le coup 5, le **P**roposant ne peut plus jouer et perd la partie.

Que manque-t-il au **P**roposant pour défendre que le droit de Secundus est révoqué par l'arrivée du navire à partir de la condition suspensive ? Pour répondre à cette question il suffit de se tourner vers la stratégie développée par l'**O**pposant pour faire perdre le **P**roposant. Sur quoi repose la stratégie de victoire de l'**O**pposant ? Elle repose sur l'incapacité du **P**roposant à pouvoir défendre ou avancer la preuve de A (l'arrivée du navire). Autrement dit, elle repose sur l'incapacité du **P**roposant à justifier que la condition résolutoire est satisfaite.

La condition résolutoire, une condition suspensive présumée satisfaite. La comparaison des parties des Tables 8.8 et 8.9 met en évidence le fait que condition suspensive et condition résolutoire ne sont pas réductibles l'une à l'autre. C'est-à-dire qu'on ne peut pas exprimer une condition résolutoire à partir de la condition suspensive. Cette comparaison nous offre également le moyen de comprendre pourquoi la suspension du droit de Primus n'est pas immédiatement réductible à la révocation du droit de Secundus : pour que le droit de Secundus soit révoqué il faut que la preuve de l'arrivée du navire soit faite, or cette condition n'est pas requise pour mettre en suspend le droit de Primus. Si nous ne pouvons pas tirer l'obligation conditionnelle sous condition résolutoire de sa forme d'obligation sous condition suspensive c'est parce que si la condition suspensive fait défaut, la condition résolutoire ne tient pas [226]. Pour tirer la condition résolutoire de la forme suspensive, il faut ajouter une condition supplémentaire sur la forme suspensive : *présumer* que la condition est satisfaite, ce qui n'est pas requis (et même est contraire) à la condition suspensive.

Du point de vue de la théorie des modèles, présumer que la condition suspensive est satisfaite revient sémantiquement à définir le dual de l'opérateur d'annonce.

Démonstration. Supposons un modèle arbitraire $\mathcal{M}$ et un contexte arbitraire s de ce modèle, nous avons :

1. $\mathcal{M}, s \vDash [\varphi]\psi$ ssi $\mathcal{M}, s \vDash \varphi$ implique $\mathcal{M}^\varphi, s \vDash \psi$. Si nous ajoutons la condition :

2. $\mathcal{M}, s \vDash \varphi$, nous obtenons :

3. $\mathcal{M}, s \vDash \varphi$ et $\mathcal{M}^\varphi, s \vDash \psi$; soit par définition : $\mathcal{M}, s \vDash \langle\varphi\rangle\psi$.

□

Le problème est que comme la théorie des modèles fonde directement sa sémantique sur la notion de vérité, il n'est pas possible de *présumer* que la condition est satisfaite. Le point (2) de la démonstration ci-dessus donne la condition φ comme étant satisfaite et non comme étant présumée satisfaite. Il n'est pas possible à partir de cette approche de *présumer* que la condition est satisfaite : soit la condition est satisfaite, soit elle ne l'est pas.

De plus, exprimer une condition résolutoire par une condition suspensive dont on présumerait la condition satisfaite n'est pas suffisant. Dans la Section 8.3.1, nous avons vu que pour une condition suspensive, la charge de preuve revient au challengeur alors qu'elle doit incomber au défenseur pour une condition résolutoire. A. Thiercelin, prenant appui sur le Théorème 317 de Leibniz [227], écrit : « un droit conféré avec une condition résolutoire équivaut à un droit conféré avec une condition suspensive que l'on présumerait satisfaite. On détient ainsi ce droit "jusqu'à ce que la preuve soit faite" que la condition n'a pas été satisfaite [...] ».

---

226. Nous retrouvons ici trace de la différence de structure entre condition suspensive d'une part et condition résolutoire d'autre part que nous avons discutée dans la Section 8.2.2. La condition résolutoire étant bâtie sur une conjonction de conditions nécessite que les deux conditions soient satisfaites.

227. Cf. Leibniz (1964), A VI i 144 ou Thiercelin (2009b), p. 170.

Pour exprimer une condition résolutoire à travers une condition suspensive, en plus de présumer que la condition est satisfaite, il faut également inverser la charge de la preuve afin que celle-ci revienne au défenseur.

8.3.4 La redistribution de la charge de la preuve

Dans la règle de particule utilisée pour l'opérateur d'obligation conditionnelle sous condition suspensive [228], la défense offre un choix. Jusqu'à présent, nous avons essentiellement fait mention de ce choix comme l'opportunité de rejeter la charge de la preuve de la condition φ ($\langle \mathbf{X} - \mathcal{A}|i : \neg\varphi \rangle$). Par le challenge qui peut suivre sur la négation ($\langle \mathbf{Y} - \mathcal{A}|i : \varphi \rangle$), la charge de preuve concernant φ revient à la partie adverse $\mathbf{Y}$. Dans la Section 8.3.2, nous avons identifié cette stratégie de réponse à celle du défenseur ($\mathbf{X}$) des intérêts de Primus lorsque ce dernier a promis de donner à Secundus les 100 pièces sous condition de l'arrivée du navire d'Asie. En attendant que la partie $\mathbf{Y}$ puisse prouver la condition, $\mathbf{X}$ préserve les intérêts de Primus – car il n'a pas à effectuer ce lègue tant que la partie $\mathbf{Y}$ n'apporte pas la dite preuve.

Considérons à présent la seconde possibilité de défense qu'autorise la règle de particule pour $[\varphi]\psi$, c'est-à-dire : $\langle \mathbf{X} - \mathcal{A} \bullet \varphi |i : \psi \rangle$. Si le joueur $\mathbf{X}$ choisit cette option, il ajoute immédiatement φ à la liste $\mathcal{A}$ et s'engage à défendre ψ. Mais en ajoutant φ à la liste $\mathcal{A}$, il assume cette formule pour prétendre ψ, autrement dit la condition suspensive φ est *présumée* par le joueur $\mathbf{X}$ lorsqu'il énonce ψ. Face à cette défense, le joueur $\mathbf{Y}$ peut :

1. accepter la présomption faite par $\mathbf{X}$ sur φ et continuer en challengeant ψ,

    soit $\langle \mathbf{Y} - \mathcal{A} \bullet \varphi |i : e \rangle$ où e est un challenge autorisé pour ψ, ou

2. contraindre $\mathbf{X}$ à prendre en charge φ via la règle **SR-A*** [229],

    soit $\langle \mathbf{Y} - \mathcal{A}|i : !_{(\varphi)} \rangle$.

Supposons que le joueur $\mathbf{Y}$ choisisse la première possibilité et que par suite le joueur $\mathbf{X}$ use de la règle **SR-A*** pour contraindre $\mathbf{Y}$ à énoncer φ ($\langle \mathbf{X} - \mathcal{A}|i : !_{(\varphi)} \rangle$). Ce joueur pourra ne pas répondre immédiatement et contre-attaquer en contraignant à son tour le joueur $\mathbf{X}$ à énoncer φ ($\langle \mathbf{Y} - \mathcal{A}|i : !_{(\varphi)} \rangle$), c'est-à-dire à prendre en charge la défense de φ. Si ce dernier parvient à se défendre, preuve sera faite de la condition (φ) et $\mathbf{Y}$ pourra reprendre la défense développée par $\mathbf{X}$ pour se défendre. Mais si ce

---

228. Cette règle est introduite dans le Chapitre 4, Section 4.2.2, Table 4.4, et rappelée dans ce chapitre, Section 8.3.1, Table 8.6.

229. Nous pouvons ici comprendre cette règle comme une contrainte de preuve dans la situation considérée ou comme test de la tenue de la preuve lorsqu'il s'agit d'une autre situation. Cf. formulation de cette règle Chapitre 4, Section 4.2.2.

joueur **X** ne parvient pas à se défendre preuve est établie que la condition ne tient pas. Dans ce dernier cas, le joueur **X** ne peut prétendre réclamer l'obligation qui a été conditionnée car la condition fait défaut. S'il ne peut pas jouer un autre coup, il perd la partie. Si le joueur **Y** choisit la seconde possibilité, la charge de la preuve revient immédiatement au joueur **X**. Par conséquent, si **X** choisit de se défendre en présumant que la condition est satisfaite (en ajoutant immédiatement φ dans la liste), peu importe le choix que le joueur **Y** fait, même si **X** est le joueur qui a énoncé l'obligation conditionnelle sous condition suspensive, la charge de la preuve de la condition lui revient.

Nous avons vu que la charge de la preuve revenait à la partie attaquante lorsque **X** se défend avec la négation et que la partie adverse challenge cette négation. Mais si **X**, dans sa défense, présume que la condition est satisfaite, il doit prendre à sa charge la défense de la condition (si la partie adverse l'y contraint) et ce qui suit de la condition (ψ). Cette stratégie de défense pour **X** fait apparaître une équivalence en termes de charge de preuve entre une condition résolutoire et une condition suspensive dont on présumerait la condition satisfaite.

Une limite au renversement de la charge ? Dans notre propos, la charge de la preuve pour un conditionnel suspensif revient au challengeur sauf, ce que nous venons de montrer, si le défenseur présume que la condition est satisfaite. Dans ce cas s'opère un renversement de la charge de la preuve : ce n'est plus le challengeur mais le défenseur qui doit faire la preuve de la condition. Or, ce n'est pas exactement ce que A. Thiercelin nous dit [230]. Il semble y avoir une subtile différence concernant le changement de charge de la preuve. Il ne s'agit pas tant d'un renversement de charge en termes de *qui* doit prouver que de *ce qui* doit être prouvé. La réflexion que nous avons menée porte sur *qui* doit prouver la condition – le défenseur ou le challengeur – alors que la remarque de A. Thiercelin pointe davantage *ce qui* doit être prouvé – la condition ou la négation de la condition. Certes du point de vue de la logique classique, prouver $\neg\varphi$ revient à prouver que φ n'est pas et inversement. Ceci se traduit dans un dialogue par le fait que **X** défend ou prouve $\neg\varphi$ lorsque **Y** ne parvient pas à défendre ou prouver φ. La preuve de $\neg\varphi$ suppose à la fois un changement de charge en termes de *qui* doit prouver et de *ce qui* doit être prouvé. Néanmoins on peut comprendre que d'un point du vue juridique, qu'une partie doive prouver que la condition ne tient pas (soit $\neg\varphi$) n'est pas équivalent à montrer que la partie adverse ne parvient pas à prouver que la condition tient (soit φ). Par conséquent, en réduisant

---

230. Cf. page 246.

la preuve que **X** doit faire de $\neg\varphi$ à l'incapacité de **Y** à prouver φ, ne ratons-nous pas quelque chose de crucial du point de vue juridique ?

8.4 Problèmes et perspectives

A travers cette section, nous soulignons quelques limites de la compréhension des obligations conditionnelles à travers les opérateurs $[\varphi]$ et $\langle\varphi\rangle$ tout en proposant de nouvelles pistes à explorer pour palier aux défauts pointés.

8.4.1 DLLC$_2$ et le "*comme si*" : une présomption ?

Notre travail sur la norme juridique chez H. Kelsen nous a mené à modifier le système dialogique (**DLLC$_1$**) que nous avons utilisé pour traiter des obligations conditionnelles. Nous avons ainsi obtenu le système **DLLC$_2$**. La différence principale entre **DLLC$_1$** et **DLLC$_2$** réside dans les hypothèses faites en amont du dialogue : les ensembles $\mathcal{F}$ et $\mathcal{N}$. Ces deux ensembles nous ont conduit à supprimer la règle **SR-2*** et à introduire une règle de justification pour les formules atomiques. Cette règle de justification nous offre une symétrie entre l'**O**pposant et le **P**roposant dès le niveau atomique. La possibilité de justifier une formule atomique de façon propositionnelle (c'est-à-dire à partir de l'ensemble $\mathcal{F}$) ou procédurale (à partir des coups de l'adversaire) nous a conduit à différencier, pour les formules ajoutées à la liste $\mathcal{A}$, deux modalités du discours entre l'**O**pposant et le **P**roposant :

1. l'indicatif et
2. le subjonctif.

Si le mode indicatif correspond au discours qu'ont les deux joueurs lorsqu'ils s'appuient sur les faits, le subjonctif place le discours sous condition de vérification des faits. A partir de cette particularité nous avons prétendu que les joueurs faisaient, dans ce cas, *comme si* les faits étaient. Pour différencier ces deux types de modalité du discours dans une partie, nous avons proposé de marquer les formules procéduralement justifiées par le symbole *.

La possibilité d'ajouter des formules à la liste $\mathcal{A}$ est offerte par la règle de particule **PR-AO** – Cf. Table 8.6. Cette règle fait également partie des règles de particule de **DLLC$_1$**. Dans **DLLC$_1$**, un joueur fait une *présomption* sur une condition suspensive lorsque cette dernière est ajoutée à la liste sans être défendue préalablement. Intuitivement, nous pouvons rapprocher une formule quelconque φ^* de **DLLC$_2$** d'une condition φ *présumée* satisfaite de $\mathbf{DLLC}_1$. Mais jusqu'à quel point l'analogie entre *présomption* et *comme si* peut-elle être poussée ?

8.4.2 Présomption et "*comme si*", des différences

Le problème est qu'avec $\mathbf{DLLC}_2$ nous sommes commis à un discours purement descriptif de la part des joueurs du dialogue. Les échanges argumentatifs qu'ils ont ou peuvent avoir n'ont pas d'incidence sur la décision juridique ou plus précisément sur l'usage des normes. Pour comprendre l'origine de ce caractère descriptif, il suffit de comparer ce système avec $\mathbf{DLLC}_1$. Ce dernier système ne présuppose rien quant à la vérité des énoncés, l'intégralité d'une partie tourne autour de leur caractère défendable. Ainsi $\mathbf{DLLC}_1$ offre la possibilité de présumer qu'une formule est défendable lorsque celle-ci est directement ajoutée à la liste $\mathcal{A}$. C'est la règle $\mathbf{SR\text{-}A}^*$ qui permet de poser la question du caractère défendable de cette présomption dans le cours de la partie. La capacité du Proposant à pouvoir défendre un énoncé présumé peut évoluer en fonction des requêtes de la partie adverse (c'est-à-dire si une attaque est faite en ce sens ou non). La conséquence directe de cette possible évolution de la capacité du Proposant à pouvoir se défendre est un changement de statut de la proposition présumée : de présumée elle peut devenir justifiée, prouvée.

La différence entre $\mathbf{DLLC}_1$ et $\mathbf{DLLC}_2$ intervient si la règle $\mathbf{SR\text{-}A}^*$ est utilisée pour contraindre le joueur ayant présumé de la condition – en l'ajoutant directement à la liste $\mathcal{A}$ – à défendre cette condition. Avec le second système dialogique la défense peut-être produite à partir de la notion de vérité (à partir de l'appartenance ou non à l'ensemble $\mathcal{F}$), ce qui ne peut être fait avec le premier. C'est précisément cette différence qui permet à $\mathbf{DLLC}_2$ de continuer ce caractère présumé par le *comme si* après que la justification est produite. Une condition peut être présumée si elle est ajoutée à la liste sans qu'une justification vienne l'étayer, mais il n'est possible de faire *comme si* cette condition est réalisée qu'après justification. C'est uniquement si cette condition n'est pas propositionnellement justifiée mais ne peut être que procéduralement justifiée que le discours change de mode pour devenir subjonctif : un discours placé sous le joug de l'existence de la condition, comme si la condition était satisfaite. On comprend alors que le statut du discours ne pourra plus changer dans la partie. Pour qu'il puisse évoluer, il faudrait que l'ensemble $\mathcal{F}$ soit révisable. Or, nous avons supposé que cet ensemble est donné avant le début de la partie [231]. Si on considère φ^* comme étant vraie, cette sup-

---

[231]. Cette supposition était justifiée par le fait que notre but était autre : rendre logiquement compte, à travers un processus argumentatif, de l'usage qu'il peut être fait de normes relativement à un ensemble de faits. Il ne fut en aucun cas question de

position ne pourra par suite ni être montrée vraie, ni être montrée fausse. Le problème est qu'en raison du caractère statique de l'ensemble $\mathcal{F}$, une condition marquée de * ne peut jamais, par suite, être propositionnellement justifiée – c'est-à-dire montrée vraie – et ainsi perdre son caractère hypothétique. Par conséquent, la pratique du "comme si" telle qu'elle est formulée dans $\mathbf{DLLC}_2$ ne peut pas permettre d'exprimer de manière satisfaisante une présomption.

8.4.3 Cahier des charges pour $\mathbf{DLLC}_3$

Afin de poursuivre et d'améliorer notre système dialogique permettant de traiter des conditions juridiques il faudrait :

1. développer un système $\mathbf{DLLC}_3$ intégrant explicitement la possible redistribution de la charge de la preuve selon certains critères restant à déterminer et à formaliser ;
2. modifier le caractère statique de l'ensemble des faits.

Charge de preuve. Dans la Section 8.3.4, nous avons pu voir que si $\mathbf{DLLC}_1$ offre une redistribution de la charge de la preuve, cette redistribution force également un changement de ce qui doit être prouvé : $\mathbf{X}$ doit prouver que $\neg \varphi$ devient $\mathbf{Y}$ doit prouver que φ. Mais lorsque $\mathbf{X}$ doit prouver que φ n'est pas, n'est-il pas plus intuitif de considérer que $\mathbf{X}$ doit faire la preuve de la falsification de φ (à partir des faits dont il dispose) que de renvoyer à $\mathbf{Y}$ la preuve de la charge de φ ? Dans le Chapitre 6, Section 6.8.2, nous avons défini une règle structurelle permettant d'ouvrir une sous-partie au sein d'une partie afin d'être assuré qu'une formule n'est pas une tautologie, autrement dit qu'elle est falsifiable.

Comme nous en avons fait mention, cette règle structurelle reprend pour partie l'idée de l'opérateur F introduit dans Rahman et Tulenheimo (2007). L'opérateur F permet d'importer le caractère falsifiable d'un énoncé dans la portée de cet opérateur. En énonçant Fφ, le joueur $\mathbf{X}$ se commet à défendre qu'il peut falsifier φ, autrement dit que sous certaines conditions, preuve peut être faite que φ est faux. Il semble que ce soit ce que nous recherchons lorsqu'un joueur fait comme si une condition est satisfaite : nous voulons que le joueur adverse apporte la preuve que cette condition n'est pas vérifiée, c'est-à-dire qu'il fasse la démonstration que la condition est falsifiée.

Le problème est que si $\mathbf{X}$ oppose à φ^* un Fφ, le joueur $\mathbf{Y}$ challenge cet énoncé en clamant qu'il n'y a pas de condition sous laquelle φ peut

---

classifier les faits ou encore de fournir une procédure permettant de choisir les normes utilisables par rapport aux faits.

*Chapitre 8 : **DLLC**, limites et perspectives* 255

ne pas être défendue. Une fois de plus c'est le joueur **Y** qui doit faire la démonstration de φ ; ce qui pour notre propos n'est pas le but recherché. Une solution concernant ce point est peut-être à rechercher en direction de la logique intuitionniste.

Un ensemble de faits dynamique ? Pour rendre l'ensemble des faits dynamique, deux directions peuvent être distinguées. Il est possible soit :

- d'opérer une révision de l'ensemble des faits durant une partie ; ou
- d'établir une discussion préalable pour déterminer les éléments de cet ensemble des faits.

Alors que la première direction consiste essentiellement à fournir des critères de révision de l'ensemble $\mathcal{F}$ pour que puisse y être intégrées de nouvelles propositions au cours d'une partie, la deuxième direction nécessite une partie avant la partie.

Considérons la deuxième direction. V. Fiutek et S. Smets développent actuellement une sémantique des jeux fondée sur la théorie de l'argumentation permettant de déterminer si un agent est justifié dans son savoir. Dans un dialogue de ce type, les joueurs échangent des arguments tel que l'argument du joueur **X** attaque le dernier argument du joueur **Y**. La thèse du dialogue est dite justifiée si le joueur énonçant cette thèse est capable de fournir au moins un argument non attaqué par le joueur adverse. Dans la discussion préalable que nous pouvons envisager pour la constitution de l'ensemble $\mathcal{F}$, un fait particulier pourrait être considéré justifié s'il n'existe aucun fait permettant de l'attaquer. Cette procédure pourrait servir à légitimer l'ensemble $\mathcal{F}$ mais ne permettrait pas pour autant de rendre cet ensemble dynamique.

Cela étant, lorsqu'un joueur **X** n'est pas en mesure de se justifier propositionnellement ou procéduralement dans le cours d'une partie, pourquoi ne pas autoriser un retour à la discussion portant sur la justification des faits afin de mettre en discussion le fait f avancé par **X** dans le dialogue ? Dans le cas où le joueur **X** parviendrait à produire une justification pour f non attaquée par son adversaire, ce fait devrait être ajouté à l'ensemble $\mathcal{F}$. Par conséquent, le joueur **X** pourrait légitimement utiliser ce fait dans le dialogue en recourant à la justification propositionnelle. Nous obtiendrions ainsi une discussion permettant la constitution de $\mathcal{F}$ tout en introduisant un caractère dynamique sur cet ensemble : il serait alors possible de procéder à une expansion de l'ensemble des faits durant une partie.

Conclusion

A partir de la condition suspensive explorée dans le Chapitre 6 nous sommes parvenus à proposer une reconstruction de la notion de condition résolutoire. Cette reconstruction, nous l'avons souligné en divers occasions, suggère de nombreuses pistes de recherche tant sur la structure des dialogues – supposition sur le dialogue, ensemble de faits dynamique par le croisement de deux dialogues de nature différente – que sur leur objet d'étude – charge de la preuve, redistribution de la charge de la preuve.

A travers ce chapitre, plus que de véritablement explorer ces différentes pistes de recherches, nous avons souhaité en souligner la richesse et l'étendue.

Chapitre 9

Conclusion

Épistémologie et logique épistémique, une conciliation dans le droit

L'étude du lien entre logiques épistémiques et épistémologie à travers la notion d'argumentation nous a conduit de la dynamique de la logique épistémique à la la dynamique des conditions juridiques.

Du dynamisme de PAL

L'introduction de la notion d'information dans la logique épistémique par l'entremise d'annonces, d'événements épistémiques, a permis son tournant dynamique. Le caractère dynamique de ces logiques se situe dans la distinction entre les situations compatibles et celles incompatibles avec le savoir d'un ou plusieurs agents. Dans la logique épistémique statique, la distinction entre les alternatives épistémiques compatibles et celles incompatibles est fournie de manière rigide. Elle est donnée et est immuable. L'extension de cette logique par un opérateur dynamique a permis de briser le caractère statique de cette dichotomie par des événements épistémiques. Cet opérateur dynamique influe sur la connaissance des agents en agissant directement sur la dichotomie situation compatible - situation incompatible. Parce qu'il est supposé que ne peuvent être annoncées que des informations vraies [232], une annonce publique – un événement épistémique – force la compatibilité du savoir avec ce qui est annoncé par la suppression des situations ne vérifiant pas cette nouvelle information. Pour être exact cette information n'est pas à proprement parler nouvelle : c'est l'accès (public) à son caractère véridique qui est nouveau. Cet accès vient du mécanisme sémantique défini pour

---

[232]. Pour les raisons que nous avons exposées au Chapitre 3, Section 3.1.3.

cette opération d'annonce [233]. Une annonce force une mise à jour du modèle épistémique en supprimant toutes les situations incompatibles avec ce qui est annoncé. Par conséquent une annonce, par la mise à jour du modèle à laquelle elle mène, encode une manière de forcer la distinction entre les situations épistémiques. Comme toutes les situations incompatibles avec ce qui est annoncé sont supprimées, l'information introduite par l'annonce devient alors (la plupart du temps [234]) vraie dans toutes les situations restantes. Lorsque cette mise à jour est réussie le caractère public de l'événement (tous les agents ont un accès épistémique à cet événement) et la définition du savoir (vrai dans toutes les situations épistémiques) font de cet événement une connaissance commune [235].

La dynamisation interne au langage des logiques épistémiques a permis de renouveler les perspectives de recherche de ce domaine. Mais le mécanisme des opérateurs d'annonces publiques, permettant de dynamiquement modifier la partition compatibilité - incompatibilité des situations d'un modèle épistémique, peut être directement encodé dans un langage épistémique statique par l'ajout de conditions. L'aspect dynamique de ces logiques peut s'exprimer dans une équivalence statique, ce qui n'est pas le cas de la dynamique des dialogues que nous avons étudiés.

De l'irréductibilité du dynamisme des dialogues

Même si la dynamique interne de **PAL** peut de manière équivalente être traduite dans une forme statique et que **DEMAL** est construit à partir de ce langage dynamique – pouvant être réduit dans un langage statique –, la dynamique de **DEMAL** est irréductible à une forme statique. Elle est irréductible car externe au langage, elle provient de l'interaction entre les joueurs, c'est-à-dire directement du processus argumentatif. L'axiome "Permanence atomique" fournit une bonne illustration de ce point. Cet axiome établit une stricte équivalence logique entre une annonce φ ayant une postcondition booléenne p ($[\varphi]p$) et un conditionnel matériel tel que φ est l'antécédent et p le conséquent de ce conditionnel ($\varphi \rightarrow p$). Or contrairement à la théorie des modèles, les dialogues ont montré qu'ils n'écrasaient pas pour autant le dynamisme induit par l'opérateur d'annonce. Malgré une postcondition booléenne le dynamisme global de l'opérateur d'annonce est préservé. C'est unique-

---

233. Dans les Chapitres 5 et 6, respectivement Sections 5.7 et 6.5.1 nous avons pu voir que cette opération contient implicitement un caractère réflexif.

234. Ce n'est pas le cas lorsque la mise à jour échoue. Cf. Chapitre 3, Section 3.1.2 et Chapitre 4, Section 4.2.3

235. Sauf dans certains cas particuliers discutés dans le Chapitre 3.

ment son usage qui est restreint. Autrement dit ce n'est pas la nature du caractère dynamique qui change, c'est l'usage qu'il peut en être fait [236].

C'est cette notion d'usage qui est responsable de l'irréductibilité du caractère dynamique de **DEMAL**. Les notions d'usage et de dynamique sont intimement liées et déterminent comment les constantes logiques doivent être utilisées dans le processus d'interaction lors des échanges argumentatifs. La dynamique – par son caractère externe – fait directement partie de la définition des constantes logiques. C'est le propre des règles de particule que de définir dynamiquement l'usage de *chaque* constante logique, leur fournissant ainsi une signification originale. La dialogique est donc dynamique indépendamment de l'opérateur dynamique d'annonces. La dynamique de l'opérateur d'annonce publique introduit dans un dialogue une autre forme de dynamisme, un dynamisme de conditions ajoutées sur une partie. Ce dynamisme de conditions n'est pleinement révélé que lorsqu'il est couplé à des changements contextuels, autrement dit lors de la défense d'un argument épistémique.

Du dynamisme des conditions juridiques

La conjonction du dynamisme des conditions et de la nécessité épistémique pour le mettre en évidence dessine les contours de la porte d'entrée utilisée par Leibniz pour analyser formellement la notion de condition suspensive. C'est avec le langage de la logique épistémique dynamique comme bagage que nous avons également emprunté ce chemin. L'usage de la logique **PAL** s'est avéré pertinent et fructueux car, que soit pour Leibniz dans son analyse ou le droit contemporain (français), la condition d'une obligation conditionnelle est considérée comme un événement faisant l'objet d'un défaut épistémique. La valeur de vérité de cette condition, c'est-à-dire si cet événement arrivera ou pas, doit être premièrement ignorée. La détermination de la valeur de vérité de cette condition doit émaner d'un *événement* pour le droit contemporain et d'une *certification* selon l'analyse de Leibniz. Ces deux concepts, nous l'avons montré dans le Chapitre 6, se rejoignent dans la signification du concept d'annonce publique – d'événement épistémique.

L'étude de la détermination d'une condition dans une structure argumentative permet de penser la valeur de cette détermination non pas en termes de vérité mais en termes de défense et de justification. Nous avons exploré la problématique de la justification à travers la formulation de dialogues matériels dans le Chapitre 7. Dans ce chapitre nous avons esquissé une généralisation du traitement logique de la notion de condition

---

[236]. Cf. Chapitre 5, Section 5.6.1.

dans le droit par l'intermédiaire de normes exprimées via des propositions conditionnelles. L'étude des normes juridiques par l'entremise de propositions conditionnelles ouvre la voie pour comprendre la science du droit comme une pratique argumentative sur le droit. Pour autant les questions liées aux faits et à la charge de leur preuve suggèrent davantage des pistes de réflexions en directement en rapport avec une pratique argumentative du droit. Ce champ de recherche n'en est qu'à ses débuts et, comme nous l'avons notifié dans le Chapitre 8, de nombreuses pistes méritent d'être mais restent encore à explorer.

*

* *

La conciliation de l'épistémologie et de la logique épistémique dans le droit annonce les prémisses d'une épistémo-logique juridique sur fond de pratiques argumentatives.

Annexe A

Annonce publique et autres conditionnelles

Résumé de l'annexe : Cette annexe est le résultat d'une interrogation récurrente : pourquoi l'annonce publique n'est pas un conditionnel ? Afin de fournir une réponse à cette question, c'est d'abord une histoire de la notion de condition dans la logique qui est développée avant de comparer l'opérateur d'annonce publique avec différentes formes de condition. Si notre but premier était de distinguer l'opérateur d'annonce publique des propositions conditionnelles, nous montrons que cet opérateur dissimule en réalité une forme de condition particulière : une condition épistémique. Nous aboutissons à cette conclusion après avoir comparé cet opérateur avec :
- Le conditionnel matériel qui offre une première possibilité de réduction d'une annonce publique à un conditionnel lorsque la postcondition de l'annonce est booléenne. Mais il est mis en échec lorsque la postcondition est modale.
- Différentes relations conditionnelles modales, mais aucune de ces relations conditionnelles modales ne parvient à dynamiser la partition entre situations épistémiquement compatibles et incompatibles avec le savoir d'un agent.
- Le conditionnel connexe qui aurait pu être satisfaisant mais qui manque également la dimension dynamique et épistémique de l'annonce.

A.1 Introduction

Le conditionnel est le connecteur qui, dans une proposition hypothétique – c'est-à-dire de la forme *si φ alors ψ* – relie un *antécédent* et un *conséquent*. Est désignée par antécédent *la condition* du raisonnement hypothétique alors que sa *conclusion* est désignée par le terme de conséquent. Une proposition hypothétique semble promettre que le conséquent suit de l'antécédent. C'est-à-dire que si l'antécédent est, alors le conséquent est également.

Nous allons voir que si tous les logiciens s'accordent à dire qu'une proposition conditionnelle commence par un antécédent pour se terminer par le conséquent, tous ne s'accordent pas sur les conditions de satisfaction d'une proposition de ce type. Les critères permettant de satisfaire la relation entre antécédent et conséquent manifestent la notion de *condition* engagée par et dans le formalisme logique. La formalisation des énoncés hypothétiques dépend de la valeur accordée à la notion de condition. Si les propositions conditionnelles permettent de logiquement calculer sur des raisonnements hypothétiques, le calcul se fait en fonction de la connexion entre antécédent et conséquent. La définition que l'on attribue au terme de condition est donc cruciale et peut varier de la simple consécution de propositions à la conséquence logique.

Dans notre exposition, nous privilégierons le terme de *conditionnel* à celui couramment utilisé d'*implication*. Nous justifions notre choix par l'argument suivant : dire qu'une proposition en implique une autre, c'est dire plus qu'affirmer une relation conditionnelle, c'est dire que le conditionnel est logiquement vrai : « l'implication est la validité du conditionnel[237] ». Si l'implication est la validité du conditionnel, le conditionnel n'est pas pour autant nécessairement une implication. Alors qu'une relation conditionnelle connecte des propositions entre elles, une relation d'implication mentionne une propriété logique particulière qu'entretiennent entre elles ces propositions. Ce rapport est manifesté par le théorème de la déduction. Ce théorème montre que l'équivalence entre implication logique et proposition conditionnelle ne tient que lorsque le conditionnel est vrai indépendamment de toute prémisse, soit qu'il est valide.

Par conséquent, si d'une implication suit nécessairement une proposition conditionnelle valide, d'une proposition conditionnelle (contingente) ne suit pas nécessairement une implication. Nous réservons donc le terme d'implication pour le méta-langage, c'est-à-dire pour parler de la validité

---

237. Cf. Quine (1982), VII, p. 46.

$$\varphi \vDash \psi \quad \text{ssi} \quad \vDash (\varphi \rightarrow \psi)$$

TABLE A.1 – Théorème de la déduction

d'une conditionnelle, alors que nous utiliserons le terme de conditionnel pour discourir à propos des connecteurs logiques de la forme *si...alors*.

L'opérateur d'annonce publique de **PAL** que nous avons présenté dans le Chapitre 2 suggère une compréhension, voire une assimilation à une forme conditionnelle aussi bien par son interprétation que par sa sémantique[238]. En même temps, cette même sémantique nous apprend que cet opérateur produit une opération sur le modèle qui n'est a priori connue d'aucun conditionnel. Dans ce chapitre, nous nous donnons donc pour tâche de répondre aux questions suivantes : l'opérateur d'annonce publique est-il un conditionnel ? Si cet opérateur est un conditionnel, quelle est la notion de condition sous-jacente à cet opérateur ?

Pour répondre à ces questions, nous allons tacher de mettre en lumière le ou les points de similitudes ainsi que la ou les différences entre l'opérateur d'annonce publique et différentes formes de propositions conditionnelles. Notre but est de préciser la notion de condition inhérente à cet opérateur d'annonce en le comparant à ces autres formes de conditionnalité. Dans la Section A.2, nous dressons un panorama de la notion de condition et des types de raisonnement hypothétique qui en découlent. La section suivante reprend chacune des formes de conditionnalité de la Section A.2 pour les confronter et les comparer à l'opérateur d'annonce publique : le conditionnel matériel dans la Section A.3.1, puis deux formes modales de propositions conditionnelles dans la Section A.3.2 et enfin le conditionnel connexe dans la Section A.3.3. Suite à ces confrontations, une réponse à la question posée est donnée dans la Section A.4.

A.2 Brève histoire du conditionnel

La notion de condition ainsi que les différentes formes de propositions conditionnelles qui en découlent peuvent servir de fil conducteur à l'histoire de la logique. Cette notion est discutée depuis les débuts de la logique. Les premières traces d'approches formelles de la notion de

---

238. Cf. Section A.2.4 pour une présentation de l'interprétation et de la sémantique de cet opérateur dans ce chapitre.

condition se trouvent chez les Mégariques, puis chez les Stoïciens. On retrouve des éléments de l'analyse mégaréenne du conditionnel chez de G. Frege[239] ; analyses ensuite reprises dans les travaux de B. Russell[240] et Whitehead.[241] Parallèlement à ces derniers travaux, H. MacColl a proposé différentes analyses de la proposition conditionnelle[242]. Certaines des réflexions de H. MacColl furent ensuite récupérées et systématisées sous le nom de conditionnel strict par C. I. Lewis[243]. Ces travaux permirent d'ouvrir la voie de la logique modale au sein de laquelle l'opérateur d'annonce publique est aujourd'hui formulé.

A.2.1 Le conditionnel matériel

Les premières traces que nous ayons du raisonnement conditionnel se trouvent chez Philon de Mégare. Une proposition conditionnelle unit deux propositions, ces deux propositions pouvant chacune être soit vraie, soit fausse : quatre cas concernant la valeur de vérité de la proposition hypothétique sont à considérer. Philon donne la définition suivante pour ces quatre valeurs :

Définition 34 (Conditionnel de Philon). « Le raisonnement hypothétique peut être vrai de trois manières mais faux que d'une seule : il est vrai lorsque commençant par le vrai il finit par le vrai, [...] puis de nouveau lorsque commençant par le faux il finit par le faux, [..] et de même lorsque commençant par le faux il finit par le vrai [...]. Il est faux seulement lorsque commençant par le vrai il finit par le faux »[244].

Via cette notion de condition, les énoncés conditionnels se laissent capturer par l'analyse vérifonctionnelle d'un traitement formel[245]. La proposition à gauche du conditionnel matériel correspond à l'antécédent et représente la *condition* (si) tandis que la proposition de droite représente la *conclusion* (alors).

En prêtant attention aux conditions de satisfaction, décrites dans la Table A.2, on s'aperçoit que dans trois cas sur quatre une proposition de cette forme est vraie. Une proposition conditionnelle est vraie lorsque antécédent et conséquent sont conjointement vrais (cas 1). Il en va de même si antécédent et conséquent sont conjointement faux (cas 2). Si le

---

239. Cf. Frege (1879).
240. Cf. Russell (1903).
241. Cf. Russell et Whitehead (1910).
242. Cf. MacColl (1906).
243. Cf. Lewis (1918).
244. Cf. Sextus (2005) II, 113, 114, p. 112.
245. Cf. Table A.2.

	φ	ψ	$\varphi \to \psi$
cas 1	vrai	vrai	vrai
cas 2	faux	faux	vrai
cas 3	faux	vrai	vrai
cas 4	vrai	faux	faux

TABLE A.2 – Table de vérité du conditionnel matériel

conséquent est vrai, peu importe la valeur de vérité de la condition (l'antécédent). L'unique manière de rendre fausse une proposition exprimant un conditionnel philonien est de montrer que bien que la condition soit satisfaite cela n'entraîne pas la satisfaction de son conséquent (cas 4).

Remarque : Cette conception de la relation conditionnelle produit deux paradoxes que la table de vérité ci-dessus met en évidence :
- lorsque l'antécédent est faux, le conditionnel est vrai indépendamment de la conclusion (cas 2 et 3),
- lorsque le conséquent est vrai, le conditionnel est vrai indépendamment de la condition (cas 1 et 3).

Ces deux paradoxes trivialisent la relation conditionnelle en négligeant l'idée même d'une relation entre antécédent et conséquent.

Cette définition de la conditionnalité permet essentiellement de mettre en évidence la démarche à suivre pour invalider un raisonnement conditionnel : il faut montrer que de la satisfaction de l'antécédent ne suit pas la satisfaction du conséquent. Autrement dit, il suffit de monter que la vérité de l'antécédent ne conditionne pas la vérité du conséquent.

G. Frege[246] parvient au même dénombrement de cas pour le raisonnement conditionnel. Il exclut le cas 4 comme définition de la notion de condition de ce type de raisonnement. C'est B. Russell qui nomme *conditionnel matériel* cette forme de conditonnalité[247].

Définition 35 (Définition modèle théorique du conditionnel matériel). Cette définition est donnée dans la Table A.3.

Cette définition est la plus faible notion de condition qui puisse être car elle ne suppose aucun lien logique entre antécédent et conséquent. Deux propositions indépendantes sont simplement unies de manière asymétrique de telle sorte que les conditions de vérité d'un conditionnel

---
246. Cf. Frege (1879), I, § 5.
247. Cf. Russell (1903) § 37.

$$\mathcal{M}, w \vDash \varphi \to \psi \quad \text{ssi} \quad \mathcal{M}, w \vDash \neg\varphi \text{ ou } \mathcal{M}, w \vDash \psi$$

TABLE A.3 – Sémantique modèle théorique du conditionnel matériel

matériel peuvent s'exprimer dans une disjonction ou dans une conjonction. C'est-à-dire qu'une proposition de la forme $\varphi \to \psi$ est identique à :

1. $\neg\varphi \vee \psi$, soit une disjonction dans laquelle l'antécédent du conditionnel est nié (inclusion des cas vrais de la Table A.2 : cas 1, 2 et 3), ou

2. $\neg(\varphi \wedge \neg\psi)$, soit la négation de la conjonction de l'antécédent et de la négation du conséquent du conditionnel (exclusion du cas faux de la Table A.2 : cas 4).

Dans la mesure où le conditionnel matériel traduit une simple juxtaposition de propositions, la notion de condition qui lui est sous-jacente est assez éloignée de l'intuition que l'on peut avoir de cette notion et semble davantage être proche de celle de consécution. Qui plus est, cette définition mène à des paradoxes : si une proposition est fausse, elle peut être la condition de n'importe quelle autre proposition et si une proposition est vraie elle peut être conditionnée par n'importe quelle autre proposition sans que cela n'affecte la valeur de vérité de la relation conditionnelle. Ces conséquences paradoxales sont connues depuis Philon. Diodore de Cronos, maître de Philon, lui contestait déjà cette définition trop vague de la notion de condition. Diodore attaqua le caractère atemporel de la définition en argumentant qu'à travers le temps, la valeur de vérité de l'antécédent et du conséquent pouvait changer et proposa la définition suivante :

Définition 36 (Conditionnel de Diodore). « Un énoncé conditionnel est vrai lorsqu'il n'a pas pu, ni ne peut commencer par le vrai pour finir par le faux [248] ».

La différence semble être infime mais elle induit une distinction conceptuelle non négligeable. La définition que donne Diodore de Cronos d'un énoncé conditionnel comporte une dimension temporelle et un caractère modal : *dans le temps, il est possible que...* Cette caractéristique mo-

---

248. Cf. Sextus (2005) II, 115, 116, p. 112.

dale de la relation conditionnelle fut pointée des siècles plus tard par H. MacColl [249].

A.2.2 Le conditionnel strict

Alors que les premières discussions contemporaines sur les paradoxes du conditionnel matériel ainsi que les premiers travaux en direction de la logique modale qui en découlent sont communément attribués à C. I. Lewis, ceux-ci nous viennent en réalité de H. MacColl [250]. Ce dernier, dans une démarche inverse à celle de Philon, essaie de resserrer la notion de condition afin de la rapprocher davantage de celle d'implication, de sorte qu'il y ait un lien plus étroit entre antécédent et conséquent qu'une simple adjonction de termes. H. MacColl reproche au conditionnel conçu comme adjonction de ne pas être suffisamment proche de ce que l'on peut attendre de la notion de condition. Selon lui, si l'antécédent d'un raisonnement hypothétique est vrai, le conséquent l'est nécessairement aussi. Il qualifie cette relation de fondamentale dans toute activité de pensée. La fonction de la raison est de faire sortir de nouvelles connaissances de celles que l'on possède déjà ; or le raisonnement hypothétique, en tant que simple adjonction de proposition, n'a rien à nous apprendre de plus que nous ne savons déjà [251]. De plus, l'adjonction de propositions ne manifeste aucun caractère nécessaire dans la relation conditionnelle qu'entretiennent ces deux propositions.

Ces considérations conduisent H. MacColl à dépasser les valuations booléennes *vrai* et *faux* pour faire entrer dans le langage objet la notion de nécessité. Son but est de forcer, au sein même du langage objet, la nécessité manifestée dans l'implication logique. Ainsi la condition n'est plus une adjonction de propositions, mais une relation nécessaire entre propositions. Il aboutit donc à une définition modale de la notion de condition :

---

249. Cf. MacColl (1906) ainsi que divers échanges épistolaires qu'il eut avec, entre autres, B. Russell. Cf. Rahman et Redmond (2008) pour une réédition de ces échanges. Il est par ailleurs intéressant de constater que le débat entre B. Russell et H. MacColl à propos de la définition du conditionnel semble analogue à celui entre Philon et Diodore.
250. Cf. Read (1999) et Rahman et Redmond (2008).
251. H. MacColl illustre la distinction entre le conditionnel matériel et sa notion de conditionnelle par la différence de capacités intellectuelles entre les hommes et les animaux, cf. MacColl (1902) § 31, p. 367–368.

Définition 37 (Conditionnel de MacColl). « La formule $\varphi \to \psi$ signifie que $(\varphi \wedge \neg\psi)$ est impossible [252] ».

Le définition du conditionnel de H. MacColl stipule qu'il est impossible que le conditionnel soit vrai si φ est vrai alors que ψ ne l'est pas. Bien que ne comportant aucune dimension temporelle, ce conditionnel se rapproche de la définition de Diodore, au moins dans l'impossibilité d'avoir un conditionnel vrai commençant par le vrai et se terminant avec le faux [253]. Dans un langage modal standard, « *il est impossible que φ et $\neg\psi$* » se traduit par : $\neg\Diamond(\varphi \wedge \neg\psi)$. Par équivalence $\neg\Diamond(\varphi \wedge \neg\psi)$ correspond à $\Box(\varphi \to \psi)$, autrement dit au conditionnel strict (Cf. Table A.4).

a. $\neg\Diamond(\varphi \wedge \neg\psi)$		*il est impossible que φ et $\neg\psi$*
b. $\Box\neg(\varphi \wedge \neg\psi)$		(a) par définition de $\Box$ et $\Diamond$
c. $\Box(\varphi \to \psi)$		(b) par équivalence entre $\to$ et $\wedge$

TABLE A.4 – MacColl et le conditionnel strict

Définition 38 (Définition modèle théorique du conditionnel strict). Cette définition est donnée dans la Table A.5

$$\mathcal{M}, w \vDash \Box(\varphi \to \psi) \quad \text{ssi} \quad \begin{array}{l} \mathcal{M}, w' \vDash \varphi \to \psi \text{ pour tout} \\ w' \in \mathcal{W} \text{ tel que } w\mathcal{R}w' \end{array}$$

TABLE A.5 – Sémantique modèle théorique du conditionnel strict

Le conditionnel strict n'est autre qu'un conditionnel matériel nécessaire. Le caractère modal de ce conditionnel permet de différencier les situations où le conditionnel matériel est vrai trivialement parce que l'antécédent est faux des situations où ce conditionnel est vrai parce que antécédent et conséquent sont vrais. Alors que $\varphi \to \psi$ signifie simplement qu'on ne peut avoir à la fois φ et $\neg\psi$, le conditionnel strict $\Box(\varphi \to \psi)$ va au delà. Il impose qu'on ne puisse jamais avoir en même temps φ et $\neg\psi$.

---

252. Cf. MacColl (1908) : « Le symbole (AB')$^\eta$ signifie que AB' est impossible », nous avons pris la liberté de traduire le formalisme de H. MacColl dans celui de la logique contemporaine afin de pouvoir le comparer à d'autres définitions du conditionnel.
253. Cf. Définition 36.

Pour autant le conditionnel strict n'est pas non plus exempt de paradoxes. Bien que resserrant le lien entre antécédent et conséquent pour les propositions contingentes, le caractère nécessaire de ce conditionnel déplace les paradoxes du conditionnel matériel à un niveau modal. C'est-à-dire que :

1. si une proposition est nécessairement vraie, toute proposition peut être mise comme condition sans influer sur la vérité du conditionnel strict, et
2. si une proposition est nécessairement fausse, alors elle peut être la condition de n'importe quelle proposition sans que la vérité du conditionnel strict soit affectée.

Les paradoxes du conditionnel matériel se sont déplacés sur un plan modal et nous retrouvons la trivialisation inhérente à la définition de ce conditionnel.

A.2.3 Le conditionnel connexe

Les définitions modales du conditionnel, que ce soit celle de Diodore ou celle de H. MacColl ne permettent pas de dépasser la trivialisation de la notion de condition. Cette insatisfaction était déjà connue des anciens, en témoigne la poursuite stoïcienne des discussions entamées chez les Mégariques. Les Stoïciens, en plus des deux définitions du conditionnel qui nous sont parvenues de Philon et de Diodore, nous en ont fournit deux autres que nous présentons ci-dessous.

Définition 39 (Conditionnel inclusif). [254] « Un conditionnel est vrai si le conséquent est contenu en puissance dans l'antécédent [255] ».

Nous n'avons que peu de trace de cette forme de conditionnalité. Selon Sextus, une telle conception du conditionnel contraint à rendre fausse une proposition de la forme « *S'il est jour, il est jour* » ; ainsi que toutes celles dont l'antécédent est répété dans le conséquent.

La seconde définition stoïcienne de la notion de conditionnel est celle dont Sextus nous dit qu'il est raisonnable de penser qu'elle soit de Chrisyppe.

Définition 40 (Conditionnel de Chrisyppe). « Ceux qui introduisent la connexité disent qu'une proposition hypothétique est valide lorsque la contradictoire de la conclusion est incompatible avec son antécédent [256] ».

---

254. Conditionnel qualifié ainsi par R. Blanché, cf. Blanché (1970) p. 110.
255. Cf. Sextus (1997) II, 11, 112, p. 263–265.
256. Cf. Sextus (1997) II, 11, 111, p. 263.

Cette définition, faisant du conditionnel une proposition dont la contradictoire du conséquent est incompatible avec l'antécédent, correspond à la définition contemporaine du conditionnel connexe [257]. Cette définition resserre considérablement le lien entre antécédent et conséquent. Si la négation du conséquent ne peut découler de l'antécédent, cela signifie que si le conditionnel est vrai, de la vérité de l'antécédent, la négation du conséquent ne peut pas suivre. Autrement dit, le conséquent est dérivé de l'antécédent et n'est donc pas une proposition qui lui est simplement adjointe. Par contre, tout conditionnel de la forme :

1. $\neg \varphi \to \varphi$
2. $\varphi \to \neg \varphi$

est, par définition de la relation conditionnelle connexe, invalide. Les formules (1) et (2) sont plus souvent connues sous leur forme valide :

3. $\neg(\neg \varphi \to \varphi)$
4. $\neg(\varphi \to \neg \varphi)$

Le conditionnel (3) illustre la validité de la négation du conditionnel (1) ; tandis que le conditionnel (4) illustre la validité de la négation du conditionnel (2). Les validités (3) et (4) sont respectivement connus sous les noms de *Première thèse connexe aristotélicienne* et *Première thèse connexe boécienne*. Ces deux principes forment les axiomes de la logique connexe :

5. $(\varphi \to \psi) \to \neg(\neg \varphi \to \psi)$
6. $(\varphi \to \psi) \to \neg(\varphi \to \neg \psi)$

S. McCall[258] nomme la proposition (5) *Seconde thèse connexe aristotélicienne* et la proposition (6) *Seconde thèse connexe boécienne*. Une conséquence immédiate de l'acceptation des thèse connexes est l'invalidation du théorème de la disjonction de la logique classique.

Considérons le théorème classique de la disjonction : $\neg \varphi \vee \varphi$ (Table A.6). Si $\neg \varphi \vee \varphi$ est un théorème alors, par redondance des deux disjoints, $(\neg \varphi \vee \neg \varphi) \vee (\varphi \vee \varphi)$ est également un théorème. Cette réécriture du théorème de la disjonction, par la définition du conditionnel matériel, est équivalente à $(\varphi \to \neg \varphi) \vee (\neg \varphi \to \varphi)$. Si nous nions ce théorème, nous obtenons la formule : $\neg(\varphi \to \neg \varphi) \wedge \neg(\neg \varphi \to \varphi)$, où le premier conjoint (e) n'est autre que la première thèse connexe d'Aristote (3), et le second conjoint (f) celle de Boèce (4).

---

257. Cf. McCall (1964).
258. Cf. McCall (1966).

a. ⊢ ¬φ ∨ φ	théorème de la disjonction
b. ⊢ (¬φ ∨ ¬φ) ∨ (φ ∨ φ)	(a) redondance
c. ⊢ (φ → ¬φ) ∨ (¬φ → φ)	(b) définition du conditionnel matériel →
d. ⊢ ¬(φ → ¬φ) ∧ ¬(¬φ → φ)	(c) négation
e. ⊢ ¬(φ → ¬φ)	(d) définition de la conjonction
f. ⊢ ¬(¬φ → φ)	(d) définition de la conjonction

TABLE A.6 – Négation du théorème classique de la disjonction

En invalidant le syllogisme disjonctif, les axiomes connexes empêchent la réduction de la relation conditionnelle à une disjonction. La trivialisation de ce connecteur se voit donc être impossible. Définir une relation conditionnelle pour laquelle il est impossible de faire suivre la négation du conséquent de la satisfaction de l'antécédent impose de

1. prendre pour axiome les deux premières thèses connexes, et
2. introduire un nouveau connecteur conditionnel connexe "⇒" irréductible au conditionnel matériel "→".

Mais, cela nous contraint également à quitter la logique classique pour une logique non-classique.

Bien que le conditionnel connexe ne soit pas à proprement parler un connecteur modèle théorétique, Rahman et Redmond (2008) proposent une formulation modèle théorétique du conditionnel connexe[259]. Ce conditionnel y est définit comme étant un conditionnel strict recevant les trois restrictions méta-logiques suivantes :

1. l'antécédent ne doit pas être une contradiction,
2. le conséquent ne doit pas être une tautologie,
3. $\mathcal{R}$ doit comporter une dimension réflexive.

Les conditions (1), (2) et (3) sont introduites afin de rendre valide les premières thèses connexes décrites ci-dessus.

Définition 41 (Définition modèle théorique du conditionnel connexe). Cette définition est donnée dans la Table A.7.

Bilan. L'incompatibilité de la négation du conséquent avec l'antécédent traduit un choix philosophique sur la notion de condition : vouloir ne pas ignorer le sens de la signification de la connexion entre antécédent

---
259. Cf. Rahman et Redmond (2008) p. 51–54.

$$\mathcal{M}, w \vDash \varphi \Rightarrow \psi \text{ ssi } \mathcal{M}, w' \vDash \varphi \to \psi \quad \begin{array}{l} 1.\ \varphi \text{ n'est pas une contradiction,} \\ 2.\ \psi \text{ n'est pas une tautologie,} \\ 3.\ \forall w' \text{ tel que } w \neq w' \text{ ou } w = w'. \end{array}$$

TABLE A.7 – Sémantique modèle théorique du conditionnel connexe

et conséquent lorsque le conditionnel est valide. Alors que la définition philonienne révèle une notion de condition comprise comme une simple consécution ; la définition chrisyppéenne tend, elle, davantage vers la notion de conséquence logique.

A.2.4 Pourquoi l'annonce parmi les conditionnels ?

L'opérateur d'annonce publique de **PAL**, $[\varphi]\psi$, suggère une forme de conditionnalité. Cette forme de conditionnalité se retrouve aussi bien du point de vue syntaxique que sémantique.

Une annonce publique $[\varphi]\psi$ signifie : « *Si φ est annoncée publiquement, alors après cette annonce ψ* ». L'interprétation que reçoit cet opérateur reprend bien la forme d'un conditionnel, mais à cette dernière est ajoutée une condition supplémentaire, la formule ψ n'est considérée qu'après l'exécution de l'annonce. Il semble donc que non seulement cet opérateur procède de la forme conditionnelle mais qu'en plus il conditionne la condition : la condition doit être annoncée publiquement. Dans ce cas, la notion de condition engagée est double : la proposition ψ est placée sous la condition φ, qui est elle-même sujette à la condition de son exécution, autrement dit à son annonce. Cette spécificité de l'opérateur d'annonce publique semble infime, mais les conséquences qui en découlent sont non négligeables.

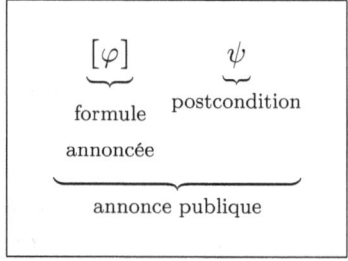

TABLE A.8 – Forme de l'opérateur d'annonce publique

L'opérateur d'annonce publique, comme tout conditionnel, est constitué de deux formules (cf. Table A.8). Pour les conditionnels dont nous avons traité, nous avons et continuerons d'utiliser les termes d'*antécédent* et de *conséquent*. En ce qui concerne l'opérateur d'annonce publique, la première formule est celle qui est annoncée. La précondition pour que cette formule puisse être annoncée est qu'elle soit vraie. Une précondition est une condition requise pour exécuter une certaine action, en l'occurrence être annoncée. L'exemple paradigmatique de précondition souvent utilisé est celui du code d'un coffre fort qu'il est nécessaire de posséder afin de pouvoir l'ouvrir. Sans le code, il est impossible d'ouvrir le coffre. Pour autant, si ce code est une condition nécessaire, il reste insuffisant à l'ouverture du coffre, il faut que ce code soit utilisé. Cette utilisation correcte correspond à ce que nous avons nommé exécution. La seconde formule constituante d'une annonce publique correspond aux conséquences de l'annonce, c'est-à-dire à l'effet produit par l'acte d'annonce, autrement dit à ce qui est impliqué par l'annonce. Si nous continuons notre exemple avec le coffre fort, cette formule correspond à ce que produit l'exécution du code : l'état « coffre-ouvert ». Pour cette raison, elle est désignée par le terme *postcondition* et non par celui de conséquent. Ce n'est pas à proprement parler une conséquence au sens de ψ suit logiquement de φ, mais plus au sens de ce qui résulte de la satisfaction de la condition : après l'exécution de φ, ψ est obtenue.

Du point de vue sémantique, la définition conditionnelle de l'annonce publique induit également l'idée d'une réduction, ou du moins un rapprochement, de cet opérateur à une forme de conditionnel, en témoigne sa définition sémantique ci-dessous.

Définition 42 (Définition modèle théorique de l'annonce publique). Cette définition est donnée dans la Table A.9.

$$\mathcal{M}, w \vDash [\varphi]\psi \quad \text{ssi} \quad \mathcal{M}, w \vDash \varphi \text{ implique } \mathcal{M}^\varphi, w \vDash \psi$$

TABLE A.9 – Sémantique modèle théorique de l'opérateur d'annonce

Si φ est annoncée (partie gauche de l'implication sémantique), alors toutes les situations incompatible avec la formule annoncée avant son annonce sont supprimées du modèle considéré (partie droite de l'implication sémantique). L'acte d'annonce implique que la postcondition soit également satisfaite au regard de l'annonce venant d'avoir lieu.

En ce sens, l'acte d'annonce dissimule une forme de nécessité. Reconsidérons l'exemple du code et du coffre fort. Une fois que le code a été correctement utilisé, il n'y a plus lieu de considérer, par rapport à la situation actuelle, un ensemble de situations au sein desquelles le code n'a pas été correctement utilisé, soit il est nécessaire que dans toutes situations considérées, le code a été correctement utilisé. Par conséquent, il semblerait que la notion de condition manifestée par la relation de dépendance entre pré et postcondition exprime quelque chose de plus que celle entre antécédent et conséquent d'un conditionnel.

Dans la sémantique, cette forme de nécessité est traduite par une réduction des situations possibles du modèle, c'est-à-dire par le passage de modèle $\mathcal{M}$ au sous-modèle $\mathcal{M}^\varphi$ illustré Table A.10. L'annonce modifie le modèle. Il y a un état du modèle avant l'annonce et un état du modèle après l'annonce. L'opérateur d'annonce *opère* une transformation du modèle en le réduisant à l'ensemble des situations satisfaisant la formule annoncée avant son annonce. Si φ est annoncée publiquement, après cette annonce, le modèle se voit réduit aux situations vérifiant φ avant que cette proposition ne soit annoncée. Cette opération de réduction n'est en rien produite par un conditionnel, qu'il soit matériel, strict ou connexe.

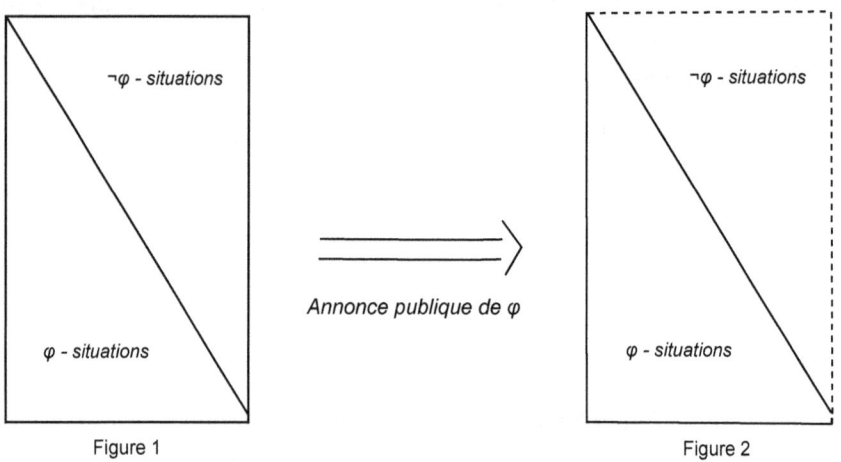

TABLE A.10 – Annonce publique et réduction du modèle

A.3 Annonce publique *vs.* conditionnels

Dans cette section nous confrontons l'opérateur d'annonce publique à d'autres formes de conditionnalité à partir d'un exemple. Nous commençons avec le conditionnel matériel, continuons avec deux formes modales de conditionnalité, pour terminer avec le conditionnel connexe.

A.3.1 Annonce publique et conditionnel matériel

En suivant la sémantique de l'annonce publique, le conditionnel matériel semble apparaître comme étant à la fois la forme de conditionnel la plus naturelle et la plus simple pour essayer de comprendre cet opérateur. Effectivement, quoi de plus immédiat que de vouloir réduire « *si φ est annoncée publiquement, alors après cette annonce ψ* » à « *si φ alors ψ* », ? Qui plus est, cette tentative de réduction s'avère être légitimée sous certaines conditions que nous expliciterons par suite [260]. Ce qui permet de différencier un opérateur d'annonce publique d'un conditionnel matériel n'est pas la formule annoncée mais la postcondition de cet opérateur l'annonce. Indépendamment de la complexité que peut revêtir la formule annoncée, la postcondition peut être soit d'ordre factuel [261], soit d'ordre épistémique ou une annonce publique. Si cette dernière est une annonce publique, les deux annonces sont contractées en une seule annonce. La question est reportée sur la postcondition de cette deuxième annonce, pour cette raison nous ne considérons que les deux premiers cas [262].

Annonce publique et postcondition factuelle

Commençons par considérer le cas où une annonce publique a pour postcondition une proposition factuelle. Prenons pour exemple la moins complexe des propositions factuelles : la proposition atomique p. Supposons que la proposition $[\varphi]p$ est vraie dans un modèle $\mathcal{M}$ dans une situation s_0. Par définition de l'opérateur d'annonce publique (cf. Définition 42), $\mathcal{M}, s_0 \vDash [\varphi]p$ si et seulement si $\mathcal{M}, s_0 \vDash \varphi$ implique $\mathcal{M}^\varphi, s_0 \vDash p$. Par conséquent si $\mathcal{M}, s_0 \vDash [\varphi]p$: soit (1) $\mathcal{M}, s_0 \nvDash \varphi$, soit (2) $\mathcal{M}^\varphi, s_0 \vDash p$.

1. Supposons que $\mathcal{M}, s_0 \vDash [\varphi]p$ soit satisfait parce que $\mathcal{M}, s_0 \nvDash \varphi$.

    Dans ce cas, quelle incidence a la proposition φ sur la proposition p ? La réponse est aucune. Si la formule qui doit être annoncée

---

[260]. Il existe des cas où opérateur d'annonce publique et conditionnel matériel sont strictement identiques.
[261]. Une proposition d'ordre factuelle est une proposition qui ne comporte aucun opérateur épistémique.
[262]. Cf. Chapitre 5, Section 5.7.1, Table 5.18.

est fausse, l'annonce ne peut pas être faite. Il n'y a pas ici de modification du modèle $\mathcal{M}$ en $\mathcal{M}^\varphi$, les formules continuent donc d'être évaluées dans le modèle $\mathcal{M}$. Par conséquent cela ne modifie pas la postcondition qui est donnée ($\mathcal{M}, s_0 \vDash p$ ou $\mathcal{M}, s_0 \vDash \neg p$). Bien que la formule qui doit être annoncée est fausse, la valeur de vérité de la postcondition factuelle ne change pas.

Contingentement, cette annonce se comporte donc comme un conditionnel matériel dont l'antécédent est faux.

2. Supposons à présent que $\mathcal{M}, s_0 \vDash [\varphi]p$ soit satisfait parce que la proposition p est vraie en s_0 après l'annonce de φ, soit : $\mathcal{M}^\varphi, s_0 \vDash p$. Par définition de $\mathcal{M}^\varphi$, nous avons $\mathcal{W}'$ tel que $\mathcal{W}' = \{w' \in \mathcal{W} | \mathcal{M}, w' \vDash \varphi\}$. De $\mathcal{M}^\varphi, s_0 \vDash p$, nous déduisons donc $\mathcal{M}, s_0 \vDash \varphi$. Une fois de plus cette annonce se comporte donc comme un conditionnel matériel dont l'antécédent est vrai et le conséquent vrai (cas 1 de la Table A.2).

Observons l'impact que produit l'annonce φ sur la proposition p. Les effets de cette annonce publique sont illustrés dans la Table A.11, ce modèle épistémique est défini ci-dessous [263].

Soit $\mathcal{M}$ tel que :
- $\mathcal{W} := \{s_0, s_1\}$,
- $\mathcal{R} := \{s_0, s_1\}$,
- $\mathcal{V}_p := \{s_0, s_1\}$ et $\mathcal{V}_\varphi := \{s_0\}$

L'annonce publique φ est faite dans la situation s_0 où nous supposons que p est vrai. Si la proposition φ est annoncée en s_0, φ est également vraie en s_0. Nous avons donc une situation s_0 où les proposition p et φ sont toutes deux vraies.

La figure 1 de la Table A.11 représente le modèle avant que l'annonce publique ne soit faite alors que la figure 2 représente le même modèle après l'annonce publique de φ. Conformément à la sémantique de l'annonce publique et à l'illustration que nous en avons donnée Table A.10, les situations où la proposition φ n'est pas vérifiée ont été supprimées après l'annonce. Le modèle est « amputé » de l'ensemble des situations ne vérifiant pas φ. Mais comme le montre la Table A.11, l'annonce de φ n'a pas modifié la valeur de vérité de la proposition p. Une annonce publique ne peut en rien modifier la valeur de vérité d'une proposition factuelle. Lorsqu'une annonce publique a une postcondition factuelle, cette annonce se comporte donc de manière similaire à un conditionnel matériel. En résumé, si la postcondition de l'annonce publique est factuelle :

---

263. Cf. Chapitre 2, Section 2.2.2, Définition 2.

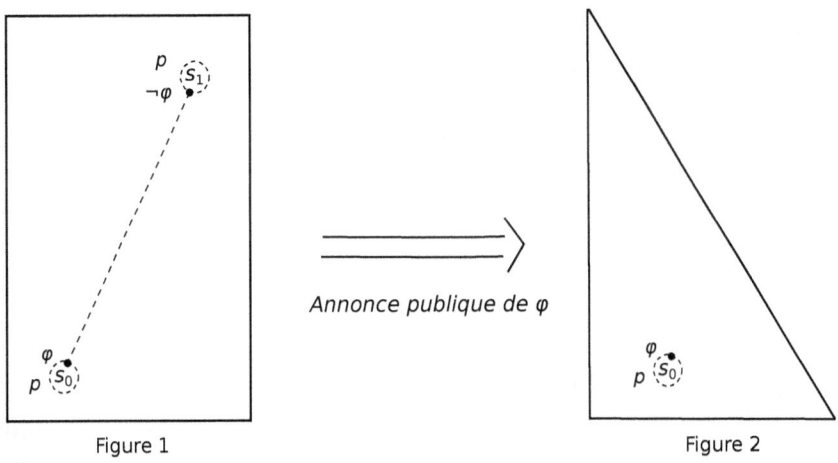

Table A.11 – Annonce publique et postcondition factuelle

- Si $\mathcal{M}, s_0 \models [\varphi]p$ est satisfait par $\mathcal{M}, s_0 \models \neg\varphi$, l'annonce satisfait les mêmes conditions que le conditionnel matériel $\varphi \to p$ lorsque l'antécédent du conditionnel matériel (φ) est faux.
- Si $\mathcal{M}, s_0 \models [\varphi]p$ est satisfait par $\mathcal{M}^\varphi, s_0 \models p$, l'annonce publique satisfait les mêmes conditions que le conditionnel matériel $\varphi \to p$ lorsque l'antécédent du conditionnel matériel (φ) et le conséquent (p) sont tous les deux vrais.

Par conséquent, pour qu'une annonce publique ayant une postcondition factuelle soit vraie, il suffit que la formule qui doit être annoncée soit fausse ou que la postcondition soit vraie ; ceci est précisément la définition du conditionnel matériel dans sa forme disjonctive : $\varphi \to p \equiv \neg\varphi \vee p$. Les propositions *si φ est annoncée publiquement alors après cette annonce p* et *si φ alors p* sont strictement identiques.

Au sein de la logique **PAL**, un axiome caractérise cette « permanence » des propositions atomiques. Il s'agit de l'axiome "Permanence atomique" : $[\varphi]p \Leftrightarrow (\varphi \to p)$. Cet axiome nous dit qu'une annonce publique avec une proposition atomique pour postcondition est équivalente à un conditionnel matériel ayant pour conséquent cette proposition atomique et pour antécédent la formule contenue dans l'opérateur d'annonce. L'axiome "Permanence atomique" affirme donc une identité entre annonce publique et conditionnel matériel lorsque la postcondition de l'annonce (et donc le conséquent du conditionnel matériel) est atomique. Ceci signifie qu'une annonce publique ne peut pas modifier la valeur des propositions atomiques. Si une annonce publique ne peut pas modifier la valeur d'une proposition atomique, elle ne peut pas non plus modifier la valeur de vérité issue de la conjonction de deux atomes. Il en va de même pour tout connecteur booléen ($\neg, \wedge, \vee, \rightarrow$). Nous pouvons donc étendre le critère d'atomicité concernant la postcondition à toute formule booléenne. C'est-à-dire que toute annonce publique ayant pour postcondition une formule booléenne est équivalente à un conditionnel matériel avec pour conséquent cette formule booléenne et pour antécédent la formule annoncée. De ce fait, si une annonce ne peut pas modifier les propositions booléennes, que peut-elle bien modifier ?

Nous avons distingué postcondition factuelle et postcondition épistémique. Nous venons de voir que les annonces publiques n'influaient pas sur les postconditions factuelles. L'axiome "Permanence atomique" suggère de lui-même qu'il est nécessaire d'avoir une modalité épistémique dans la postcondition de l'annonce pour la distinguer du conditionnel matériel.

Annonce publique et postcondition épistémique

Comme nous nous sommes efforcés de le montrer, annonce publique et conditionnel matériel se confondent lorsque la postcondition de l'annonce est booléenne. Si cette identité s'avérait également vérifiée pour les postconditions épistémiques, annonce publique et conditionnel matériel seraient identiques en tout point.

Reprenons notre exemple précédent et ajoutons lui la modalité épistémique K_a. Nous obtenons donc les formules suivantes : $[\varphi]K_a p$ et $\varphi \rightarrow K_a p$ où postcondition et conséquent sont de nature épistémique. L'incidence de la proposition φ ne porte donc plus sur un fait (p) mais bien sur le savoir que l'agent a de ce fait ($K_a p$).

Pour comparer l'effet de φ en tant qu'annonce avec celui de φ en tant qu'antécédent d'un conditionnel matériel sur le savoir d'un agent épistémique, supposons un modèle $\mathcal{M}$ où les relations épistémiques de l'agent sont matérialisées par les traits pointillés (cf. figure 3 de la Table A.12).

Soit $\mathcal{M}$ tel que :
- $\mathcal{W} := \{s_0, s_1\}$,
- $\mathcal{R} := \{s_0, s_1\}$,
- $\mathcal{V}_p := \{s_0\}$ et $\mathcal{V}_\varphi := \{s_0\}$

Ce modèle comprend deux situations s_0 et s_1 telles que les propositions p et φ sont vraies en s_0 mais fausses en s_1. Les situations s_0 et s_1 sont épistémiquement indiscernables par l'agent : il sait que la proposition $p \vee \neg p$ est vraie ($K_a(p \vee \neg p)$), mais il ne sait pas en vertu de quel disjoint cette disjonction est vraie. C'est-à-dire qu'il ne sait pas si c'est p ou bien $\neg p$ qui est vrai.

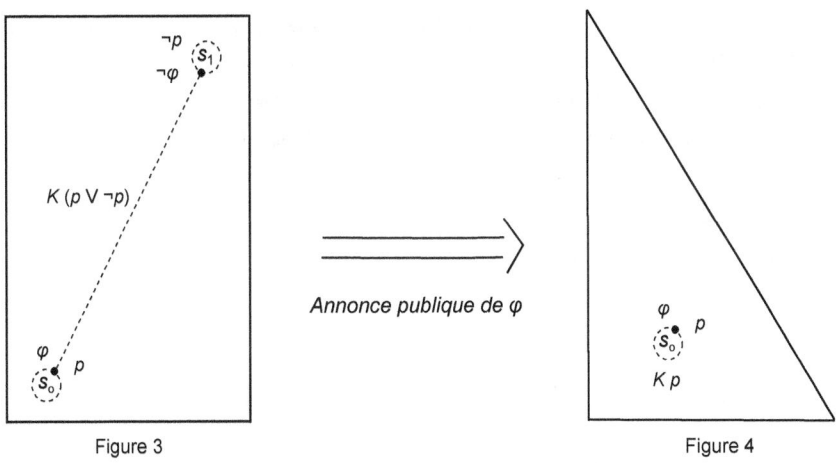

Figure 3   Figure 4

TABLE A.12 – Annonce publique et postcondition épistémique

Après l'annonce publique de φ en s_0, comme dans la Table A.11, les « $\neg\varphi$ – situations » sont supprimées du modèle de la figure 4 (Table A.12). La situation s_1, satisfaisant $\neg\varphi$, est supprimée du modèle car elle est à présent incompatible avec l'annonce φ qui vient d'être faite. Cette suppression nous permet de nous rendre compte de l'incidence de l'annonce de φ sur le savoir de l'agent. Alors que dans le modèle de la figure 3 l'agent n'était pas en mesure de discerner la situation s_0 de la situation s_1 (par manque de précisions dans sa connaissance) ; dans la figure 4, il n'envisage plus la situation s_1 comme étant compatible avec les informations dont il dispose. Les situations qu'il envisageait avant l'annonce ne sont plus les mêmes que celles qu'il considère après. Puisque l'agent ne considère désormais plus que la situation s_0, p est vraie dans toutes les situations qu'il conçoit. Grâce à l'annonce publique φ la connaissance de l'agent passe de $(p \vee \neg p)$ à p. La réduction du modèle force la satisfaction de $K_a p$ en s_0.

Considérons désormais le même modèle que celui de la figure 3 au sein duquel le conditionnel matériel $\varphi \rightarrow K_a p$ va être évalué à partir de la situation s_0 (cf. figure 5 de la Table A.13). Bien que la proposition φ est vraie en s_0, le conditionnel matériel $\varphi \rightarrow K_a p$ est faux dans cette même situation. Étant donné que φ est vrai en s_0, il faudrait que $K_a p$ soit également vraie en s_0 pour que le conditionnel matériel soit satisfait (cf. cas 1 et 4 de la Table A.2). Pour que la proposition $K_a p$ soit vraie en s_0 il faudrait que p soit vrai dans toutes les situations que l'agent considère possible. Or p est faux en s_1. Le conséquent du conditionnel matériel $(K_a p)$ ne peut donc pas être satisfait en s_0. Alors qu'avec l'opérateur d'annonce, la satisfaction de la postcondition est induite par l'annonce, il n'est pas suffisant que l'antécédent du conditionnel matériel soit vrai pour que le conséquent le soit. Par conséquent la satisfaction de l'antécédent n'influe aucunement sur le savoir de l'agent.

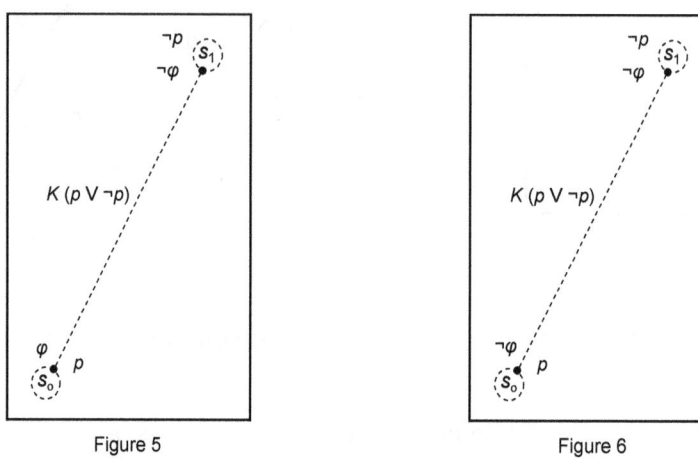

Figure 5   Figure 6

TABLE A.13 – Conditionnel matériel et conséquent épistémique

Supposons désormais que φ est faux en s_0 (cf. figure 6 – Table A.13). Ce changement d'hypothèse induit-il des conséquences sur le savoir de l'agent ? La réponse est non. Si la proposition φ est fausse en s_0, certes le conditionnel matériel $\varphi \to K_a p$ est vrai en s_0, mais il ne l'est que par affaiblissement disjonctif et non parce que la formule $K_a p$ est satisfaite en s_0. Par équivalence logique, de $\varphi \to K_a p$ nous obtenons la proposition $\neg \varphi \vee K_a p$ qui est vraie en s_0 parce que $\neg \varphi$ est vraie dans cette situation. Qui plus est, selon le même mode de raisonnement, la proposition $\varphi \to K_a p$ est également vraie en s_1 alors même que p est faux dans cette situation.

La valeur de la proposition φ en tant qu'antécédent d'un conditionnel matériel n'a aucune incidence sur le conséquent épistémique de ce conditionnel ($K_a p$). Si cet antécédent est faux, le conditionnel est trivialement vrai mais cela ne dit rien quant au savoir de l'agent. Si l'antécédent est vrai le conditionnel matériel peut être vrai ; mais s'il l'est, ce n'est que de manière contingente. Alors que l'acte d'annonce publique force le savoir de l'agent en réduisant les situations qu'il considère comme possible, l'antécédent d'un conditionnel matériel ne possède pas cette caractéristique.

Bilan. Se manifestent ici les limites du conditionnel matériel pointés dans la Section A.2.1. Non seulement dans notre exemple cette forme de conditionnalité n'est satisfaite que trivialement, mais en plus elle ne permet aucune considération pertinente sur le savoir de l'agent épistémique. De plus, l'exemple révèle le caractère nécessaire de la formule annoncée dont nous avons fait mention dans la Section A.2.4. Partant de ce constat, l'annonce publique n'est-elle pas simplement une forme de conditionnel intégrant un opérateur de nécessité ? Il y a deux possibilités pour cela, soit faire porter la nécessité uniquement sur l'antécédent, soit sur le conditionnel lui-même.

A.3.2 Annonce publique et conditionnels modaux

D'une part nous avons vu que le conditionnel matériel ne parvient pas à imposer des conditions suffisamment strictes pour modifier le savoir de l'agent. D'autre part, le conditionnel strict a été introduit pour palier aux paradoxes induits par le conditionnel matériel et possède également la propriété d'introduire une forme de nécessité. La question qui s'impose à nous est donc la suivante : est-ce que le conditionnel strict, par son caractère modal, permet de dépasser les problèmes que nous avons rencontrés dans notre comparaison entre annonce publique et conditionnel matériel ?

Annonce publique et conditionnel strict

Nous allons désormais œuvrer à la comparaison de l'opérateur d'annonce publique avec le conditionnel strict. Au préalable nous substituons l'opérateur épistémique K_a à l'opérateur de nécessité $\Box$. Notre intérêt se focalise donc sur le conditionnel strict : $K_a(\varphi \to K_a p)$. Pourquoi choisissons-nous cette formule pour étudier le conditionnel strict plutôt que $K_a(\varphi \to K_a(p \vee \neg p))$? La réponse est simple. Pour étudier l'annonce publique, nous nous sommes tournés vers la formule $[\varphi]K_a p$ et nous l'avons comparé avec $\varphi \to K_a p$. Ces formules ont été évaluées dans un modèle vérifiant $K_a(p \vee \neg p)$. Nous avons alors constaté que par l'annonce φ, $K_a(p \vee \neg p)$ (bien que restant vraie) se muait en $K_a p$, ce qui n'était pas le cas avec $\varphi \to K_a p$. En choisissant de nous focaliser sur la formule $K_a(\varphi \to K_a p)$ nous souhaitons simplement observer si le conditionnel strict parvient à palier ce défaut par la nécessité du conditionnel qu'il induit. Autrement dit, le conditionnel strict, si son antécédent (φ) est vrai, parvient-il à forcer le savoir de l'agent pour changer $K_a(p \vee \neg p)$ en $K_a p$?

Pour répondre à cette question, nous reprenons dans la figure 7 le même modèle que celui de la figure 3 (cf. Table A.14). Ce modèle représente l'état des situations épistémiques envisagées par l'agent. Dans la figure 8, nous évaluons la formule $K_a(\varphi \to K_a p)$ à partir de la situation s_0.

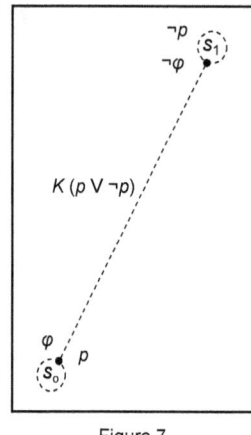
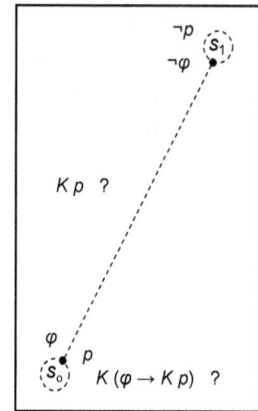

Figure 7   Figure 8

TABLE A.14 – Conditionnel strict et conséquent épistémique

Soit un modèle $\mathcal{M}$ (représenté dans les figures 7 et 8 de la Table A.14) tel que :
- $\mathcal{W} := \{s_0, s_1\}$,
- $\mathcal{R} := \{s_0, s_1\}$,
- $\mathcal{V}_p := \{s_0\}$ et $\mathcal{V}_\varphi := \{s_0\}$

(*) Supposons que $\mathcal{M}, s_0 \models K_a(\varphi \to K_a p)$.

Par définition du conditionnel strict (Définition 38), nous avons $\mathcal{M}, s' \models \varphi \to K_a p$ pour toute situation $s' \in \mathcal{W}$ telles que $s_0 \mathcal{R} s'$; soit : (1) $\mathcal{M}, s_1 \models \varphi \to K_a p$ et (2) $\mathcal{M}, s_0 \models \varphi \to K_a p$ dans notre modèle.

1. $\mathcal{M}, s_1 \models \varphi \to K_a p$

    Par définition du conditionnel matériel (Définition 35), nous obtenons sa forme disjonctive $\mathcal{M}, s_1 \models \neg \varphi \vee K_a p$; or par stipulation du modèle nous avons $\mathcal{M}, s_1 \models \neg \varphi$.

    La proposition $\varphi \to K_a p$ est donc bien satisfaite en s_1, mais elle l'est de manière triviale. C'est-à-dire qu'elle est satisfaite parce que l'antécédent du conditionnel matériel est faux. Qui plus est, la satisfaction de $\varphi \to K_a p$ en s_1 ne nous dit rien de $K_a p$, pire encore, par la stipulation sur le modèle, nous savons que $K_a p$ est faux.

2. $\mathcal{M}, s_0 \vDash \varphi \to K_a p$

Par définition du conditionnel matériel (Définition 35), nous obtenons sa forme disjonctive $\mathcal{M}, s_0 \vDash \neg\varphi \lor K_a p$; or par définition du modèle nous avons $\mathcal{M}, s_0 \vDash \varphi$.

Par syllogisme disjonctif nous déduisons $\mathcal{M}, s_0 \vDash K_a p$.

Par définition (Définition 7), $\mathcal{M}, s_0 \vDash K_a p$ si et seulement si $\mathcal{M}, s' \vDash p$ pour toute situation $s' \in \mathcal{W}$ telle que $s_0 \mathcal{R} s'$; soit $\mathcal{M}, s_0 \vDash p$ et $\mathcal{M}, s_1 \vDash p$.

Or par stipulation du modèle nous avons $\mathcal{M}, s_1 \vDash \neg p$.

Par conséquent, la supposition (*) est fausse car $\mathcal{M}, s_0 \nvDash K_a(\varphi \to K_a p)$. La proposition $K_a(\varphi \to K_a p)$ n'est donc pas satisfiable en s_0 (elle ne l'est d'ailleurs pas non plus en s_1).

Nous pouvons donc conclure que le conditionnel strict n'est pas un conditionnel satisfaisant pour capturer ce qu'exprime un opérateur d'annonce publique. D'une part, le conditionnel strict $K_a(\varphi \to K_a p)$ n'est pas satisfait en s_0 parce que le conséquent $K_a p$ est faux alors que l'antécédent φ est vraie (comme nous l'avions supposé pour son annonce figure 3 et 4). Comparativement à la figure 4, si $K_a p$ n'est pas vraie en s_0, c'est parce que l'antécédent du conditionnel n'a pas eu cette action de suppression de la situation s_1. D'autre part, le conditionnel matériel découlant du conditionnel strict est satisfait en s_1, mais de manière triviale alors même que $K_a p$ est faux. Non seulement le conditionnel strict ne parvient pas à dépasser les problèmes que nous avions rencontrés avec le conditionnel matériel mais il les reproduit.

Bilan. Les problèmes que nous venons de rencontrer peuvent être liés au fait que la portée de l'opérateur modale du conditionnel strict est une portée large. C'est-à-dire que, plus que sur l'antécédent ou le conséquent, la modalité porte sur la relation conditionnelle entre ces deux formules. Qu'adviendrait-il si l'on réduisait cette portée ? Si par exemple nous rendons l'antécédent nécessaire et non la relation conditionnelle, peut-on rendre $K_a p$ satisfiable dans un modèle satisfaisant $K_a(p \lor \neg p)$?

Annonce publique et conditionnel avec antécédent nécessaire

L'opérateur d'annonce publique, nous le voyons lorsque nous comparons la figure 3 et la figure 4, a rendu nécessaire la formule φ. Alors que la proposition φ était vraie en s_0 et fausse en s_1 ; après l'annonce publique de φ, elle est nécessairement vraie dans toutes les situations. Nous allons donc forcer cette condition de nécessité de la formule annoncée en faisant porter un opérateur de nécessité sur l'antécédent d'un conditionnel matériel afin de voir ce qu'il advient. Cet antécédent nécessaire va-t-il permettre de transformer le savoir de l'agent de $K_a(p \vee \neg p)$ en $K_a p$?

Nous obtenons pour formule $K_a \varphi \to K_a p$ que nous comparons avec $[\varphi] K_a p$. Nous évaluons l'incidence de l'antécédent nécessaire de ce conditionnel sur le savoir de l'agent, soit sur la proposition $K_a(p \vee \neg p)$. Le modèle $\mathcal{M}$ de la figure 9 Table A.15 est défini comme suit :

- $\mathcal{W} := \{s_0, s_1\}$,
- $\mathcal{R} := \{s_0, s_1\}$,
- $\mathcal{V}_p := \{s_0\}$ et $\mathcal{V}_\varphi := \{s_0, s_1\}$

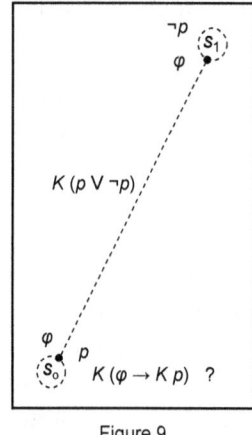

Figure 9   Figure 10

TABLE A.15 – Conditionnel avec antécédent nécessaire

(†) Supposons que $\mathcal{M}, s_0 \vDash K_a \varphi \to K_a p$.

Par définition du conditionnel matériel (Définition 35), nous avons $\mathcal{M}, s_0 \vDash \neg K_a \varphi \vee K_a p$; nous pouvons dériver $\mathcal{M}, s_0 \vDash \neg K_a \varphi$, soit $\hat{K}_a \neg \varphi$ par équivalence.

$\mathcal{M}, s_0 \vDash \hat{K}_a \neg \varphi$ si et seulement si $\mathcal{M}, s' \vDash \neg \varphi$ pour au moins une situation $s' \in \mathcal{W}$ tel que $s_0 \mathcal{R} s'$.

Or, par stipulation du modèle : $\mathcal{W} := \{s_0, s_1\}$ et $\{s_0, s_1\} \in \mathcal{V}_\varphi$; il n'existe donc pas de situation s' telle que $\mathcal{M}, s' \vDash \neg \varphi$. Par conséquent $\mathcal{M}, s_0 \nvDash \hat{K}_a \neg \varphi$. L'antécédent du conditionnel n'est pas satisfiable en s_0.

Par syllogisme disjonctif, étant donné que $K_a \varphi$ n'est pas satisfiable en s_0, pour que $K_a \varphi \to K_a p$ soit satisfait en s_0, il faut que $K_a p$ le soit.

(‡) Supposons que $\mathcal{M}, s_0 \vDash K_a p$.

Par définition (cf. Définition 7), $\mathcal{M}, s_0 \vDash K_a p$ si et seulement si $\mathcal{M}, s' \vDash p$ pour toute situation $s' \in \mathcal{W}$ tel que $s_0 \mathcal{R} s'$; soit $\mathcal{M}, s_0 \vDash p$ et $\mathcal{M}, s_1 \vDash p$.

Or, par stipulation sur le modèle, nous avons $\mathcal{M}, s_1 \vDash \neg p$.

La supposition (‡) est donc fausse, par conséquent la supposition (†) est fausse également.

Le modèle de la figure 9 montre que si φ est nécessairement vraie cela ne suffit pas à modifier le savoir de l'agent. Dans la figure 10 nous essayons de satisfaire le syllogisme disjonctif de la supposition (†) par l'antécédent du conditionnel et non par son conséquent $K_a p$. Le modèle $\mathcal{M}$ de la figure 10 de la Table A.15 est donc défini comme suit :

- $\mathcal{W} := \{s_0, s_1\}$,
- $\mathcal{R} := \{s_0, s_1\}$,
- $\mathcal{V}_p := \{s_0\}$

(⋆) Supposons que $\mathcal{M}, s_0 \vDash K_a \varphi \to K_a p$.

Par définition du conditionnel matériel (Définition 35), nous avons $\mathcal{M}, s_0 \vDash \neg K_a \varphi \lor K_a p$; nous pouvons dériver $\mathcal{M}, s_0 \vDash \neg K_a \varphi$ alors que par équivalence nous obtenons $\hat{K}_a \neg \varphi$.

$\mathcal{M}, s_0 \vDash \hat{K}_a \neg \varphi$ si et seulement si $\mathcal{M}, s' \vDash \neg \varphi$ pour au moins une situation $s' \in \mathcal{W}$ tel que $s_0 \mathcal{R} s'$.

Par stipulation du modèle : $\mathcal{W} := \{s_0, s_1\}$ et $\mathcal{V}_\varphi := \{\varnothing\}$; il existe donc deux situations où la proposition φ est fausse : s_0 et s_1. Soit $\mathcal{M}, s_0 \vDash \neg \varphi$ et $\mathcal{M}, s_1 \vDash \neg \varphi$.

$\mathcal{M}, s_0 \vDash \neg K_a \varphi$ étant satisfait, la disjonction $\mathcal{M}, s_0 \vDash \neg K_a \varphi \lor K_a p$ l'est également. Par conséquent la supposition (⋆) est satisfaite. C'est-à-dire que le conditionnel est satisfait bien que nous ne disions rien de la proposition $K_a p$.

En supposant que l'antécédent est nécessairement faux, ce conditionnel est trivialement satisfait et cela sans égard vis-à-vis de la proposition $K_a p$. Un autre moyen de satisfaire le conditionnel, sans que l'antécédent soit nécessairement faux, serait de postuler que la proposition p est vraie dans toutes les situations, autrement dit de postuler $K_a p$. Mais dans ce cas la proposition $K_a(p \lor \neg p)$ n'aurait plus d'intérêt pour notre étude puisque $K_a p$ serait donnée dès le départ. Partant de là, il n'y aurait plus d'intérêt à essayer de comprendre comment φ peut modifier le savoir de l'agent. Ce conditionnel avec antécédent nécessaire n'est donc pas satisfaisant pour notre propos pour les raisons suivantes :

- Si l'antécédent est nécessairement vrai, cela n'impacte que la valeur du conditionnel et non celle de son conséquent.
- Si l'antécédent est nécessairement faux, le conditionnel devient trivialement vrai sans égard vis-à-vis du conséquent.
- Un conséquent nécessairement vrai serait inopportun pour considérer le changement d'état épistémique de l'agent (de $K_a(p \vee \neg p)$ à $K_a p$).

Il nous faut donc poursuivre notre étude en direction d'un conditionnel interdisant la possibilité d'avoir une trivialisation par la nécessaire fausseté de l'antécédent ainsi que par la nécessaire vérité du conséquent.

A.3.3 Annonce publique et conditionnel connexe

Avec tous les conditionnels que nous avons explorés jusqu'à présent, nous avons toujours rencontré la même difficulté : la relation conditionnelle se voit trivialisée soit par la fausseté de l'antécédent, soit par la vérité du conséquent. Ce défaut empêche de correctement mesurer les rapports qu'entretiennent antécédent et conséquent dans une relation conditionnelle. Il est par conséquent tout à fait pertinent pour notre propos de considérer le conditionnel qui rend impossible ces deux formes de trivialisation en interdisant la possibilité que la contradictoire puisse découler de l'antécédent. Il s'agit du conditionnel connexe qui, nous l'avons vu dans la Section A.2.3, œuvre contre ces deux manières de trivialiser la connexion entre antécédent et conséquent. Ce conditionnel force ainsi une relation de conséquence entre antécédent et conséquent. Nous rappelons ici les restrictions présentées dans la Section A.2.3 qui permettent de rendre valide les premières thèses connexes faisant du conditionnel strict un conditionnel connexe :

1. l'antécédent ne doit pas être une contradiction,
2. le conséquent ne doit pas être une tautologie,
3. $\mathcal{R}$ doit comporter une dimension réflexive.

Il est suffisant de reconsidérer notre exemple pour le conditionnel strict, $K_a(\varphi \to K_a p)$, en lui imposant les trois restrictions mentionnées ci-dessus. Rappelons que ce conditionnel strict est construit à partir des propositions φ et $K_a p$ de l'opérateur d'annonce publique $[\varphi]K_a p$. Par conséquent, ce qui doit prévaloir pour les formules du conditionnel strict doit également prévaloir pour celles de l'opérateur d'annonce publique et inversement. Or l'annonce φ satisfait immédiatement la restriction (1). Nous en avons déjà fait mention dans la Section A.3.1, si la formule qui doit être annoncée est fausse, l'annonce ne peut tout simplement pas être faite. Par définition, une contradiction est toujours fausse et ne peut donc pas constituer une formule annoncée. L'antécédent du conditionnel strict étant précisément la formule contenue dans l'opérateur annonce publique, elle satisfait donc bien la restriction (1) en n'étant pas une contradiction. Le même argument tient pour l'opérateur K_a. Dans la Définition 3, nous avons défini $\mathcal{R}$ comme étant une relation d'équivalence. Par définition, $\mathcal{R}$ est donc à la fois transitive, symétrique et réflexive. La restriction (3) est donc également satisfaite. La restriction (2) n'est, quant à elle, pas immédiatement satisfaite. Il nous faut donc prêter davantage attention à ce point dans l'exemple que nous considérons. Pour autant elle est satisfaite de manière contingente par le conséquent que nous avons choisi : alors que $K_a(p \vee \neg p)$ est une tautologie, $K_a p$ ne l'est pas.

De fait, le conditionnel strict, sur lequel nous avons porté notre intérêt dans la Section A.3.2 : $K_a(\varphi \rightarrow p)$, satisfait déjà tous les critères imposés au conditionnel strict pour être connexe. Néanmoins, malgré la satisfaction de ces critères, le conditionnel connexe produit les mêmes résultats que le conditionnel strict. C'est-à-dire qu'il ne peut pas parvenir à supprimer les situations dans lesquelles la proposition $\neg p$ est vraie. Bien que se rapprochant de la notion d'implication, ce conditionnel ne parvient pas à exprimer ce que permet l'opérateur d'annonce publique. Si avec un conditionnel connexe l'antécédent ne peut pas conduire à la négation de son conséquent, rien ne nous dit qu'à partir du conséquent nous pouvons remonter à l'antécédent. Or dans la relation conditionnelle entre formule annoncée et postcondition, la formule annoncée est gardée dans la postcondition. C'est précisément ce qui est manifesté dans la réduction du modèle aux « φ - $situations$ » après l'annonce publique de φ.

A.4 Un conditionnel sous conditions ?

A travers les différentes confrontations que nous avons faites entre annonce publique et différentes formes de conditionnalité, le caractère conditionnel de cet opérateur s'est révélé : sous certaines conditions c'est un conditionnel matériel, sous d'autres conditions non. Pour autant les conclusions de l'analyse de cet opérateur face au conditionnel strict et face au conditionnel connexe tendent à montrer que, même avec une postcondition épistémique, l'annonce publique reste un conditionnel. Mais s'il demeure un conditionnel, il s'agit d'un conditionnel bien particulier, un conditionnel sous conditions. Dans un premier temps nous rappelons brièvement pourquoi annonce publique et conditionnel matériel se confondent dans le cas d'une postcondition factuelle, puis, avant de conclure, nous expliquons et précisons les conditions de ce conditionnel sous conditions que dissimule cet opérateur d'annonce.

A.4.1 Un conditionnel matériel si la postcondition est factuelle

Comme nous l'avons vu dans la Section A.3.1, l'opérateur d'annonce publique peut être identique au conditionnel matériel. Mais attention, cet opérateur d'annonce correspond au conditionnel matériel uniquement sous une condition stricte : lorsque la postcondition de l'annonce est factuelle, ou pour le dire autrement booléenne. Rappelons que seul l'opérateur de modalité épistémique K_a permet d'opérer une relation entre différentes situations. Or par définition, une postcondition factuelle ne comporte pas d'opérateur épistémique ; l'absence de modalité épistémique dans le conséquent rend impossible toute transition depuis la situation d'évaluation vers une autre situation. Le conséquent ainsi que toutes les sous formules qui peuvent le composer sont donc évalués exclusivement au regard de la situation initiale.

A.4.2 Du conditionnel à la relation de conséquence

Si annonce publique et conditionnel matériel se confondent lorsque la postcondition est factuelle, tout l'intérêt de cet opérateur se manifeste lorsque cette dernière est épistémique. Une postcondition épistémique permet de mettre en évidence l'opération que l'annonce réalise sur le modèle, notamment en rendant nécessaire une proposition qui ne l'était pas avant l'annonce. Pour que la formule $[\varphi]K_a\psi$ soit satisfaite dans un modèle $\mathcal{M}$ au regard d'une situation s, la proposition ψ doit, après l'annonce, être satisfaite dans toutes les situations s' accessible pour a satisfaisant la formule φ (dans le cas contraire, la proposition $K_a\psi$ serait fausse en s). Alors que la proposition ψ peut ne pas être vraie dans une situation accessible pour a avant l'annonce, c'est-à-dire dans le modèle $\mathcal{M}$, une telle situation n'est plus possible après l'annonce, soit dans le modèle $\mathcal{M}^\varphi$. De contingent, le statut de la proposition ψ se change en nécessaire (au regard de l'annonce et de l'agent a). Par conséquent, nous pouvons considérer que l'acte d'annonce force une relation de conséquence logique dans laquelle la formule annoncée joue le rôle de prémisse alors que la postcondition est ce qui est dérivé de cette prémisse.

Notre comparaison de l'opérateur d'annonce avec la forme de conditionnalité la plus proche de la notion de conséquence logique, c'est-à-dire le conditionnel connexe, a par ailleurs démontré que cet opérateur satisfait naturellement deux des trois restrictions apportées au conditionnel strict pour que ce dernier soit connexe. Mais attention même si par cette relation de conséquence logique, conditionnel connexe et annonce publique semblent proche, le conditionnel connexe ne parvient pas pour autant à se substituer à l'opérateur d'annonce. Il manque à ce dernier la propriété de réduction du modèle à l'ensemble des situations satisfaisant la formule annoncée. Néanmoins, cette remarque suggère que le conditionnel strict auquel sont ajoutées les restrictions (1) et (3), à savoir que l'antécédent ne peut pas être une contradiction et la relation de l'opérateur modal doit comporter une dimension réflexive, s'approche de l'opérateur d'annonce publique. Seule fait défaut cette capacité à imposer la satisfaction de la formule annoncée dans l'ensemble des situations du modèle considéré.

A.4.3 Un conditionnel strict conditionné si la postcondition est épistémique ?

Reconsidérons le conditionnel strict de notre exemple Section A.3.2 $K_a(\varphi \to p)$ que nous avions comparé à $[\varphi]K_a p$. Il ne semble pas impossible de forcer la satisfaction de la formule annoncée φ dans l'ensemble des situations. Une piste de réflexion nous est directement suggérée par les axiomes de réduction des logiques de **PAL** présentés au Chapitre 2. Les axiomes de réduction :

- "Annonce et savoir" $[\varphi]K_a\psi \leftrightarrow (\varphi \to K_a[\varphi]\psi)$ et
- "Permanence atomique" $[\varphi]p \leftrightarrow (\varphi \to p)$

nous permettent de trouver la voie à suivre pour produire une formule équivalente à l'annonce publique $[\varphi]K_a p$ à partir de notre conditionnel strict $K_a(\varphi \to p)$.

1. Par l'axiome permanence atomique, nous savons que le conditionnel matériel $\varphi \to p$ dans la portée de l'opérateur K_a est équivalent à l'annonce publique $[\varphi]p$. Soit : $K_a(\varphi \to p) \equiv K_a[\varphi]p$.

2. L'axiome annonce et savoir nous précise qu'il est nécessaire d'ajouter la formule annoncée en antécédent afin de garantir que le savoir de l'agent s'enracine déjà dans une situation vérifiant φ.
Soit : $\varphi \to K_a[\varphi]p \equiv [\varphi]K_a p$.

3. Par l'axiome permanence atomique nous pouvons remplacer l'annonce publique $[\varphi]p$ par son conditionnel matériel équivalent $\varphi \to p$ et obtenir : $\varphi \to K_a(\varphi \to p)$. Soit : $[\varphi]K_a p \equiv \varphi \to K_a(\varphi \to p)$.

Un opérateur d'annonce publique avec une postcondition épistémique $K_a p$ peut donc être exprimé par un conditionnel strict particulier. Ce conditionnel strict est particulier dans la mesure où il est lui-même soumis à conditions : la formule annoncée. Pour cette raison nous nommons ce type particulier de conditionnel strict *conditionnel strict conditionné*.

Le conditionnel strict conditionné. Le conditionnel strict conditionné doit satisfaire les conditions suivantes :

1. l'antécédent du conditionnel strict ne peut pas être une contradiction logique,
2. $\mathcal{R}$ doit comporter une dimension réflexive,
3. l'axiome de réduction annonce et savoir doit être appliqué (autant de fois que nécessaire) pour transformer l'opérateur d'annonce en un conditionnel matériel.

Attention toutefois, cette immédiateté de la traduction de $[\varphi]K_a p$ en un conditionnel strict conditionné par la formule annoncée ne tient que si et seulement si la postcondition est booléenne. Supposons que la postcondition ne soit pas booléenne mais épistémique. Si $\psi := K_a p$, il faut alors appliquer deux fois l'axiome de réduction annonce et savoir et une fois l'axiome permanence atomique. Nous obtenons ainsi le conditionnel conditionné $\varphi \to K_a(\varphi \to K_a(\varphi \to p))$.

Si un opérateur d'annonce avec une postcondition épistémique $K_a\psi$ peut être transformé en un conditionnel strict conditionné, qu'en est-il si la postcondition est $\neg\chi$ ou encore $[\chi]\omega$? Une annonce publique avec une postcondition épistémique peut-elle systématiquement être traduite par un conditionnel strict conditionné ?

Pour répondre à cette question il nous faut considérer toutes les formes de postconditions possibles. Selon la syntaxe de **PAL** (Définition 2.4.1, une postcondition peut être de trois types possibles :

1. une formule booléenne,
2. une formule épistémique K_a,
3. un opérateur d'annonce publique [ ],

Par l'axiome permanence atomique, nous savons d'ores et déjà qu'une postcondition booléenne est immédiatement réductible à un conditionnel matériel classique. Nous devons donc porter notre intérêt sur les cas (2), et (3). Considérons immédiatement le cas (2) où la postcondition est la négation d'une formule épistémique. Conformément aux axiomes de réduction de **PAL**, il faut appliquer l'axiome annonce et négation $[\varphi]\neg\psi \Leftrightarrow (\varphi \to \neg[\varphi]\psi)$. La négation porte sur le conséquent du conditionnel matériel obtenu. Quelque soit les axiomes de réduction qui pourront, par suite, être utilisés, cette négation persistera. Si par le jeu de traduction nous obtenons une modalité épistémique K_a, celle-ci demeurera dans la portée de la négation ; soit $\varphi \to \neg(...K_a(... \to ...))$. La forme du conditionnel conditionné, $\varphi \to K_a(.... \to ...)$ est donc mise en échec si la postcondition est la négation d'une formule épistémique.

Si donc l'opérateur d'annonce publique peut être considéré comme dissimulant un conditionnel conditionné cela ne peut être qu'uniquement dans le cas où la postcondition est une formule épistémique positive K_a uniquement.

A.5 Conclusion

Pour conclure, nous pouvons dire que la traduction que nous avons opérée de $[\varphi]K_a p$ en un conditionnel strict conditionné $\varphi \to K_a(\varphi \to p)$ met en évidence la conditionnalité du savoir de l'agent a. Le savoir de cet agent est un savoir soumis à la condition φ.

Nous pouvons désormais répondre à la question que nous avons posée en introduction. Si l'opérateur d'annonce publique n'est pas directement réductible à un conditionnel matériel, il dissimule tout de même une forme de conditionnalité. Cette forme de conditionnalité peut être plus ou moins complexe selon la postcondition :
- si la postcondition est une proposition booléenne alors l'opérateur d'annonce publique est un conditionnel matériel dont le conséquent ne contient pas de formule épistémique.
- si la postcondition est une proposition épistémique positive K_a alors l'opérateur d'annonce publique est un conditionnel strict conditionné.

Le détour par la forme conditionnée du conditionnel strict permet d'expliciter le caractère conditionnel du savoir induit par les annonces publiques. Dans la formule $[\varphi]K_a p$, l'agent a ne peut connaître la proposition p qu'à la condition que la proposition φ soit publiquement annoncée. Cette condition se retrouve être la condition du conditionnel strict conditionné. Le conséquent du conditionnel strict conditionné, soit le conditionnel strict, manifeste le caractère nécessaire des inférences qui peuvent être faites concernant le savoir. C'est-à-dire que les déductions que l'agent peut faire à partir de l'annonce sont stables. Autrement dit, à partir d'un ensemble déterminé de prémisses annoncées, un agent fera toujours les mêmes déductions.

La notion de condition que dissimule l'opérateur d'annonce publique est donc particulière car ce qu'elle conditionne est un changement de statut de la proposition annoncée par l'acte même de son annonce. L'acte d'annonce établit un lien épistémique qui pouvait ne pas exister auparavant. Cette capacité à établir un lien épistémique – par la réduction du modèle – n'est présente dans aucune autre forme de proposition conditionnelle.

*
 *   *

La notion de condition inhérente à l'opérateur d'annonce publique n'est pas une condition entre propositions mais une condition d'accès à la vérité d'une proposition pour un agent épistémique : une condition épistémique.

Liste des tables

2.1	Axiomatisation de **EL**	16
2.2	Axiomatisation de **PA**	23
2.3	Axiomatisation de **PAC**	25
2.4	Le tournant dynamique de la logique épistémique	27
3.1	Conséquence d'une annonce fausse	38
3.2	Annonce et connaissance partagée	39
3.3	Annonce et connaissance commune	40
4.1	Connecteurs propositionnels (PR-SC)	60
4.2	Opérateurs épistémiques (PR-EO)	61
4.3	D'une proposition épistémique à une proposition booléenne	64
4.4	Opérateurs d'annonces publiques (PR-AO)	65
4.5	Résumé des significations	68
4.6	Exemple 1 : la règle **SR-K** en action	73
4.7	L'annonce de la Moore	75
4.8	Exemple 3 : les différents types de savoir – Partie 1	77
4.9	Exemple 3 : les différents types de savoir – Partie 2	78
4.10	Exemple 3 : quand l'**O**pposant fait le bon choix	79
4.11	Disjonction et négation	95
4.12	Règle de particule pour le conditionnel matériel	96
4.13	Règle alternative pour la connaissance commune	97
4.14	Règle alternative pour l'opérateur d'annonce publique	99
4.15	Complément de la règle de particule Table 4.14	99
4.16	Règle structurelle d'annonce 1	100
4.17	Règle structurelle d'annonce 2	100
5.1	Annonce simple, partie 1.a	107
5.2	Annonce simple, partie 1.b	108
5.3	Annonce simple, partie 2.a	109
5.4	Annonce simple, partie 2.b	110
5.5	Annonce complexe, partie 3.a	111

5.6	Annonce complexe, partie 3.b	112
5.7	Règle structurelle **SR-A**	116
5.8	Règle structurelle **SR-A***	120
5.9	Règle structurelle **SR-2***	121
5.10	Construction de point contextuel à travers les coups des joueurs	122
5.11	Liste et choix de point contextuel – partie 1	124
5.12	Permanence atomique partie 1	130
5.13	Permanence atomique partie 2	131
5.14	L'annonce comme condition de justification du savoir	132
5.15	**SR-A*** restreinte	134
5.16	**SR-A*** restreinte dans une partie	134
5.17	Annonce + **SR-A*** restreinte = conditionnel matériel	134
5.18	Postconditions possibles pour un opérateur d'annonce	137
6.1	Article 1168 du Code civil	149
6.2	Article 1181 du Code civil	150
6.3	Article 1176 du Code civil	151
6.4	Article 1177 du Code civil	151
6.5	Article 1172 du Code civil	152
6.6	Principe de convertibilité	155
6.7	Limite de la convertibilité	156
6.8	Seconde thèse connexe de Boèce et d'Aristote	156
6.9	Opérateur d'annonce publique	159
6.10	Sémantique modèle théorique de l'opérateur d'annonce	162
6.11	Dépendance du conséquent par rapport à l'antécédent	164
6.12	Nécessitation de l'annonce	166
6.13	$[\varphi]\bot \to \neg\varphi$	168
6.14	$\mathbb{K}, \mathbb{D}$ + **PAL** implique $\mathbb{T}$	169
6.15	Conséquent tautologique	173
6.16	Changement possible de défense de l'annonce	175
6.17	Répétition de la même défense pour une annonce	176
6.18	Position logique, partie 1	180
6.19	Position logique, partie 2	180
6.20	Position logique, partie 1.bis	181
6.21	Position philosophique, partie 1	183
6.22	Position philosophique, partie 2	184
6.23	Bénéfices et tautologie	186
6.24	Bénéfices et contingence	187
6.25	Opérateur d'obligation sous condition suspensive	188
6.26	La condition suspensive et son double aspect dynamique	190

7.1	Règle de justification propositionnelle	208
7.2	Règle de justification procédurale	209
7.3	**P** ne peut pas justifier p	211
7.4	**P** demande une justification à **O**	211
7.5	**P** copie la défense de **O**	212
7.6	Règle d'usage de $\mathcal{N}$	216
7.7	Règle structurelle **SR-O**	216
7.8	Concessions initiales du dialogue Table 7.9	220
7.9	**P** justifie propositionnellement A_a	220
7.10	Concessions initiales du dialogue Table 7.11	221
7.11	**P** justifie procéduralement A_a	221
7.12	Concessions initiales des dialogues Tables 7.13 et 7.14	223
7.13	**P** s'engage sans faire appel à l'ordre juridique	223
7.14	**P** fait appel à l'ordre juridique	224
7.15	Concessions initiales des dialogues Tables 7.16 et 7.17	226
7.16	**P** prend le risque de devoir justifier la certification	226
7.17	**P** défend selon $\mathcal{F}$	227
7.18	Concessions initiales du dialogue Table 7.19	231
7.19	La culpabilité de c n'est pas établie	231
8.1	Article 1183 du Code civil	236
8.2	*Recovery*	238
8.3	De la condition suspensive à la condition résolutoire ?	241
8.4	Sémantique des opérateurs dynamiques de **PAL**	242
8.5	Opérateur d'obligation sous condition résolutoire	243
8.6	Opérateurs d'annonces publiques (PR-AO)	244
8.7	Article 1315 du Code civil	246
8.8	De la condition résolutoire à la condition suspensive	247
8.9	De la condition suspensive à la condition résolutoire	248
A.1	Théorème de la déduction	263
A.2	Table de vérité du conditionnel matériel	265
A.3	Sémantique modèle théorique du conditionnel matériel	266
A.4	MacColl et le conditionnel strict	268
A.5	Sémantique modèle théorique du conditionnel strict	268
A.6	Négation du théorème classique de la disjonction	271
A.7	Sémantique modèle théorique du conditionnel connexe	272
A.8	Forme de l'opérateur d'annonce publique	272
A.9	Sémantique modèle théorique de l'opérateur d'annonce	273
A.10	Annonce publique et réduction du modèle	274
A.11	Annonce publique et postcondition factuelle	277
A.12	Annonce publique et postcondition épistémique	279

A.13 Conditionnel matériel et conséquent épistémique 280
A.14 Conditionnel strict et conséquent épistémique 282
A.15 Conditionnel avec antécédent nécessaire 284

Bibliographie

Aczel, P. 1988, « Non-well-founded sets », *CSLI Lecture Notes*, vol. 14.

Alchourron, C., P. Gardenfors et D. Makinson. 1985, « On the logic of theory change : Partial meet contraction and revision functions », *Journal of Symbolic Logic*, vol. 50, n° 2, p. 510–530.

Armgardt, M. 2001, *Das rechtslogische System der « Doctrina conditionum » von Gottfried Wilhelm Leibniz*, Elwert.

Balbiani, P., H. van Ditmarsch, A. Herzig et T. de Lima. 2010, « Tableaux for public announcement logic », *Journal of Logic and Computation*, vol. 20, p. 55–76.

Balbiani, P., H. van Ditmarsch, A. Herzig et T. de Lima. 2012, « Some truths are best left unsaid », dans *Advances in Modal Logic Volume 9*, édité par T. Bolander, T. Braüner, S. Ghilardi et L. Moss, College Publications, p. 36–54.

Baltag, A., L. Moss et S. Solecki. 1998, « The logic of public announcements, common knowledge, and private suspicions », dans *Proceedings of the 7th conference on Theoretical aspects of rationality and knowledge*, Morgan Kaufmann Publishers Inc., p. 43–56.

van Benthem, J. 1989, « Semantic parallels in natural language and computation », *Studies in Logic and the Foundations of Mathematics*, vol. 129, p. 331–375.

Blanché, R. 1970, *La logique et son histoire*, Armand Colin.

de Boer, M. 2007, « KE Tableaux for Public Announcement Logic », dans *Proceedings of the Formal Approaches to Multi-Agent Systems Workshop*, Citeseer, Durham, UK, p. 53–64.

Clerbout, N. 2013, *Étude de quelques sémantiques dialogiques. Concepts fondamentaux et éléments de métathéorie*, thèse de doctorat, Université de Lille.

Code civil du Québec. 1991.

Code civil français. 1804.

van Ditmarsch, H. 2007, « Comments to 'logics of public communications' », *Synthese*, vol. 158, n° 2, p. 181–187.

van Ditmarsch, H. 2010, « Dynamic epistemic logic, the Moore sentence, and the fitch paradox », http://arche-wiki.st-and.ac.uk/~ahwiki/pub/Arche/ArcheLogicGroup10Jun2009/slidesMooreFitch.pdf.

van Ditmarsch, H., W. van der Hoek et B. Kooi. 2004, « Playing cards with Hintikka, an introduction to dynamic epistemic logic », .

van Ditmarsch, H., W. van der Hoek et B. Kooi. 2007, *Dynamic Epistemic Logic, Synthese Library : Studies in Epistemology, Logic, Methodology, and Philosophy of Science*, vol. 337, Springer, Dordrecht.

van Ditmarsch, H. et B. Kooi. 2006, « The secret of my success », *Synthese*, vol. 153, n° 2, p. 339–339.

Endicott, T. 2011, « Vagueness and law », *Vagueness : A Guide*, p. 171–191.

Frege, G. 1879, *Idéographie*. Traduction C. Besson, Vrin 1999.

Gerbrandy, J. 1999, *Bisimulation on Planet Kripke*, thèse de doctorat, University of Amsterdam, ILLC.

Gerbrandy, J. et W. Groeneveld. 1997, « Reasoning about information change », *Journal of logic, language and information*, vol. 6, n° 2, p. 147–169.

Groenendijk, J. et M. Stokhof. 1991, « Dynamic predicate logic », *Linguistics and philosophy*, vol. 14, n° 1, p. 39–100.

Groeneveld, W. 1995, *Logical investigations into dynamic semantics*, Institute for Logic, Language and Computation, Universiteit van Amsterdam.

Halpern, J. et Y. Moses. 1992, « A guide to completeness and complexity for modal logics of knowledge and belief », *Artificial intelligence*, vol. 54, n° 3, p. 319–379.

Harel, D., D. Kozen et J. Tiuryn. 1984, « Dynamic logic », dans *Handbook of Philosophical Logic*, vol. 2, Kluwer Academic Publishers, Dordrecht, p. 497–604.

Hendricks, V. F. et J. Symons. 2010, « Where's the bridge ? Epistemology and epistemic logic », *Philosophical Studies*, vol. 128, p. 137–167.

Hintikka, J. 1962, *Knowledge and belief : an introduction to the logic of the two notions*, Cornell University Press.

Hodges, W. et E. Krabbe. 2001, « Dialogue foundations », *Proceedings of the Aristotelian Society, Supplementary Volumes*, p. 17–49.

Jörgensen, J. 1937, « Imperatives and logic », *Erkenntnis*, vol. 7, n° 1, p. 288–296.

Keiff, L. 2007, *Le Pluralisme Dialogique : Approches Dynamiques de l'Argumentation Formelle*, thèse de doctorat, Université de Lille.

Keiff, L. 2009, « Dialogical logic », http://plato.stanford.edu/entries/logic-dialogical.

Kelsen, H. 1962, *Théorie pure du droit*, coll. La pensée juridique, Paris. Traduction. C. Eisenmenn, LGDJ-Bruylant, 1999.

Kelsen, H. 1979, *Théorie générale des normes*, Presses universitaires de France. Traduction O. Beaud, F. Malkani, 1996.

Kooi, B. 2011, « Dynamic epistemic logic », dans *Handbook of Logic and Language*, édité par J. van Benthem et A. ter Meulen, 2e éd., Elsevier, p. 671–690.

Leibniz. 1964, *Sämtliche Schriften und Briefe*, Akademie Verlag.

Levi, I. 1991, *The fixation of belief and its undoing : changing beliefs through inquiry*, Cambridge University Press.

Lewis, C. I. 1918, *A survey of symbolic logic*, University of California Press.

Lorenzen, P. et K. Lorenz. 1978, *Dialogische logik*, Wissenschaftliche Buchgesellschaft, Darmstadt.

MacColl, H. 1902, « III.–Symbolic Reasoning (IV) », *Mind*, vol. 11, n° 1, p. 352–368.

MacColl, H. 1906, *Symbolic Logic and its Applications*, Longmans, Green.

MacColl, H. 1908, « "If" and "Imply" », *Mind*, vol. 17, n° 67, p. 453–455.

Mackenzie, J. 1985, « No logic before Friday », *Synthese*, vol. 63, n° 3, p. 329–341.

Magnier, S. 2012, « PAC vs. DEMAL, A Dialogical Reconstruction of Public Announcement Logic with Common Knowledge », dans *Logic of Knowledge. Theory and Applications*, édité par C. Barés Gómez, S. Magnier et F. Salguero, College Publications, London, p. 159–179.

Magnier, S. et T. de Lima. « A Soundness & Completeness Proof on Dialogues and Dynamic Epistemic Logic », *Logique & Analyse*. Accepté pour publication.

Magnier, S. et S. Rahman. 2012, « Leibniz's notion of conditional right and the dynamics of public announcement », dans *Limits of knowledge society – Vol. 2*, édité par D. G. Simbotin et O. Gherasim, p. 87–103.

Makinson, D. 1987, « On the status of the postulate of recovery in the logic of theory change », *Journal of Philosophical Logic*, vol. 16, n° 4, p. 383–394.

McCall, S. 1964, « A new variety of implication », *The Journal of Symbolic Logic*, vol. 29, p. 151–152.

McCall, S. 1966, « Connexive implication », *The Journal of Symbolic Logic*, vol. 31, n° 3, p. 415–433.

Moss, L. 1999, « From hypersets to Kripke models in logics of announcements », dans *JFAK. Essay dedicated to Johan van Benthem on the occasion of his 50th birthday*, édité par J. Gerbrandy, M. Marx, M. de Rijke et Y. Venema, Amsterdam.

Muskens, R., J. van Benthem et A. Visser. 1997, *Handbook logic and language*, chap. Dynamics, Elsevier, Amsterdam, p. 607–670.

Plaza, J. 1989, « Logics of public communications », dans *Proceedings 4th International Symposium on Methodologies for Intelligent Systems*, édité par M. S. Pfeifer, M. Hadzikadic et Z. W. Ras, p. 201–216.

Pratt, V. 1976, « Semantical consideration on floyd-hoare logic », dans *17th Annual Symposium on Foundations of Computer Science*, IEEE, p. 109–121.

Quine, W. 1982, *Methods of logic*, Harvard Univisty Press. Première Édition, 1950.

Rahman, S. 2002, « Un desafío para las teorías cognitivas de la competencia lógica : los fundamentos pragmáticos de la semántica de la lógica linear », *Dialogue, Language, Rationality. A Festschrift for Marcelo Dascal, Special volume of Manuscrito*, vol. 2, p. 383–432.

Rahman, S. 2006, « Non-normal dialogics for a wonderful world and more », *The Age of Alternative Logics*, p. 311-334.

Rahman, S. 2012, « Contructive type theory and the link between dialogical logic and orthosprache. a new start for the erlanger konstruktivismus ? Preliminary settings », http://stl.recherche.univ-lille3.fr/sitespersonnels/rahman/KonstanzDialoguesTypes-22b-SEPT2012.pdf. Manuscrit.

Rahman, S. et L. Keiff. 2005, « On how to be a dialogician », dans *Logic, Thought and Action*, édité par D. Vanderveken, Springer, Dordrecht, p. 359-408.

Rahman, S. et J. Redmond. 2008, *Hugh MacColl et la naissance du pluralisme logique : suivi d'extraits majeurs de son oeuvre*, College publications. Traduction S. Magnier.

Rahman, S. et H. Rückert. 1999, « Dialogische Modallogik (für T, B, S4, und S5) », *Logique et Analyse*, vol. 167, n° 168, p. 243-282.

Rahman, S. et T. Tulenheimo. 2007, « Dialogues between Abelard and Eloise », http://stl.recherche.univ-lille3.fr/sitespersonnels/rahman/frAMES_AND_VALIDITY2.pdf. Manuscrit.

Rahman, S. et T. Tulenheimo. 2009, « From games to dialogues and back », *Games : Unifying Logic, Language, and Philosophy*, p. 153-208.

Read, S. 1999, « Hugh MacColl and the Algebra of Strinc Implication », *Nordic Journal of Philosophical Logic*, vol. 3, p. 59-83.

Rebuschi, M. 2009, « Implicit vs. explicit knowledge in dialogical logic », dans *Games : Unifying Logic, Language, and Philosophy*, édité par O. Majer, A. V. Pietarinen et T. Tulenheimo, Springer, p. 229-246.

Rebuschi, M. et F. Lihoreau. 2008, « Contextual epistemic logic », dans *Dialogues, Logics and Other Strange Things. Essays in Honour of Shahid Rahman*, édité par C. Degrémont, L. Keiff et H. Rückert, College Publications, London, p. 305-335.

Ross, A. 1944, « Imperatives and logic », *Philosophy of Science*, vol. 11, n° 1, p. 30-46.

Russell, B. 1903, *The Principles of Mathematics*. Seconde édition, Norton, 1938.

Russell, B. et A. N. Whitehead. 1910, *Principia Mathematica*, Cambridge University Press, Cambridge.

Sextus, E. 1997, *Esquisses pyrrhoniennes*, Édition du Seuil. Traduction P. Pellegrin.

Sextus, E. 2005, *Against the Logicians*, Cambridge University Press. Traduction R. Bett.

Terré, F., P. Simler et Y. Lequette. 2002, *Droit civil - Les obligations*. Dalloz.

Thiercelin, A. 2009a, « Conditions, conditionnels, droits conditionnels : L'articulation du jeune Leibniz (première partie) », *Studia Leibnitiana*, vol. 41, n° 1, p. 21.

Thiercelin, A. 2009b, *La théorie juridique leibnizienne des conditions : ce que la logique fait au droit (ce que le droit fait à la logique)*, thèse de doctorat, Université de Lille.

Thiercelin, A. 2011, « Epistemic and practical aspects of conditionals in leibniz's legal theory of conditions », dans *Approaches to Legal Rationality, Logic, Epistemology, and the Unity of Science (LEUS)*, vol. 20, édité par D. Gabbay, P. Canivez, S. Rahman et A. Thiercelin, Springer, Dordrecht, p. 203–215.

Walton, D. N. 1989, *Informal logic : A handbook for critical argumentation*, Cambridge University Press.

Walton, D. N. et E. C. W. Krabbe. 1995, *Commitment in Dialogue : Basic Concepts of Interpersonal Reasoning*, Albany State University of New York Press, New York.

Wellmer, A. 1974, *Critical theory of society*, Seabury Press.

von Wright, G. 1951, *An Essay in Modal Logic*, vol. 5, North-Holland Publishing Company.

Index

Aczel, 19
AGM, 237, 238
Alchourron, 237
Armgardt, 144, 153
assertion, 46, 126–128

Balbiani, 56, 168
Baltag, 20, 21, 25
van Benthem, 17
Blanché, 269
de Boer, 56

causalité, 195–198, 201, 202, 233
certification, 146, 147, 157–163, 167, 170–172, 174–182, 189, 223, 226–233
charge de preuve, 126, 185–190, 209, 214, 232, 244–256, 260
Chrisyppe, 269
Clerbout, 71
Code civil, 194, 204, 206, 215
    Code civil du Québec, 150
    Code civil français, 6, 148, 149, 171, 238
        Art. 1168, 146, 149, 239
        Art. 1172, 151, 152
        Art. 1176, 150, 151
        Art. 1177, 150, 151
        Art. 1181, 149, 150
        Art. 1183, 236
        Art. 1185, 238
        Art. 1315, 190, 246
concession, 46, 126–128
condition
    logique, voir conditionnel
    résolutoire, 146, 236–251, 256
    suspensive, 7, 144–153, 166, 167, 178, 182, 183, 187–190, 202, 236–256
conditionnel
    bi-conditionnel, 153–155
    connexe, 156–157, 263, 269–272, 274, 275, 286–289
    matériel, 14, 95–96, 106, 113–115, 125, 129, 134, 135, 152–153, 230, 263–267, 269, 275–280
    strict, 153, 267
croyance, 12, 13, 137, 237, 238

DEL, 13, 16, 19–21
dialogue matériel, 58, 205, 232
Diodore de Cronos, 266–269
van Ditmarsch, 12, 16, 18, 23, 26, 30, 31, 34, 37, 40, 56, 104, 163, 168

EL, 13–16, 21, 22, 26, 139
Endicott, 174
événement épistémique, 13, 17, 20, 21, 26, 147, 168, 170, 171, 189, 236, 238, 239, 257–259

Fiutek, 255
fonction partielle, 38, 40–41, 69–70, 231, 246–247
Frege, 264, 265

Gardenfors, 237
Gerbrandy, 19, 20, 24
Groenendijk, 17
Groeneveld, 19, 20

Halpern, 87
Harel, 17
Hendricks, 1
Herzig, 56, 168
Hintikka, 12
Hodges, 58
van der Hoek, 12, 16, 18, 23, 26, 30, 31, 40, 104, 163

imputation, 192, 195, 198, 201, 216, 217, 233

Jörgensen, 212

Keiff, 52, 61, 71, 207, 208
Kelsen, 192–207, 215, 222, 226, 228, 232–234, 252
Kooi, 12, 16, 18, 23, 26, 30, 31, 37, 40, 104, 163
Kozen, 17
Krabbe, 46, 47, 58, 126, 127, 214

Leibniz, 144–150, 156, 157, 163, 170, 171, 189, 202, 239, 249
Lequette, 240
Levi, 237
Lewis, 267
Lihoreau, 54
de Lima, 56, 168
Lorenz, 52
Lorenzen, 52

MacColl, 264, 267–269

Mackenzie, 2–4, 46
Makinson, 237
McCall, 270
mise à jour, 17, 30–37, 41, 74, 76, 146, 165
moore sentence, 34–36, 74–76, 165
Moss, 20, 21, 25, 87
Muskens, 17

PAL, 3, 13, 19–41, 56, 104, 121, 138, 139, 147, 158, 163, 165, 166, 168, 172, 188, 189, 242, 259, 263, 272, 277, 289, 290
  PAC, 13, 14, 22–26, 31–41, 46, 54, 56, 80–95, 98, 101, 136, 165, 183, 238
  PA, 13, 14, 21–26, 41
permanence atomique, 23, 25, 96, 130, 131, 277, 278, 289, 290
Philon, 266
Philon de Mégare, 264–267
Plaza, 17–19
Pratt, 17

Quine, 262

Rückert, 54, 61
Rahman, 52, 54, 61, 71, 98, 166, 167, 170, 172, 179, 185, 205, 254, 267, 271
Read, 267
Rebuschi, 54, 97
recovery, 236–238
Redmond, 267, 271
Ross, 212
Russell, 264–267

Sextus, 264, 269
Smets, 255
Smiler, 240
Solecki, 20, 21, 25

Stokhof, 17
Symons, 1

Terré, 240
thèses connexes, 156, 157, 270, 271, 286
Thiercelin, 144–149, 156, 160, 189, 239, 242, 244, 249, 251
Tiuryn, 17
Tulenheimo, 185, 205, 254

Visser, 17

Walton, 46–48, 51, 126, 127, 214
Wellmer, 4
Whitehead, 264
von Wright, 12

www.ingramcontent.com/pod-product-compliance
Lightning Source LLC
Chambersburg PA
CBHW050128170426
43197CB00011B/1750